數學(B)商職 完全攻略 4G041141

作為108課綱數學(B)考試準備的書籍,本書不做長篇大論,而是以條列核心概念為主軸,書中提到的每一個公式,都是考試必定會考到的要點,完全站在考生立場,即使對數學一竅不通,也能輕鬆讀懂,縮短準備考試的時間。書中收錄了大量的範例與習題,做為閱讀完課文後的課後練習,題型靈活多變,貼近「生活化、情境化」,試題解析也不是單純的提供答案,而是搭配了大量的圖表作為輔助,一步步地推導過程,說明破題的方向,讓對數學苦惱的人也能夠領悟關鍵秘訣。

數位科技概論與應用 完全攻略 4G421141

「數位科技概論與應用」在108課綱主旨重視實務,除了原有的計算機概論內容,更增加了許多科技新知,另外,從考題變化也可明顯地感覺到,出題的內容不僅僅侷限在某一個單元,而是將多個單元的內容,融合在題目中,所以需將不同的單元融會貫通,才能獲取高分。因此本書編者將統整各類必考主題,搭配圖表,重點一看即知,作為弱點加強或是考前複習、衝刺都能讓你得心應手。書中對於未來考題趨勢的「實務應用廣泛的技術」如,網路相關、電子商務等也有許多介紹,讓你絕對贏在起跑點!

商業與管理群

共同科目

4G011141	國文完全攻略	李宜藍
4G021141	英文完全攻略	劉似蓉
4G041141	數學(B)商職完全攻略	高偉欽

專業科目

4G411141	商業概論完全攻略	王志成
4G421141	數位科技概論與應用完全攻略	李軍毅
4G431141	會計學完全攻略	梁若涵
4G441141	經濟學完全攻略	王志成

了解教材

目次

單元01　數位科技基本概念

單元02　電腦硬體概述

單元03　作業系統平台

單元04 網路通訊原理與應用

單元05 無線通訊網路

單元06 網路服務與應用

單元07 網頁設計與應用

單元08　雲端應用

單元09　電子商務

單元10　數位科技與人類社會

單元11　商業文書應用

解答及解析

近年統測命題統計與分析

一、命題統計

單元主題	110年題數	111年題數	112年題數	113年題數
單元一 數位科技基本概念	3	1	1	1
單元二 電腦硬體概述	1	—	1	1
單元三 作業系統平台	2	1	2	1
單元四 網路通訊原理與應用	2	2	2	2
單元五 無線通訊網路	1	—	—	1
單元六 網路服務與應用	—	4	1	1
單元七 網頁設計與應用	2	4	1	3
單元八 雲端應用	—	1	2	2
單元九 電子商務	1	5	3	3
單元十 數位科技與人類社會	—	4	3	3
單元十一 商業文書應用	3	1	3	2
單元十二 商業簡報應用	1	1	1	2
單元十三 商業試算表應用	3	2	3	3
單元十四 影像處理應用	2	2	2	2
程式語言類	4	—	—	—

二、命題趨勢分析

從 111 年開始，出題方向明顯著重在商務應用的範疇，尤其是網路電子商務的應用及商務軟體應用這兩方面，另外關於無線網路通訊的相關題型也有增加的趨勢，因此這幾個部分需要著重學習，至於其他章節，則多為基本的概念題，只需稍微閱讀過課文內容，即可拿到分數。

奪取高分指南

題目難易度分析

113年度試題	題號	佔比
易	24、25、26、28、34、37、38、42、48、49	37%
中	29、30、31、32、33、35、36、39、40、41、45、46、50	48%
難	27、43、44、47	15%

※題號指官方考題之順序。本書將有涉及數位科技之題目全予解析，但實際考題分布請參考以上題號。

對於近年的試題取向方面，愈來愈朝向生活應用的類型作出題，並且明顯地感覺到，出題的內容不僅僅侷限在某一個單元，而是將多個單元的內容，融合在題目中，在作答時需要將不同的單元融會貫通，才能選擇出正確的答案，因此每個單元都不可忽略，必須熟讀到基本的程度，才能在本科獲取高分。

關於時事結合方面，由於近年的資訊安全及詐騙的紛擾，因此很多資訊相關的題目也朝向相關的事務做出題，尤其是在實務方面應用廣泛的技術，出現在題目中的機率會大幅增加，例如：網路通訊相關、電子商務應用等領域。

參考資料來源

(一)論文專書

1. 郭嘉欣，《我國電子商務研究現況與趨勢－碩博士論文之分析》（銘傳大學管理科學研究所碩士論文，2002年）。
2. 蔡德勒，《SharePoint Designer2007 網頁設計即學即用》（臺北：松崗，2007年11月）。
3. 陳德來，《電子商務與網路行銷－前端領航》（臺南：深石數位科技，2008年2月）。

4. 林士益，《外行人也能學會的APP企劃法》（春光，2012年7月）。
5. PCuSER研究室，《Excel精算速學500招》（臺北：城邦文化，2015年10月）。
6. 吳燦銘，《電子商務－一定要懂的16堂課》（新北市：博碩文化，2019年1月）。
7. 全華研究室、王麗琴、郭欣怡，《計算機概論掌握資訊焦點》（新北市：全華圖書，2019年5月）。
8. 數位新知，《2021超新版計算機概論：邁向資訊新世代》（臺南：深石數位科技，2020年6月）。

(二)網路資源

1. https://web.ntnu.edu.tw/～495702338/homework/computerhistory.htm
2. https://www.ddcar.com.tw/blogs/articles/detail/1638/%E8%87%AA%E5%8B%95%E9%A7%95%E9%A7%9B%E5%88%86%E7%82%BA%E5%B9%BE%E7%B4%9A%EF%BC%9F%E7%9B%AE%E5%89%8D%E5%90%84%E5%AE%B6%E8%BB%8A%E5%BB%A0%E7%9A%84%E8%87%AA%E5%8B%95%E9%A7%95%E9%A7%9B%E8%BB%9F%E9%AA%94%E9%80%B2%E5%B1%95%E5%A6%82%E4%BD%95%EF%BC%9F
3. https://www2.deloitte.com/tw/tc/pages/legal/articles/newsletter-06-6.html
4. https://www.ey.gov.tw/Page/5A8A0CB5B41DA11E/e69c2971-a86e-43bc-b49d-dfffec54f886
5. https://www.water.gov.taipei/cp.aspx?n=2E9B17EFBF12FB2C
6. https://www.sap.com/taiwan/trends/internet-of-things.html
7. https://blog.semi.org/zh/%E5%B7%A5%E5%BB%A0%E8%87%AA%E5%8B%95%E5%8C%96%E8%AE%93%E4%BC%81%E6%A5%AD%E6%93%81%E6%9C%89%E6%9B%B4%E5%A0%85%E5%AF%A6%E7%9A%84%E7%AB%B6%E7%88%AD%E5%8A%9B
8. https://sls.weco.net/node/23294
9. https://zh.wikipedia.org/wiki/Wikipedia:%E9%A6%96%E9%A1%B5
10. https://www.gigabyte.com/tw/Motherboard/B460M-DS3H-rev-10#kf
11. https://zh.wikipedia.org/wiki/%E6%80%BB%E7%BA%BF

12. https://www.jyes.com.tw/news.php?act=view&id=64

13. https://support.microsoft.com/zh-tw/windows/windows-%E4%B8%AD%E7%9A%84%E9%8D%B5%E7%9B%A4%E5%BF%AB%E9%80%9F%E9%8D%B5-dcc61a57-8ff0-cffe-9796-cb9706c75eec

14. https://gremlinworks.com.tw/ui-ux/ui-ux-comparison/

15. https://cola.workxplay.net/what-is-an-landing-page/

16. https://www.2cm.com.tw/2cm/zh-tw/market/E46FDFABADBB47BABE9411AFCC9E391E

17. https://www.ithome.com.tw/news/106444

18. 維基百科：https://zh.wikipedia.org/wiki/Wikipedia

19. https://docs.microsoft.com/zh-tw/troubleshoot/windows-client/backup-and-storage/fat-hpfs-and-ntfs-file-systems

20. https://www.asus.com/hk/support/FAQ/1044838/

21. https://myfone.blog/what-is-wifi-6/?gclid=Cj0KCQjw8O-VBhCpARIsACMvVLOc38nAurbguUAFog9UVw-W_Guluk9eqREXLDac6a-P_GJC7xggCksaAqn5EALw_wcB#wifi6-vs-wifi5

22. https://www.nss.com.tw/what-native-app-web-app/

考前總複習

單元01　數位科技基本概念

1 電腦的世代比較

電腦的主要硬體元件，對於電腦的發展有巨大的影響。

代別		主要元件
第一代	1946年～1954年	真空管
第二代	1954～1964年	電晶體
第三代	1964～1970年	積體電路（IC）
第四代	1970年～現在	超大型積體電路（VLSI）
第五代	～未來	砷化鎵、石墨烯或生物晶片

2 電腦的發展趨勢

體積愈來愈小、儲存容量愈來愈大、運算速度愈來愈快、功能愈來愈多、使用方式愈來愈簡單。

3 虛擬實境的發展

名稱	應用說明
虛擬實境（VR）	使用影像技術的方式，模擬出三維空間，透過穿戴裝置接受到視覺、聽覺及觸覺，讓人有身歷其境的感受；目前此項技術運用在飛行模擬、教育訓練、醫療及建築工程等領域。
擴增實境（AR）	運用手機或其他攝影鏡頭的位置進行圖像分析，將虛擬影像結合現實場景並與虛擬影像互動的技術；目前常運用在服飾業、家俱裝潢業及遊戲產業。

4 手機作業系統

Android	Google公司成立的開放手機聯盟，使用Linux為核心開發的行動作業系統，目前世界最大的作業系統（也超越個人電腦Windows系統），除iOS外其他手機皆使用或相容Android系統。
iOS	蘋果公司專為行動裝置開發的作業系統，目前市佔率排名全球第二，採用多點觸控來操作介面，早期由於版本的兼容性，各家APP開發商皆優先以iOS為開發首選。

單元02　電腦硬體概述

1 硬體（Hardware）

五大單元：控制、運算邏輯、記憶、輸入及輸出。

2 CPU的組成主要包含

算術邏輯單元、控制單元、內部匯流排、暫存器（Register）及快取記憶體（Cache Memory）。

3 記憶及儲存元件的運作速度比較

快　Register（暫存器）　Cache　SRAM　DRAM　固態硬碟　傳統硬碟　光碟　軟碟　磁帶　慢

4 NAS

RAID等級	概述
RAID0	將多顆硬碟並列成一整個硬碟使用，讀寫都可並列處理，因此速度最快，但無容錯能力，如果其中一顆硬碟損壞，裡面存放的所有資料都有遺失風險。
RAID1	最少需要兩顆獨立硬碟，使用時以鏡像方式處理，資料寫入其中一顆硬碟後，另一顆硬碟同樣複製一份，資料安全性最高，但硬碟利用率最低。

5 固態硬碟的優缺點

優點	缺點
(1) 讀寫速度大幅勝出傳統硬碟，因此大部分使用者，都會將開機的系統程式優先安裝於固態硬碟中，以提升開機速度。 (2) 功耗需求較傳統硬碟低，且因為沒有旋轉碟片，同時達到無噪音及低熱能。 (3) 另一個無旋轉碟片的優點是對抗震動性強，並且相對於傳統硬碟較不容易損壞。	(1) 雖然目前價格已經降到一般消費級水平，但相比傳統硬碟，同樣的儲存容量，價格依然比較高。 (2) 壽命方面具有一定的寫入次數限制，且隨著寫入次數的增多，速度也會下降，而達到寫入上限後則會變成唯讀狀態。 (3) 其中一個優點是較不容易損壞，但這也是另一個缺點，就是如果損壞後，已存入的資料完全無法挽救。 (4) 長時間斷電靜置會導致原寫入資料的消失，並且隨著存放位置的溫度提高，資料消失的速度會越快，目前消費級標準是，不通電存放在30度的溫度下，資料可儲存52週，約一年時間。

6 顯示器

種類	材質	技術原理	優缺點
CRT	陰極射線管	利用陰極電子槍，發出電子射向螢幕，使螢光粉發光顯示影像。	價格便宜但體積龐大，輻射及耗電量大。
LCD	液晶	將液晶放在兩片可以導電的玻璃中間，利用背光模組提供光源，透過液晶顯示影像。	體積較小，無輻射問題，重量也較輕且閃屏較低，但相比OLED，則藍光較高。
OLED	有機發光二極體	有機發光二極體可自行發光顯示影像，不需要背光模組提供光源。	更輕薄省電，可折疊及彎曲，但閃屏較LCD嚴重。

單元03　作業系統平台

1 作業系統的分類

作業系統類型	功能
單人單工	同時間只接受一位使用者進行操作，且系統在同時間也只能執行一個程序。
單人多工	同時間只接受一位使用者進行操作，但系統在單一時間內可執行多個程序，且依照不同程序的需求，將CPU進行資源分配，使效能最佳化，減少使用者的等待。
多人多工	同時可接受多個使用者，在同一時間執行多個不同程序，且能共享系統及周邊資源。

2 作業系統的執行模式

執行方式	功能說明	應用說明
批次處理系統（Batch Processing）	先將需要處理的資料收集完後，再一次處理所有的資料。	常應用於薪資計算及大批帳單的印製。
多元程式系統（Multiprogramming）	指同時有兩個以上的程式需要執行，但CPU同時只能執行一個程式，在執行一個程式的當下，遇到需等候其他裝置的資料時，會先執行另一個程式。	─
交談式處理系統（Interactive Processing）	在執行時需要透過問答的方式進行運作，根據使用者的行為動作，以不同的方式來處理。	電腦遊戲的操作、ATM提款作業等。
分時處理系統（Time Sharing Processing）	亦可稱為多工系統，執行時將CPU的工作時間，切分為好幾個時間片段，每個要執行的程式都可以使用其中一段，用完後換下一個程式執行，依照輪流的方式進行工作。	─

執行方式	功能說明	應用說明
平行式系統 （Parallel Operating System）	具有多個處理器的系統，也可稱為多處理器系統，多顆處理器共享設備資源，需要執行的工作，會同時分配給多顆處理器執行。	－
分散式處理系統 （Distributed System）	透過網路，將需要執行的工作傳送給各地不同的電腦執行，完成後再回傳中心電腦。	區塊鏈、虛擬貨幣。
即時處理系統 （Real Time System）	指系統收到使用者需求時，必須在短時間內做出回應。	飛機導航系統、雷達偵測系統等。
連線處理系統 （On Line System）	主機跟主機間隨時保持連線狀態，需要執行工作時可即時處理。	網路訂票、7-11的ibon等。
主從式處理系統 （Client Server System）	網路資料處理的模式，主要分為兩種，提供資料的伺服器端及接收資料的客戶端。	網頁瀏覽等。

3 電腦的開機

 確認線路連接後，按下電源，由電源供應提供電力給主機板等裝置。

 主機板獲得電力後，供給CPU並向BIOS獲取程式碼。

 開始對各部門器件做開機自我測試（POST），螢幕顯示開機畫面，內容為各項硬體規格。

測試完成後，會有短暫停頓，這時點擊按鍵（一般是Delete）會進入BIOS設定畫面，可進行開機設定。

最後載入作業系統，由作業系統進行運作，這時可輸入密碼登入或選擇其他使用者。

4 資料夾及檔案的使用方式

Windows的資料及檔案呈現，是以階層式的結構表示，因此在顯示資料位置時，會將全部的階層路徑都顯示出來，讓使用者知道檔案的存放地點；在階層路徑表示法當中，區分絕對路徑及相對路徑，(1)絕對路徑會顯示磁碟位置，例如：「D:\NBA\MLB\NFL\NHL」，(2)相對路徑則只會顯示，目前所在位置有關連的資料夾名稱。

5 其他應用工具介紹

磁碟重組	重新組合硬碟的磁區位置，將同一檔案放在相鄰的磁區，可增加硬碟讀取資料的速度。
磁碟清理	刪除硬碟中，不影響系統正常運作的檔案。
系統還原	能將系統還原到某一個時間點，避免需要系統重灌的狀況。

單元04　網路通訊原理與應用

1 網路通訊型態

名稱	概述
區域網路（Local Area Network）	指在一個小範圍內所佈建的網路，一般最大不超過方圓十公里，所建置的網路範圍，可以是一個辦公室到幾棟大樓等區域，這樣的區域網路可以與外面的網路區隔，增加安全性。

名稱	概述
都會網路 （Metropolitan Area Network）	一般指最大不超過方圓五十公里範圍所建置的網路，可以建立在都市中或都會區近郊等區域，由於範圍的擴大，使用的線材除了一般的纜線外，亦會使用光纖線材做連接。
廣域網路 （Wide Area Network）	泛指方圓超過五十公里以上所建置的網路，主要用於跨都市、國家等區域，使用的設備，在海中以海底電纜為主，陸地上則是光纖，無線設備則使用通訊衛星。

2 資料傳輸的模式

傳輸指向	說明
單工 （Simplex）	只允許單一方向傳輸資料，例如：有線電視、校園廣播系統等。
半雙工 （Half Duplex）	可以雙向溝通，但同時間只能允許單一方向傳輸，例如：對講機，有一方占用頻道，其他用戶只能等占用方結束通話。
全雙工 （Full-Duplex）	可同時間雙向溝通，日常生活中的電話即是全雙工。

3 傳輸交換技術

分封交換 （Packet Switching）	將資料分割成相同大小的封包，傳輸時不會特別指定路徑，好處是佔線狀況減少，但每個封包到達時間不一定，接收端需要花時間整理。

4 三種線材比較

	雙絞線	同軸電纜	光纖
價格	最低	次之	最高
傳輸速度	次之（100Mbps～10Gbps）	最慢（10Mbps）	最快（100Mbps～10Gbps）

	雙絞線	同軸電纜	光纖
傳輸距離	最短（15～100M）	次之（200～500M）	最長（100KM內）
抗干擾能力	最差	次之	最好

5 OSI各層與各種協定運作對照

OSI模型	各種通訊協定	DoD模型
應用層	HTTP、FTP、SMTP、DHCP、IMAP、POP3、Telnet、SNMP	應用層
表現層		
會議層		
傳輸層	TCP、UDP、SCTP、SPX	傳輸層
網路層	IP、ARP、IPX、ICMP	網際網路層
資料連結層	Ethernet、Talking Ring、FDDI	網路存取層
實體層		

6 通訊協定

名稱	說明
http://	一般所看到的超文件傳輸協定。
https://	具有SSL加密的超文件傳輸協定。
ftp://	檔案傳輸協定。
telnet://	執行遠端登入的協定。
bbs://	電子佈告欄
file://	檔案存取
mailto:	郵件協定

7 網路通訊連線設備

名稱	說明
網路介面卡 （Network Interface Card）	網路介面卡是電腦與網路溝通的媒介，可以將電腦內的資料轉換為串列的形式，並且將資料封裝為封包的形式，傳送到網路上，網路卡具有發送及接收功能，接收時可以將資料轉換為電子訊號；在運作時網路卡負責接收封包，並判斷是否為本台電腦的封包，是的話就會進行資料轉換，否則會捨棄此封包。
訊號加強器 （Repeater）	如同字面意思，就是將線路上接收到的訊號，放大後再進行送出到其他設備。
集線器 （Hub）	使用在區域網路中，連接多個設備上網，以半工模式傳輸，因此如果多台設備同時傳輸，會有延遲的狀況產生。
交換器 （Switch）	運作模式與集線器相同，但支援全雙工模式，每台連接的設備，都有專屬的頻寬，因此傳輸時不會有延遲的狀況。
橋接器 （Bridge）	將兩個獨立的區域網路接起來，使之如同單一網路一樣。
路由器 （Router）	負責決定訊息由發送端到接收端的傳輸路徑，由於行動裝置崛起，一般家用產品都會與無線結合成無線路由器；路由工作在網路層運作。
閘道器 （Gateway）	可以連結兩個網路的設備，傳輸資料時可以在不同協定中傳輸。
無線基地台 （Access Point）	作為有線網路與無線網路的轉換裝置，常設置於公共空間，用於接發無線訊號使用，家用設備則常跟路由器結合。
數據機 （Modem）	主要用於將數位訊號與類比訊號做轉換，將訊號透過不同的傳輸媒介進行傳送，一般常見的電話線及光纖，都可與數據機連結。

8 IP位址

等級	說明
A	網路位址：左邊第一組8個位元，二進位最左邊為（0）$_2$，由於127.0.0.0～127.255.255.255是網路測試及特殊用途，實際網路位址為127個。 主機位址：右邊的三組，共24個位元，一般會有2^{24}個主機可以使用，整體的IP位址範圍是0.0.0.0～127.255.255.255，二進位表示為00000000.00000000.00000000.00000000～01111111.11111111.11111111.11111111
B	網路位址：左邊兩組16個位元，二進位最左邊為（10）$_2$，共2^{14}個。 主機位址：右邊的兩組，共16個位元，一般會有2^{16}個主機可以使用，整體的IP位址範圍是128.0.0.0～191.255.255.255，二進位表示為10000000.00000000.00000000.00000000～10111111.11111111.11111111.11111111
C	網路位址：左邊三組8個位元，二進位最左邊為（110）$_2$，共2^{21}個。 主機位址：右邊的一組，共8個位元，一般會有2^8個主機可以使用，整體的IP位址範圍是192.0.0.0～223.255.255.255，二進位表示為11000000.00000000.00000000.00000000～11011111.11111111.11111111.11111111

單元05　無線通訊網路

1 藍牙的規格

Bluetooth4.2	2014	24 Mbit／S	50公尺
Bluetooth5.0	2016	48 Mbit／S	300公尺
Bluetooth5.1	2019	48 Mbit／S	300公尺
Bluetooth5.2	2020	48 Mbit／S	300公尺

2 無線網路標準

IEEE 802.11	無線區域網路標準。
IEEE 802.16e	寬頻無線網路及行動通訊標準。
IEEE 802.15.1	藍牙技術標準。
IEEE 802.15.4ZigBee	無線網路技術標準。
IEEE 802.16	寬頻無線網路標準。
IEEE 802.15	無線個人區域網路標準。

3 Wi-Fi標準

原有版本	新版編號	原有版本	新版編號
802.11a	Wi-Fi 1	802.11ac	Wi-Fi 5
802.11b	Wi-Fi 2	802.11ax	Wi-Fi 6
802.11g	Wi-Fi 3	802.11be	Wi-Fi 7
802.11n	Wi-Fi 4		

4 行動通訊5G

第五代行動網路通訊，是4G的延伸，主要先進國家都投入龐大的資源進行研發，5G的網路資料傳輸可達10Gbps以上，並且可大幅降低延遲，因此適合用於發展，人工智慧、大數據、物聯網及自駕車等先進自動化技術。

5 RFID及其應用

無線射頻辨識系統，是指運用無線電波傳輸的辨識技術，可應用在產品辨識條碼上面，在使用方面，標籤會有電路迴圈的電子標籤，透過專門的感應器，進行讀取偵測，將資料記錄到後端資料庫當中，進行整合紀錄與分析。

6 NFC的運作

運作模式	說明
讀卡機模式	讀卡機模式，是讓手機變成可以進行讀寫智慧卡的讀卡機，例如：在產品資訊上使用NFC晶片，手機可以直接開啟NFC功能，讀取晶片上的資料，了解產品資訊或進行訂購。
模擬卡片模式	將NFC與RFID晶片卡做技術的結合，讓手機裝置可以模擬晶片卡的功能，將多種智慧卡整合在手機當中使用，例如：使用具有NFC功能的手機，結合悠遊卡功能，便可在搭捷運時，直接刷手機進入。
點對點模式	利用類似紅外線傳輸的方式，進行資料傳輸，將兩台NFC的裝置，靠近便可進行資料傳輸或同步裝置。

單元06　網路服務與應用

1 全球資訊網

Web 1.0	單純的網路服務，由網路提供者所提出，使用者無法進行更動。
Web 2.0	傾向於雙向的溝通互動，使用者透過網路上傳意見內容，或是透過分享，取得及提供更多的資源和訊息，例如：Instagram、維基百科、YouTube等。
Web 3.0	指網路未來的發展方向，包含人工智慧的應用、物聯網的發展、自駕車的研究等創新科技。

2 ISP及ICP

全名：Internet Service Provider／網際網路服務供應商及Internet Content Provider／網際網路內容提供者，ISP提供個人或企業使用網際網路連線的服務，例如：免費的TANet及付費使用的HiNet、凱擘有線電視等公司；ICP主要是提供網路內容的網站。

3 資料搜尋

運算子	說明	範例
""	一般我們在輸入關鍵字搜尋時，搜尋引擎會將具有相關性的資料都一併呈現，因此會把關鍵字拆開或順序對調進行搜尋，導致出現過多不需要的結果，但打上雙引號後，搜尋結果就只會是雙引號中一模一樣的關鍵字，順序也不變。	教育部體育署／"教育部體育署"
..	這個主要用於搜尋有範圍的關鍵字結果，例如：找尋重量範圍的舉重啞鈴，可以在兩個重量範圍之間打上此符號，搜尋兩個重量的網頁，如有出現特殊符號，需在關鍵字與特殊符號之間加上空格。	手機□$20000..35000（□表示空格）
*	*符號表示萬用字元，因此使用在關鍵字搜尋時，在關鍵字後打上此符號，表示以此符號前的關鍵字為開頭的搜尋結果。	教育部*
「空格」或「+」或「AND」	在搜尋時，將兩組關鍵字中間加入AND、空格或加號，顯示出的搜尋結果，會是兩組關鍵字都有的網頁，兩組關鍵字前後順序沒有限制。	教育部＋體育署、教育部□體育署、教育部□AND□體育署
-	搜尋時打上減號，所產生的搜尋結果，是指字串當中不要出現某些關鍵字，使用時在減號前須有空格。	教育部□-體育署
| 或OR	這個搜尋的用法，是指兩組字串當中，只要有出現其中1組字串，就可以顯示在搜尋結果當中。	教育部□|體育署
link	這邊的用法，是指直接連結到後面輸入網址的網站。	link:www.sa.gov.tw
site	這邊的用法，是搜尋某網站裡面特定關鍵內容的網頁。	體育署□site:www.edu.tw
filetype	這個字串的用法，是指檔案的型態，例如：swf、pdf、docx、txt等，意思是指搜尋含有特定關鍵字的檔案。	體育署filetype:pptx

運算子	說明	範例
輸入股票代號	在Google Chrome搜尋列，打上股票的代號，就可直接查詢這支股票當天的股價資料。	—
輸入天氣	在Google Chrome搜尋列，打上某城市名稱＋天氣，就可以得到該城市的天氣資料	南投縣□天氣
計算機功能	直接在Google chrome搜尋列，打上運算式，就可以得到運算的結果，除了簡單的四則運算外，還有三角函數、匯率轉換、單位轉換等功能。	—

4 知識網站

網站名稱	說明
維基百科	由網友們共同撰寫及維護的知識網站，以系統化的整理分類將資料內容完整的呈現，非常適合資訊的獲取及閱讀，但由於是網友主觀的進行資料提供，無官方審核，因此有時會有偏頗的主觀意見，夾雜在資料當中，在使用該網站資料時，需要稍微查證後較為適當。
Yahoo奇摩知識+	由入口網站Yahoo奇摩，所提供的知識平台網站，可以在上面進行問題發問，由網友提出答案，可藉由網友投票選擇最佳答案，或是由提問方進行最佳答案的選擇，該網站已於2021年5月4日關閉。

5 物聯網

感知層	感知層分為感測應用及辨識技術，感測應用主要就是讓物聯網的產品，具有對所處環境的變化或是相對位置的移動，具有感知的能力，在這樣的應用當中，主要透過嵌入產品的感測裝置，進行偵測，例如：溫度計、濕度計、三軸加速度計及紅外線等，另外辨識技術方面，最常見的就是使用RFID晶片進行辨識應用。
網路層	網路層的主要功用，就在於將各種物聯網的商品，在感測與辨識到各種資料訊息後，將這些資料訊息，透過網路連線的方式，將資料集中傳輸到後端的資料庫當中，常使用的方式，除了有線網路之外，無線網路的使用，例如：Wi-Fi、RFID、藍牙、紅外線，甚至目前最新技術5G等方式，進行連線傳輸的工作。

應用層	應用層就是物聯網的各種應用技術，使用在日常生活當中，例如：智慧公車、智慧電網、智慧水錶、智慧節能等多種應用層面，對於這些應用，物聯網的重點在於，將資料收集後進行資料分析，最終產出有用的結果，才能使用在實務上，因此各種資訊系統的使用，就會是這個階段的重點，例如：資料探勘、商業智慧、大數據分析等技術。

單元07　網頁設計與應用

1 HTML介紹

名稱	概述
定義	建立網頁的標準標籤語言，算是基礎技術，常搭配CSS及JavaScript等技術使用，儲存時用.htm或.html為附檔名。
HTML程式碼	由標籤碼（Tag）所組成，可分為單一標籤及對稱標籤。
單一標籤	只需使用一個標籤碼表示，例如：換行＜br＞。
對稱標籤	需要兩個對稱的標籤表示，例如：標題列＜title＞....＜/title＞。
標籤格式	比較複雜功能的標籤語法，例如：插入圖片＜img src="AAA.jpg" border="0" width="45" height="55" align="center"＞

2 標籤說明

標籤指令	指令說明
＜html＞…＜/html＞	程式碼的起始標籤及結束標籤。
＜head＞…＜/head＞	中間的文字表示標頭內容。
＜title＞…＜/title＞	中間的文字顯示標題列的內容。
＜body＞…＜/body＞	程式碼的主體內容區域。
＜p＞…＜/p＞	強迫換行並且會增加一行的空白空間，表示段落。
＜u＞…＜/u＞	將文字加底線。例如：＜u＞我是誰＜/u＞，輸出：<u>我是誰</u>。

標籤指令	指令說明
＜i＞…＜/i＞	將文字改為斜體。例如：＜i＞我是誰＜/i＞，輸出：*我是誰*。
＜s＞…＜/s＞	將文字加入橫線。例如：＜s＞我是誰＜/s＞，輸出：~~我是誰~~。
＜b＞…＜/b＞	將文字顯示粗體。例如：＜b＞我是誰＜/b＞，輸出：**我是誰**。
＜tt＞…＜/tt＞	將文字顯示細體字。例如：＜tt＞我是誰＜/tt＞，輸出：我是誰。
＜sup＞…＜/sup＞	將文字顯示為上標。例如：我是＜sup＞誰＜/sup＞，輸出：我是^{誰}。
＜sub＞…＜/sub＞	將文字顯示為下標。例如：我是＜sub＞誰＜/sub＞，輸出：我是$_{誰}$。
＜h1＞…＜/h1＞	表示字型大小，1為最大，6為最小。
＜center＞…＜/center＞	將文字或圖片顯示置中。
＜th＞…＜/th＞	顯示表格標頭欄位的文字。
＜nobr＞…＜/nobr＞	強迫文字不換行，超過的文字，網頁直接增加左右滾輪顯示。
＜p align="left"＞…＜/p＞	將文字靠左、右或置中，雙引號中可以改"center"或"right"。
＜br＞	強迫標籤後的文字換行，例如：我是誰＜br＞你是誰，輸出：　　我是誰 　　你是誰
＜!--我是誰--＞	用來對程式碼撰寫註釋，不會顯示在網頁中。

3 超連結

功能	範例	屬性說明
文字連結到網站	＜a target="_self" href="https://www.edu.tw/"＞教育部＜/a＞	在相同框架中顯示；教育部三個字設為超連結到"https://www.edu.tw/"網址。

功能	範例	屬性說明
圖片連結到網站	＜a target="_blank" href="https://www.mnd.gov.tw/"＞＜img src="AAA.jpg" border="0" width="45" height="55" align="center"＞＜/a＞	開新視窗；由圖"AAA.jpg"超連結到"https://www.mnd.gov.tw/"網址。
文字連結到電子郵件	＜a href="mailto:AAA@gmail.com"＞聯絡我們＜/a＞	點"聯絡我們"可以直接連到電子郵件位址。
文字連結到檔案	＜a target="_top" href="AAA.pdf"＞檔案公告＜/a＞	點"檔案公告"可以直接連到"AAA.pdf"這個檔案。

單元08 雲端應用

1 雲端運算的服務類型

軟體即服務（Software as a service，SaaS）	指提供應用軟體的服務內容，透過網路提供軟體的使用，讓使用者隨時都可以執行工作，只要向軟體服務供應商訂購或租賃即可，亦或是由供應商免費提供，例如：Yahoo及Google所提供的電子信箱服務、線上的企劃軟體、YouTube及Facebook等都算是SaaS。
平台即服務（Platform as a Service，PaaS）	指提供平台為主的服務，讓公司的開發人員，可以在平台上直接進行開發與執行，這樣的好處是提供服務的平台供應商，可以對平台的環境做管控，維持基本該有的品質，例如：Apple Store、Microsoft Azure及Google APP Engine等。
基礎架構即服務（Infrastructure as a Service，IaaS）	指提供基礎運算資源的服務，將儲存空間、資訊安全、實體資料中心等設備資源整合，提供給一般企業進行軟體開發，例如：中華電信的HiCloud、Amazon的AWS等。

2 雲端運算的部署模型

類型	概述
公有雲	由第三方所建設或提供的雲端設施，能提供給一般大眾或產業聯盟使用。
私有雲	由私人企業或是特定組織所建設的雲端設施，一般由建設方管理。
社群雲	主要因事件而串聯的幾個組織，共同建設或共享的雲端設施，會支持相同理念的特定族群。
混和雲	由多個雲端設備及系統所組合而成的雲端設施，這類雲端系統可以包含公有雲、私有雲等不同團體。

單元09　電子商務

1 電子商務的優缺點

優點	缺點
方便的購物環境	個人資料外洩的風險
透過網路達成即時互動	實際商品與照片的落差
降低管銷成本	運送途中可能發生的意外
提升交易效率	存在詐騙的風險
市場不受限某一區域	－

2 電子商務的4＋3流

電子商務的架構	概述
物流	指實際商品從生產者運送到購買者手中，其中包含將產品從自家倉儲進行包裝後，送至物流公司的倉儲，再由物流公司，將商品配送到消費者指定的地方進行收貨；而數位商品則較簡單，只需在付款後進行下載安裝即可。

電子商務的架構	概述
金流	泛指在電子商務中資金的移轉過程，及移轉過程的安全規範，以下列舉常見的付款方式：1.線上刷卡或轉帳、2.貨到付款、3.第三方支付、4.電子錢包、5.匯款或劃撥、6.ATM轉帳。
商流	指購買行為中，商品所有權的移轉過程及商業策略，其中包含商品的研發、行銷策略、各種進銷存管理等。
資訊流	主要指電子商務中，所有的訊息流通，例如：商品資訊、消費者的購買過程、訂單資訊、商品的物流資料等。
人才流	泛指電子商務中所需要的各種人才需求，尤其是跨領域及跨學科的人才。
設計流	對於購物體驗的規劃與習慣建立，包含網站的設計、商品的位置、購物體驗的直覺性等一系列，需要精心規劃設計的事物。
服務流	以消費者的角度來看電子商務，提升顧客的消費滿意度，讓消費者能夠用最簡單的方式，達成購物的需求，包含商品的關聯性、售價的比較、售後服務等。

3 電子商務經營模式

模式類型	概述
B2B	全名：Business-to-Business，企業對企業的商業行為，主要指上下游廠商的材料購買，或是零售商向生產方進貨等等。例如：蘋果公司向台積電購買晶片。
B2C	全名：Business-to-Consumer，企業對消費者的電子商務，泛指企業運用網路對消費者進行銷售的行為，例如：網路商城、網路購票、線上專業諮詢等等。
C2B	全名：Consumer-to-Business，消費者對企業的商務行為，由消費者提出需求，之後由企業接單，完成客製化的需求，例如：班級訂購客製化班服、同事團購等等。
C2C	全名：Consumer-to-Consumer，消費者之間的商業行為，最典型的就是線上拍賣或是線上跳蚤市場，例如：露天拍賣、蝦皮購物（非蝦皮商城）等等。

模式類型	概述
O2O	全名：Online to Offline，線上對線下的交易模式，泛指消費者在網路上進行購物，但會在實體店面進行取貨的行為，或是利用線上的優惠進行訂購，之後再到實體店面進行付款，此為一種線上客戶轉換為實體客戶的商業操作，例如：服飾店提供線上下單，之後到店試穿購買或是修改、EZTABLE餐廳訂位等等。

4 電子化政府

模式類型	概述
G2B&B2G	政府運用網路與企業之間進行交流，可提高效率及公開透明，例如：政府電子採購網、公共工程招標。
G2C	政府運用網路與民眾之間進行交流，達到便民的目標，例如：線上報稅、線上預約辦證。
G2G	政府各單位之間透過網路進行交流，提升行政效率，例如：電子公文、政府e公務網站。

5 電子商務的交易安全

數位憑證、數位簽章、SSL、SET。

單元10　數位科技與人類社會

1 資訊安全的特性

機密性（Confidentiality）、完整性（Integrity）、可用性（Availability）。

2 電腦病毒的種類

病毒名稱	概述
開機型病毒	主要存在於開機軟碟或是硬碟中的「啟動磁區」，在開機時，病毒會在作業系統載入前，就先複製到記憶體中，當其他硬碟或是軟碟，連結使用時，就會被感染其「啟動磁區」，達成傳播的效果。

病毒名稱	概述
檔案型病毒	早期主要存在於可執行檔中（.exe／.com），隨著科技及程式語言的發展，連一般的文件檔案也可被感染病毒；當執行有病毒的檔案後，病毒就會侵入作業系統，這時再執行其他檔案時，就會感染其他的執行檔。
混合型病毒	融合了上面兩種病毒的習性，除了感染檔案外，也會感染記憶體及啟動磁區，而程式關閉後，病毒依然會存在記憶體中，當執行其他檔案或連接硬碟時，就會被感染。
巨集病毒	主要的感染對象為具有巨集指令或功能的軟體及檔案，因此可以透過檔案傳輸、電子郵件的附件檔及網站下載而被感染到。
千面人病毒	跟生物界的病毒類似，每感染一次，就會進行編碼轉換，改變結構，因此防毒軟體是使用病毒碼，對比的方式進行掃毒的話，就會不容易發現此病毒。
電腦蠕蟲	利用網路作為主要傳播的病毒，具有強大的自我複製能力，被感染到的電腦，內部資源會被蠕蟲癱瘓，甚至佔據網路及Outlook郵件伺服器。
勒索病毒	算是病毒的變化形式，跟一般病毒不同，它不會癱瘓電腦的運作，只是將所有電腦中存放的資料，都加密包裝，讓資料無法讀取及使用，而解決的方法有兩種，第一是付給駭客所提出的贖金，請駭客解密，但這種方法不保證駭客一定會解密，第二種是定期將電腦中的資料，做異地備份或將重要資料自行加密後，存放在雲端空間，以確保中勒索病毒後，重灌電腦能自行將原有資料找回。

3 加密與解密

對稱加密系統、非對稱加密系統、數位簽章。

4 常見的網路攻擊類型

阻斷式服務攻擊／分散式阻斷服務	攻擊目的是癱瘓伺服器或主機系統的運作，在短時間內對特定網站或伺服器，傳送大量封包，使該網站處理大量資料而癱瘓，讓其他使用者無法連結進去，分散式阻斷則是透過殭屍電腦進行上述攻擊。	定期更新作業系統，避免漏洞被攻擊，以及使用防火牆對封包進行過濾。

5 資訊倫理

資訊財產權、資訊正確權、資訊隱私權、資訊存取權。

6 著作權對軟體的分類

自由軟體、免費軟體、共享軟體、私有軟體。

單元11　商業文書應用

1 手指定位

打字時，手指放在鍵盤由下往上數的第三排上，右手食指放在「J」鍵上，左手食指放在「F」鍵上，這兩按鍵都有凸點或是底部凸線，拇指皆放在空白鍵上，右手四指放在「JKL；」上，左手四指放在「ASDF」上。

2 對齊方式

對齊方式分為左右對齊、靠左對齊、置中、靠右對齊及向左右兩邊的分散對齊。

3 文繞圖

矩形、緊密、文字在前、文字在後、上及下、與文字排列。

4 版面配置

分節、分欄、分頁。

5 合併列印的執行流程

(1)選取文件類型、(2)開始文件、(3)選擇收件者、(4)安排標籤、(5)預覽標籤、(6)完成合併。

6 文件檢視

整頁模式	一般我們在編輯Word，都是在整頁模式進行編輯輸入，列印出的樣貌也是以整頁模式的形式呈現，並且包含文字、圖片、頁首頁尾及邊界。
閱讀版面配置	閱讀版面比較類似於書本翻開的樣式，以左右兩頁或單頁及全螢幕顯示的方式呈現，編輯者可在旁邊加入註解，這個模式下不會顯示尺規。

單元12　商業簡報應用

1 簡報檢視功能

標準模式	可在內容預覽區看到投影片及大綱兩種選擇，選擇大綱，可以直接調整投影片的前後順序，而在投影片的顯示下，則可以直接在其中作內容的編輯。
瀏覽模式	能在中間的區域以大圖的方式顯示所有的投影片內容，在這個模式下，可以對投影片進行新增、刪除、複製等功能的調整，並且可以對個別頁數的投影片進行特效置入的編輯。
放映模式	直接進行投影片的播放觀看，點擊Esc鍵可以終止播放。

2 母片的類型

母片共分為4種，有標題母片、講義母片、投影片母片及備忘稿母片。

3 PowerPoint的檔名類型

檔案類型	說明
.ppt及.pptx	簡報檔，2007年之後的版本為.pptx，需要使用PowerPoint軟體才能開啟。
.pps及.ppsx	播放檔，2007年之後的版本為.ppsx，可直接進行播放不需要開啟PowerPoint軟體，除非是需要進行編輯。
.odp	開源的文書處理軟體，當中的Impress類似PowerPoint的功能，所儲存的檔案。

單元13　商業試算表應用

1 函數的應用

函數名稱	說明
SUM	儲存格的加總。
MAX	找出儲存格中內容最大的數值。
MIN	找出儲存格中內容最小的數值。

函數名稱	說明
AVERAGE	計算儲存格的平均值。
COUNT	計算儲存格之間有多少個數字。
COUNTBLANK	計算儲存格之間有多少個空白儲存格。
IF	假設某儲存格為「1」，顯示通過，不為「1」則顯示不通過。
COUNTIF	計算儲存格之間，大於某個數值的儲存格有多少個。
RANK	計算儲存格之間的排序。
ROUND	將儲存格取小數點多少位，其後四捨五入。
ROUNDUP	將儲存格取小數點多少位，其後無條件進位。
ROUNDDOWN	將儲存格取小數點多少位，其後無條件捨去。

2 樞紐分析

透過儲存格的欄位，將每個欄位的資料，做有組織的統計分析，讓分析結果可以簡單明瞭的閱讀，另外也可設定特殊的需求，顯示或隱藏某些特定的資料，最後結果的資料表，可以保存日後作資料的排序及篩選，也可以將資料進行圖表製作。

3 運算符號跟錯誤訊息

運算符號 （優先順序由上到下）	說明	錯誤訊息	說明
（）	括號	#NULL!	運算子或參照公式錯誤。
−	負號	#REF!	儲存格尋找不到參照。
%	百分比	#VALUE!	儲存格內的資料錯誤。
^	次方	#DIV/0!	運算式中的除法，分母是0。
*	乘號	#NAME?	儲存格的名稱錯誤。
/	除號	#N/A	使用的運算式或函數具有無效的值。
+	加號		
-	減號		

單元14　影像處理應用

1 光的三原色

（R：紅色G：綠色B：藍色）。

2 印刷四原色YMCK

四種顏色分別為，Y（Yellow）＝黃色、M（Magenta）＝洋紅色、C（Cyan）＝青色、K（blacK）＝黑色。

3 解析度介紹

(1) Dpi指每英吋的點數（dot per inch）；ppi指每英吋的像素數量（pixel per inch）。

(2) 解析度的計算

A. 螢幕解析度＝1920（水平dpi）*1080（垂直dpi）＝200萬畫素。

B. 數位相機的照片解析度＝5184（水平ppi）*3456（垂直ppi）＝1800萬畫素。

4 各類檔案介紹

圖檔名稱	音檔名稱	影片檔案
.jpg／.jpeg	.mp3	.mp4
.png	.wma	.wmv
.gif	.ra	.avi
.tif／.tiff	.ogg	.mov
.bmp	.tta	.flv
.ufo	.ape	.asf
.ai	.wav	.rm／.rmvb
.wmf	.au	
.raw	.aiff	

5 支援串流的影音檔案格式

WMV、WMA、RAM、MWX、RMVB、FLV、ASF、DivX、MOV。

6 音質好到差及容量大到小

WAV＞APE＞MP3＞WMA＞RA。

説到「數位科技基本概念」，不免俗的一定會提到數位科技的發展，雖然就如同在讀歷史一樣，但這歷史的主角不是人類，因此重要性會較小一些，不過在歷屆考題中，固定會出2到3題跟本單元有關的考題，出題方向著重在未來的科技發展走向及目前正在蓬勃發展的項目，難度都不高，所以是必須要拿到的分數。

1-1　數位科技演進

一、為何叫做電腦？

電腦的學名為電子計算機，是一個可以接受指令、記憶資料，進而分析處理且輸出結果的裝置，運用上近似於人腦，故稱為電腦，其發展可以追溯至機械時代。

二、電腦的發展進程

(一) 演進史

代表物品	年代	概述
算盤	西元前2000年左右	將算珠進行成串排列，作為計算工具，視為人類最早的計算器具。
加法器	1642年	數學家巴斯卡（Blaise Pascal）以齒輪帶動轉盤的運作方式，發明出的計數裝置。
差分機／分析機	1833年左右	數學家巴貝奇（Charles Babbage）所發明，以蒸汽動力透過打孔卡進行動作控制，分析機已有現代電腦的雛形，可進行儲存、處理、輸入／輸出。
打孔卡製表機	1890年	科學家何樂禮（Herman Hollerith），使用電能為動力製作，用於全美國人口普查。
ABC	1942年	愛荷華州立大學的教授與研究生，使用真空管、邏輯電路所建造的第一台實驗用數位電腦。

代表物品	年代	概述
MARK I	1944年	哈佛大學艾肯（Howard Aiken）教授，與IBM公司合作，以電磁繼電器所建造的電子機械式電腦。
ENIAC	1946年	美國軍方邀請兩位賓州大學教授，建造可用於計算彈道的機器，視為第一部用於實驗以外的電腦。
UNIVAC	1951年	由製造ENIAC的兩位教授建造，當年用於人口普查，第一次將電腦運用在商業用途。

(二)**電腦的世代比較**：電腦的主要硬體元件，對於電腦的發展有巨大的影響，下表列出不同世代的比較。

代別		主要元件	記憶體
第一代	1946～1954年	真空管	磁鼓、磁心
第二代	1954～1964年	電晶體	磁心
第三代	1964～1970年	積體電路（IC）	磁心、半導體
第四代	1970年～現在	超大型積體電路（VLSI）	半導體、磁泡
第五代	～未來	砷化鎵、石墨烯或生物晶片	─

註：磁心（Magnetic core）。

三、人工智慧（Artificial Intelligence）

目前及未來的電腦發展方向，視為第五代電腦的開端，具有類神經網路、模糊邏輯、基因演算法及自然語言的溝通思考等能力。

代表技術	概述
類神經網路（Artificial Neural Network）	模仿生物神經網路的數學模型，具有記憶、高速運算、學習及容錯等能力，可使用於預測、判斷及決策等相關應用，透過大量的訓練學習可以產生有效的成果；代表應用：AI圍棋程式AlphaGo。

代表技術	概述
模糊邏輯 （Fuzzy Logic）	將人類解決問題的模式或方法，以0和1之間的數值來表示，其中產生的模糊概念，交由電腦來處理；代表應用：冷氣的Fuzzy模式、Fuzzy智慧型洗衣機。
基因演算法 （Genetic Algorithm）	依照生物學的遺傳演化所發展出的演算法，適合處理多變數及非線性的問題；代表應用：Google Map路線的選擇、自動化機器的工作排程。

四、 電腦的發展趨勢

體積愈來愈小、儲存容量愈來愈大、運算速度愈來愈快、功能愈來愈多、使用方式愈來愈簡單。

五、 電腦的類型

名稱	概述
微電腦 （Microcomputer）	指個人電腦，如：筆記型電腦、平板、桌上型電腦等。
大型電腦 （Mainframe Computer）	執行速度僅次於超級電腦，提供企業或政府等大型機構，執行大量的運算處理，屬於多人多工的系統。
超級電腦 （Supercomputer）	運算處理能力最強、最快的電腦設備，通常為國家級的單位用於武器研發、航太天文等技術的研究。
工作站 （Workstation）	較一般個人電腦運算能力強的電腦，用於工程設計、財務分析等複雜的工作。
伺服器 （Server）	網路環境中的主機，提供網路資源的儲存及服務，可使用運算能力較強的個人電腦作為硬體設備。
嵌入式電腦 （Embedded Computer）	在一般生活家電中所隱藏於內部的微處理裝置，如：冷氣機、自駕車、智慧家電等。

名稱	概述
數位電視盒 （MOD）	能夠接收網路數位訊號並提供電視播放的裝置，有些新的電視直接內建其中，可實現在電視上進行影片點播、瀏覽網頁及遊戲體驗等服務。
移動裝置 （Mobile device）	屬於個人裝置的一部分，如：智慧型手機、智慧手錶、導航GPS等移動式裝備。
量子電腦	有別於傳統電腦只有0跟1的狀態模式，量子電腦使用量子位元，量子位元可同時處於0跟1的疊加狀態，這種現象稱為量子疊加（superposition），量子位元可以同時處於0跟1的狀態，因此可形成量子糾纏，此現象使得兩個或更多的量子位元之間存在強烈的相關性；量子電腦透過量子疊加及糾纏的特性，來實現比傳統電腦達成更高效的運算。

資訊小教室

(1)摩爾定律：由英特爾創辦人高登・摩爾提出，指出電晶體的承載數目，約每隔18～24個月會增加一倍，由於近年的製程技術放緩，因此有超越摩爾定律的研究出現。

(2)自動駕駛汽車：就如同字面意思，但是其自動程度有不同分級，從L0～L5共分六級，L0為無自駕功能、L1電腦對車輛操作只有一到兩項功能、L2電腦對車輛進行多項功能控制、L3大部分的車輛操作都可由電腦控制、L4還需要人類進行一定機率的介入操控、L5完全不需要人類進行操作。

六、虛擬實境的發展

名稱	應用說明
虛擬實境 （VR）	使用影像技術的方式，模擬出三維空間，透過穿戴裝置接受到視覺、聽覺及觸覺，讓人有身歷其境的感受；目前此項技術運用在飛行模擬、教育訓練、醫療及建築工程等領域。
擴增實境 （AR）	運用手機或其他攝影鏡頭的位置進行圖像分析，將虛擬影像結合現實場景並與虛擬影像互動的技術；目前常運用在服飾業、家具裝潢業及遊戲產業。

名稱	應用說明
替代實境（SR）	使用VR眼鏡或頭盔外的攝影鏡頭，記錄外面的實際影像，另外再顯示出部分不存在的虛擬影像，以達到虛實整合的應用，例如：在實際是空屋的狀態使用SR，在SR中能夠顯示出完整配有裝潢及家具的虛擬樣品屋。
混和實境（MR）	SR的進階應用，同樣是在實際的環境顯示虛擬的影像，但MR增加可與虛擬影像互動的技術，例如：在MR環境下玩精靈寶可夢，可以直接對神奇寶貝丟寶貝球捕捉，而不是點擊手機螢幕。
延展實境（XR）	虛實影像技術的整合統稱，簡言之XR包含以上所有影像實境的技術及功能。

七、 數位科技融入家庭及社會上的應用

名稱	應用說明
生物辨識	利用個別生物（人類為主）不同的生物特徵來做個體區分的辨識技術，研究領域分為行為特徵及生物特徵，行為特徵如：字體、口音或用字習慣，生物特徵如：指紋、臉型、眼睛虹膜或視網膜等。
智慧家庭	結合傳統的門禁系統發展出多元的家電感測裝置，例如：瓦斯火災警報、室內空氣監測、電梯呼叫、結合智慧水電錶監測家庭能源運用等功能。
虛擬貨幣	一種財務金融網路化的技術，運用演算法及對等連接的方式做到去中心化的貨幣系統，讓連接到的用戶端不只是一個節點也是一個伺服器，用以記錄貨幣的產生及使用狀況。
智慧水電錶	具有通訊功能的監測系統，能雙向溝通，即時查看水電的使用情況，將水電資源做最有效運用，可以設定警示通知，如果發生異常的使用狀況能立即反應並通知維修處理。
車牌辨識系統	對汽機車之車牌進行即時辨識並記錄，常用於各式停車場的營運，有利於停車計費及車輛搜尋等功能。
人流監測系統	可適用於各大商圈及需要控管人數的區域，對於人數的容量做到即時的安全管制，監測的方式包含手機定位或人型辨識等。

名稱	應用說明
GPS	全名為Global Positioning System（全球定位系統），使用衛星對訊號源進行經緯度及時間的定位，適用於車輛、飛行物及人煙罕至區域的搜尋。
行動支付	使用行動裝置作為付款的媒介而不是使用現金等傳統方式，例如：LINE Pay、Apple Pay、Google Pay及臺灣Pay等。
電子地圖	傳統紙本地圖電子化，使查詢及路線規劃更為便利簡單，例如：Google Map及Taiwan-Map。
ETC	全名為Electronic Toll Collectio（電子道路收費系統），將被動感應標籤（eTag）置於非金屬阻隔區域，由感應器發射無線電波，觸發一定範圍內的eTag，eTag受到感應後會回傳電波資料，使之進行付費資料的交換；此為較大範圍的RFID技術。
RFID	全名為Radio Frequency Identification（無線射頻辨識），透過無線電訊號辨識特定的目標數據，不需要與目標物建立實體接觸，RFID常應用於悠遊卡、門禁卡、信用卡及電子收費等。
AGPS	全名為Assisted Global Positioning System（輔助全球衛星定位系統），相較於一般GPS定位的運作方式，AGPS是利用傳統GPS的衛星訊號，搭配手機基地台的訊號，透過連接遠端伺服器的方式，共同進行定位服務，可以讓定位的速度更快並且更準確。

八、數位科技在醫療及職場上的應用

名稱	應用說明
3D列印	指可以列印三維物體的技術，又稱積層製造，列印過程就是不停地添加原料進行堆積，原料包含熱塑性塑料、橡膠、金屬合金及石膏等。
遠距醫療	目前正在發展的技術，結合數位通訊及醫療資源，使醫師能在遠距離與病患溝通互動，解決因交通或時間而無法即時處理的醫療狀況。

名稱	應用說明
達文西手術	使用機器人外科手術的方式來進行複雜的傳統手術，優點是傷口較傳統手術小。
工廠自動化	使用自動裝置系統，藉由電腦控制生產流程與設備，用以達成提高生產力與良率。
電腦輔助設計（CAD）	使用電腦軟體進行實物設計，同時可進行結構的測試及分析，用以開發出新的商品。
電腦輔助製造（CAM）	使用電腦對生產設備運作過程的管理、控制及操作，可提升生產數量及降低成本。
電腦輔助工程（CAE）	將產品製造過程中所有的環節，做有組織性的結合，包含成本控管、計劃管理、品質控制、訊息的流通及監督。
遠距工作	使用視訊及線上會議等溝通工具，打破空間及距離的限制，讓員工的工作地點不侷限於同一區域，同時可降低過於密集的面對面接觸。

九、 數位科技在教育上的應用

名稱	應用說明
電子好球帶	使用高速攝影機及電腦模擬對快速移動的球體進行拍攝追蹤，能夠準確定位球的行進軌跡及位置，讓觀眾知道棒球比賽中，投手投出的球是否有進入好球帶。
校務電子化	將學校行政事務數位化，例如：電子公文系統、學務管理等；亦或是師生互動相關的電子化系統，例如：選課系統、線上繳交作業及成績公告。
遠距教學	使用數位通訊技術達到師生雙方，在不同地域進行教學互動，其中區分同步教學及非同步教學，同步教學需要師生雙方在同一時間進行通訊連結，而非同步則是老師先錄製教學內容，學生可不受時間及空間限制，有空時再觀看。

名稱	應用說明
電腦輔助教學（CAI）	運用電腦來輔助提升學生對學習的興趣，學習過程中透過不同的模式進行教學，可以交談互動或是模擬操作，也可以在線上做測試，多種方式達到學習的目標。
競技運動輔助判決	運用各種科技方法輔助競技運動比賽的裁判，做出正確的判決，例如：足球及籃球的即時重播、網球及羽球的鷹眼系統等。
數位典藏（故宮）	將歷史文物進行拍攝或掃描，進行數位化收藏，讓參觀展覽不用到現場也能看到，並且在觀看的同時，還可以一併了解文物的歷史典故及意涵。

小試身手

(　　) 1 資訊時代中的許多工作能透過各式電腦來進行操控，下列何者與嵌入式電腦（Embedded Computer）的應用最不相關？　(A)行動電話晶片　(B)智慧型冰箱　(C)氣象預測與分析的電腦　(D)汽車的ABS煞車系統。　　　　　【108統測】

(　　) 2 下列何者與電腦程式擊敗頂尖職業圍棋高手所運用的資訊技術最相關？　(A)物聯網　(B)人工智慧　(C)人機介面　(D)電腦輔助教學。　　　　　【107統測】

(　　) 3 下列敘述何者正確？　(A)第一代電腦使用電晶體　(B)第二代電腦使用超大型積體電路　(C)第三代電腦使用積體電路　(D)第四代電腦使用真空管。　　　　　【100統測】

(　　) 4 下列何者非人工智慧的主要技術？　(A)類神經網路　(B)模糊邏輯　(C)基因演算法　(D)社群軟體。

(　　) 5 下列對於電腦的發展趨勢何者為非？　(A)運算速度愈來愈快　(B)儲存容量愈來愈小　(C)體積愈來愈小　(D)功能愈來愈多。

解答　　1 (C)　　2 (B)　　3 (C)　　4 (D)　　5 (B)

1-2 　行動裝置軟體的認識

一、行動裝置的發展演進

(一) 演進史

代表物品	年代	概述
呼叫器 （BB Call）	1950年左右	由工程師阿爾弗雷德·J·格羅斯（Alfred J. Gross）發明，使用單向無線電遠程指令技術；臺灣於1975年開放使用，2007年2月1日結束所有呼叫器服務。
手機	1973年4月3日	摩托羅拉的馬丁·勞倫斯·庫珀（Martin Lawrence Cooper）使用新研發的手機原型機致電給對手貝爾實驗室，亦有人稱這天為手機的生日。
第一台 商用手機	1983年6月	摩托羅拉推出世界上第一台可攜式手機，型號為Dyna TAC 8000X，售價3,995美元。
個人數位助理 （PDA）	1984年	由Psion公司推出的OrganiserII，現在PDA已被智慧型手機所取代。
智慧型手機	1992年	由IBM工程師開發，將晶片與無線技術結合並置入手持裝置，2007年開始蓬勃發展，代表產品：蘋果的iPhone、HTC的Hero英雄機。
第一支 照相手機	2000年	由夏普公司製造，型號為J-SH04，11萬畫素。
數位音訊播放器 （DAP）	2000年左右	前身為可攜式CD播放器，在聲音的類比訊號可轉為數位訊號後，即可儲存於記憶卡或硬碟等設備，因而造就音訊播放器的崛起，代表產品如蘋果公司的IPod。
音樂手機	2000年	內建MP3播放器的手機，始祖為三星的SGH-M188及西門子的6688。

代表物品	年代	概述
智慧型手錶 （環）	2010年之後	將嵌入式系統與手錶結合，使手錶可以提供包含時間以外的各種資訊，如：通話、定位、心律監測、計算機、溫度及高度等。
智慧型眼鏡	2011年	結合通話、攝影拍照、擴增實境及GPS定位等功能的眼鏡，提供使用者日常生活中隨時接收到最新的資訊，代表產品：Google眼鏡（Google Glass）。
螢幕摺疊手機	2019年	多家手機商皆發表，使用柔性OLED的螢幕摺疊手機，例如：摩托羅拉的Motorola Razr、三星的Galaxy Z Flip及華為的Mate X。

(二) 作業系統比較

行動作業系統	簡述
Symbian	又稱塞班系統，由Symbian公司設計，後被諾基亞收購，早期Nokia智慧手機皆使用此系統，但由於Nokia手機在市場上勢微，因此2014年後Nokia公司不再提供Symbian系統的更新。
MeeGo	以Linux為核心的行動作業系統，由諾基亞與英特爾共同推動，但由於Nokia手機在市場上勢微，因此2014年後Nokia公司也不再提供MeeGo系統的更新。
Windows 10 Mobile	由微軟公司開發，可裝載於各類3C產品，如筆電、平板、物聯網等，目前停止開發新版本，僅對目前版本進行安全修補及維護。
BlackBerry 10	由黑莓公司開發，為原有BlackBerry OS的繼任者，雖可相容Android，但實際相容性不高，因此使用者體驗反應較差。

行動作業系統	簡述
Android	Google公司成立的開放手機聯盟，使用Linux為核心開發的行動作業系統，目前世界最大的作業系統（也超越個人電腦Windows系統），除iOS外其他手機皆使用或相容Android系統。
iOS	蘋果公司專為行動裝置開發的作業系統，目前市佔率排名全球第二，採用多點觸控來操作介面，早期由於版本的兼容性，各家APP開發商皆優先以iOS為開發首選。
Watch OS	是Apple Watch的作業系統，由iOS衍生開發，結合眾多物聯網功能，例如：汽車解鎖、心電圖監測等功能。
Tizen	使用Linux為核心開發出的行動作業系統，目的是取代MeeGo與LiMo，另外三星自行開發的Bada也與之整合，目前三星電子為最大支持者，使用在除手機與平板的其他物聯網領域，如：智慧型電視、機上盒及智慧型家庭。
鴻蒙作業系統	英文名：HarmonyOS，鴻蒙作業系統是由華為在2012年時所開發，相容於Android應用程式的跨平台作業系統，可同時支援手機、平板電腦、筆電、智慧電視及其他物聯網商品，系統支援多核心架構，其中包括Linux系統、Lite OS等，其主要用於華為公司所生產製造的相關產品，多用於中國地區。

小試身手

(　　) **1** 一般我們在手機上使用或者是下載的APP，所謂的APP所代表的意思是：　(A)Automation（自動化）　(B)Apple（蘋果公司）　(C)Application（應用軟體）　(D)Apparatus（裝置）。　　【106統測】

( ) **2** 下列哪一項作業系統與蘋果公司無關？ (A)Watch OS (B)Mac OS (C)iOS (D)Windows Phone。

( ) **3** 下列何者為Google所主導的智慧型手機作業系統？ (A)iOS (B)Symbian OS (C)Android (D)Palm OS。 【104統測】

( ) **4** Windows 10 Mobile、Android、Opera、Watch OS、macOS、Windows XP，前述哪幾項是作業系統裝載於行動裝置上？ (A)6項 (B)5項 (C)4項 (D)3項。

( ) **5** 全球衛星定位系統是使用行動裝置（如：智慧型手機、平板電腦等）配合電子地圖，即可得知汽車所在位置的服務，此一系統正確的英文簡稱為何？ (A)POS (B)GPS (C)ABS (D)GIS。 【101統測】

解答 1 (C) 2 (D) 3 (C) 4 (D) 5 (B)

1-3 資料、資訊數位化之表示方法

一、二進位、十進位及十六進位的關係

(一) 二進位的介紹

一般我們日常生活大部分用到的進位法則，以十進位及六十進位為主，例如：一千、一萬、十萬等，或是一分鐘60秒，60分鐘為一小時等；至於二進位顧名思義，就是只有用到1及0這兩個數字來表示，例如：十進位的5用二進位表示則變成101_2。

(二) 十六進位的介紹

此進位系統就是以16為基準，作為進位的表示方式，比較特別的地方是，因為一般我們在數字9之後，沒有其他的數字符號能作為代表，因此在十六進位的表示法中，從10開始是用英文的大寫A來表示，11則為B，以此類推。

十進位	二進位	十六進位
0	0	0
1	1	1
2	10	2
3	11	3
4	100	4
5	101	5
6	110	6
7	111	7
8	1000	8
9	1001	9
10	1010	A
11	1011	B
12	1100	C
13	1101	D
14	1110	E
15	1111	F
16	10000	10

(三) **各進位的轉換方法**

　　基本上轉換方法，分為十進位轉其他進位及其他進位轉十進位，以下會
先說明十進位轉不同進位的做法，方法基本上相同，整數位都是將十進
位的數字用其他進位做短除法，得出的餘數即為該進位的表示，小數點
後則是乘上該進位，得到的答案即為該進位的表示。

1. 十進位轉二進位

（47.625）$_{10}$轉二進位，先將47做短除法，如下：

```
2|47
2|23 –1
2|11 –1
2|5 –1          即等於（101111）₂
2|2 –1
2|1 –0
   1
```

即等於（101111）$_2$

小數點後則乘2之後取整數位作表示，如下：

```
    0.625
×      2
   ─────────
    1.25  –1
－      1
   ─────────
    0.25
×      2
   ─────────
    0.5   –0
×      2
   ─────────
    1
```

即等於（0.101）$_2$

整合起來就是，（47.625）$_{10}$＝（101111.101）$_2$。

2. 十進位轉十六進位

（47.625）$_{10}$轉十六進位，先將47做短除法，如下：

```
16|47
   2  –15     在十六進位表示為F，因此完整表示為2F
```

小數點後則乘16之後取整數位作表示，如下：

0.625*16=10，10在十六進位表示為A，所以

（47.625）$_{10}$＝（2F.A）$_{16}$。

3. 其他進位轉十進位

方法皆相同，以上面的數字為例，二進位轉十進位：

（101111.101）$_2$=1*2^5+0*2^4+1*2^3+1*2^2+1*2^1+1*2^0+1*2^{-1}+0*2^{-2}+1*2^{-3}=

（47.625）$_{10}$

十六進位轉十進位：

$(2F.A)_{16}=2*16^1+F*16^0+A*16^{-1}=2*16+15*1+10*0.0625=(47.625)_{10}$

二、 儲存單位介紹

Bit是資料儲存的最小單位，以二進位來說就是一個bit可以存一個0或1，而Byte則是一般網路傳輸、電腦記憶體及硬碟的儲存單位，例如：購買硬碟時，跟店員說要買1TB硬碟；另外在安裝有線網路時，電信公司所提供的網路速率為下載100M／上傳40M，這裡說的M，就是以Byte為單位，因此如果要計算實際的傳輸速率，還需要再除以8之後，才會得到真實的傳輸速率。

以下為儲存單位的表示（同一行皆相等或近似）

8bits	1Byte		
1KB	10^3 Bytes	1024 Bytes	2^{10} Bytes
1MB	10^6Bytes	1024KB	2^{20}Bytes
1GB	10^9Bytes	1024MB	2^{30}Bytes
1TB	10^{12}Bytes	1024GB	2^{40}Bytes
1PB	10^{15}Bytes	1024TB	2^{50}Bytes
1EB	10^{18}Bytes	1024PB	2^{60}Bytes
1ZB	10^{21}Bytes	1024EB	2^{70}Bytes
1YB	10^{24}Bytes	1024ZB	2^{80}Bytes

三、 ASCII碼

ASCII（American Standard Code for Information Interchange／美國資訊交換標準代碼），在1963年制定，是目前使用最廣泛的編碼系統，下面展示ASCII碼的對照表：

ASCII碼	顯示字元	ASCII碼	顯示字元	ASCII碼	顯示字元
32	（space）	64	@	96	`

ASCII碼	顯示字元	ASCII碼	顯示字元	ASCII碼	顯示字元
33	!	65	A	97	a
34	"	66	B	98	b
35	#	67	C	99	c
36	$	68	D	100	d
37	%	69	E	101	e
38	&	70	F	102	f
39	'	71	G	103	g
40	(	72	H	104	h
41	)	73	I	105	i
42	*	74	J	106	j
43	+	75	K	107	k
44	,	76	L	108	l
45	-	77	M	109	m
46	.	78	N	110	n
47	/	79	O	111	o
48	0	80	P	112	p
49	1	81	Q	113	q
50	2	82	R	114	r
51	3	83	S	115	s

ASCII碼	顯示字元	ASCII碼	顯示字元	ASCII碼	顯示字元
52	4	84	T	116	t
53	5	85	U	117	u
54	6	86	V	118	v
55	7	87	W	119	w
56	8	88	X	120	x
57	9	89	Y	121	y
58	:	90	Z	122	z
59	;	91	[	123	{
60	<	92	\	124	|
61	=	93	]	125	}
62	>	94	^	126	~
63	?	95	_	127	DEL

小試身手

(　　) **1** 關於中央處理器（Central Processing Unit , CPU）的描述，下列何者正確？　(A)因為其安裝位置一般位在電腦主機板的中央位置，故稱為中央處理器　(B)主要功能為執行高速的邏輯與算術運算，且內部不具有任何形式的記憶體　(C)是一種積體電路，用以執行軟體程式中的指令　(D)在電腦開機並載入作業系統之後，CPU才會開始運作。　　　　　　　　　　　　　【107統測】

(　　) **2** 八進位值（123.456）轉換成十六進位值後應為何？　(A)47.47　(B)53.97　(C)3D.A　(D)4B.B9。

( ) **3** 下列哪一個單元主要是存放指令及資料的地方？ (A)輸出／輸入單元 (B)算術／邏輯單元 (C)控制單元 (D)記憶單元。【105統測】

( ) **4** 大數據處理資料量已進入PB級容量單位，它等於2的10次方個TB，也等於2的20次方個GB，而1GB大約是10的9次方位元組（Byte），那麼1PB可以概算為10的幾次方位元組？ (A)9 (B)12 (C)15 (D)18。

( ) **5** 假設有一個外星物種叫α族，其溝通的文字符號如圖所示。若以人類二進制的方式來思考α族的電腦化，在每個符號使用相同位元數的條件下，最少要用多少位元（bits），才足以完整表示α族的文字符號？ ⊙⊥⊕◎♀§←∞£★■＊ (A)2bits (B)3bits (C)4bits (D)5bits。 【103統測】

解答與解析

1 (C)

2 (B)。先將八進位值（123.456）轉成十進位$=1*8^2+2*8^1+3*8^0+4*8^{-1}+5*8^{-2}+6*8^{-3}$ $=83.58984375$，將十進位再轉成十六進位，83除以16=5餘3，16進位的個位數是3，5除以16=0餘5，16進位的十位數是5，$0.58984375*16=9.4375$，16進位小數點後第一位為9，$0.4375*16=7$，整個十六進位就是53.97。

3 (D) 4 (C) 5 (C)

實戰演練

( ) **1** 下列何種行業或產業因為傳染性疾病,而必須居家隔離防治,讓「宅經濟」蓬勃發展最相關? (A)風水師 (B)線上遊戲 (C)百貨美食 (D)房屋裝修。

( ) **2** 下列計算機儲存容量的數值中,何者與其它三者不同?
(A)2TB
(B)2^{41}B
(C)2,048GB
(D)2,048×1,024×1,024MB。

( ) **3** 下列何者不是電腦儲存容量的單位? (A)DB (B)GB (C)MB (D)TB。 【101統測】

( ) **4** 智慧城市仰賴大量的數據來進行情境分析,下列哪一種資料來源不宜成為開放資料(Open Data),以包含於此大數據分析呢? (A)裝置在幹道路口偵測車流量的攝影機 (B)裝置在各巷弄的溫度或空氣品質感測器 (C)裝置在居家電冰箱上的智慧感測裝置 (D)大眾自由使用的社群媒體或討論區。

( ) **5** 人工智慧產生了第四次工業革命,下列何者不屬於人工智慧的技術? (A)深度學習 (B)類神經網路 (C)TikTok短影片 (D)專家系統。

( ) **6** 下列何者代表便利商店所使用的銷售時點系統? (A)ATM (B)ERP (C)GPS (D)POS。 【統測】

( ) **7** 小哲假日到台中洲際棒球場觀賞棒球賽,比賽當中,突然觀眾都看向賽場中大螢幕所顯示的重播影像,請問大螢幕中所播放的內容最有可能為下列何種數位應用? (A)虛擬實境 (B)人流監測系統 (C)電子好球帶 (D)運動輔助判決的即時回放。

( ) **8** 關於AR(擴增實境虛擬)的敘述,下列何者正確? (A)將現實世界與虛擬世界即時結合 (B)創造一個完全虛擬的世界 (C)讓人在虛擬世界中與虛擬影像互動　(D)人在虛擬世界中與真實影像互動。

(　) **9** 許多網路地圖，會利用大數據（Big Data）技術綜合分析車速，以標識某個路段是否塞車。下列哪個技術的應用，最適合協助取得車速資訊？　(A)VR（Virtual Reality）　(B)GPRS（General Packet Radio Service）　(C)POS（Point Of Sale）　(D)GPS（Global Positioning System）。　　　　　　　　　　【108統測】

(　) **10** 下列對於QR Code之敘述，何者錯誤？　(A)QR Code的QR是Quality Regulation的縮寫　(B)QR Code是一種二維條碼　(C)QR Code之容錯性與抗損性均優於Barcode　(D)QR Code圖上的定位圖案，可讓使用者不需準確的對準掃描，仍可正確讀取資料。　　　　　　　　　　　　　　　　　　　　　【108統測】

(　) **11** 常被設計工程師用來做為輔助設計工具的軟體，是屬於下列哪一種？　(A)CAE　(B)CAM　(C)CAI　(D)CAD。　　【101統測】

(　) **12** 下列何者屬於非接觸式IC卡？　(A)健保卡　(B)悠遊卡　(C)金融提款卡　(D)自然人憑證卡。　　　　　　　　　　　【102統測】

(　) **13** 由於疫情過後的報復性旅遊，導致許多國內及外島景點人潮爆滿及塞車，下列何種應用能提供民眾，規劃最佳的旅遊行車路線？　(A)Instagram　(B)維基百科網站　(C)Google地圖　(D)TikTok。

(　) **14** F1一級方程式賽車為了避免駕駛及車輛的危險及損失，會使用下列何種電腦科技進行訓練？
(A)電腦輔助教學（CAI）
(B)虛擬實境（VR）
(C)GPS
(D)自駕車系統（Autonomous cars）。

(　) **15** 下列何種應用程式，無法讓分隔兩地的人進行文字或影像溝通交流？　(A)Telegram　(B)Instagram　(C)Illustrator　(D)LINE。

( ) **16** 關於嵌入式電腦，下列敘述何者不正確？ (A)冷氣溫度控制 (B)智慧手錶身體監測 (C)可以進行樂透彩兌獎分析 (D)自駕車系統。

( ) **17** 悠遊卡是整合了台北捷運、公車、停車場、便利超商繳費付款等多功能的電子票卡，其主要技術是屬於以下何者？ (A)智慧卡 (B)條碼磁卡 (C)無線網卡 (D)有線網卡。 【103統測】

( ) **18** 若你買了一個5T的外接硬碟，請問約等於下列何種容量？ (A)4096KB (B)5000000000KB (C)5000YB (D)4096000B。

( ) **19** 以下何種技術利用電腦來輔助工廠中的製造工作，以提升產品的品質與產能？
(A)CAD（電腦輔助設計）
(B)CAM（電腦輔助製造）
(C)CAE（電腦輔助工程）
(D)CAI（電腦輔助教學）。 【103統測】

( ) **20** 下列哪一種作業系統不適合佈署到智慧型手機上使用？
(A)Android
(B)Unix
(C)iOS
(D)Windows 10 Mobile。 【104統測】

( ) **21** 下列何者有採用無線非接觸式之RFID（radio frequency identification）技術？ (A)國民身分證 (B)駕駛執照 (C)悠遊卡 (D)健保卡。 【104統測】

( ) **22** 3D列印（3D Printing）技術，是透過電腦軟體的協助，將材料以層層疊加的方式來產出物品，具有快速成形的優點，這是屬於下列何種型態的電腦應用？ (A)電腦輔助教學 (B)電腦輔助製造 (C)辦公室自動化 (D)資訊家電。 【104統測】

( ) **23** 下列何種競技遊戲尚未有人工智慧涉入？ (A)西洋棋 (B)星海爭霸 (C)狼人殺 (D)圍棋。

實戰演練

(   ) **24** 下列敘述何者錯誤？　(A)SIRI人工智慧只裝載於蘋果系統的手機　(B)數位電視盒可以進行氣象預測及分析　(C)第二代電腦的主要元件為電晶體　(D)現有國道全面使用ETC（電子道路收費系統）收費。

(   ) **25** 全世界為因應傳染性疾病，導致大規模的封城行動，而造就「宅經濟」的發展，如果疾病無法消除，下列何者行為可能在未來被淘汰？
(A)在家觀賞網紅直播視訊
(B)學生在家觀看老師上課影片
(C)媽媽使用線上購物，購買化妝品
(D)在寬敞但密閉的電影院，多人一起看電影。

(   ) **26** 小瑜在放學後，到手搖飲料店購買飲料，看到前面的顧客拿著手機螢幕給店員操作，請問下列敘述行為何者最不可能？　(A)請店員掃取手機電子發票條碼　(B)使用行動支付條碼給店員確認　(C)使用店家的電子優惠券　(D)手機壞掉請店員修理。

(   ) **27** 下列敘述何者正確？
(A)算盤是人類歷史上最早的計算工具
(B)虛擬實境是將人體傳送到電腦中進行運作
(C)為解決少子化問題，目前已經可以跟人工智慧繁衍後代
(D)虛擬貨幣可以自行到金山的礦坑中挖取。

(   ) **28** 關於Radio Frequency IDentification（RFID）無線傳輸技術現有應用之情境，下列何者尚未被廣泛應用？
(A)賣場的商品販售
(B)電子票證如捷運悠遊卡或一卡通
(C)無人圖書館的書籍借閱與歸還
(D)金融卡自ATM自動提款機提取現金。　　　　　【105統測】

(   ) **29** 下列哪一種作業系統沒有開放原始碼？　(A)iOS　(B)Android　(C)Chrome OS　(D)Linux。　　　　　【105統測】

(　　) **30** 下列哪一個選項與虛擬實境完全沒有關係？　(A)HR　(B)XR　(C)AR　(D)MR。

(　　) **31** 下列何者是結合通訊功能與各種應用系統的行動裝置？　(A)Mobile Phone　(B)DVD　(C)HMD　(D)VOD。

(　　) **32** 國道計程eTag電子標籤機制，與下列哪一項技術最有關？
(A)全球定位系統（Global Positioning System, GPS）
(B)無線射頻識別（Radio Frequency Identification, RFID）
(C)條碼（Bar Code）
(D)擴增實境（Augmented Reality, AR）。　　　　【105統測】

(　　) **33** 行動支付時代來臨，運用近場通訊（Near Field Communication, NFC）的手機錢包與下列哪一項技術最相關？　(A)全球互通微波存取（WiMAX）　(B)第四代行動通訊技術（4G）　(C)條碼（Bar Code）　(D)無線射頻識別（RFID）。　　　　【106統測】

(　　) **34** 在復仇者聯盟電影當中，飾演鋼鐵人的男主角，時常在穿上鋼鐵裝後與裡面的機器對話，最有可能是以下哪種技術的應用？
(A)虛擬實境　(B)ERP　(C)電腦輔助工程　(D)AI人工智慧。

(　　) **35** 生產單位利用機器人取代人力，除了產品品質及產量提高外，對於環境的污染及空氣質量也可以利用電腦網路監控，這與下列哪一種應用最相關？　(A)辦公室自動化　(B)工廠自動化　(C)電子化政府　(D)電子化企業。　　　　【106統測】

(　　) **36** 若希望手機具備無線感應付款功能，則手機規格必須能支援：
(A)VR（Virtual Reality）　(B)AR（Augmented Reality）
(C)NFC（Near Field Communication）　(D)GPS（Global Positioning System）。　　　　【106統測】

(　　) **37** 大部分當紅的手機對戰遊戲，為了使遊戲過程中畫面精緻且流暢，下列哪一項技術或手機零組件不是必須的？　(A)APP的程式設計技術　(B)無線行動通訊技術　(C)VISA驗證技術　(D)手機中的繪圖處理器（Graphic Processing Unit）。　　　　【108統測】

實戰演練

（　　）38 由任天堂公司、精靈寶可夢公司授權，於2016年7月起在iOS和Android平台上發布《精靈寶可夢GO》（Pokemon GO），是一款基於與現實地理地圖，並結合下列何種技術，讓玩家可以透過手機鏡頭將寶可夢與現實世界拼貼的遊戲？
(A)VR（Virtual Reality）
(B)AR（Augmented Reality）
(C)MR（Mixed Reality）
(D)CR（Cinematic Reality）。

（　　）39 小傑與龐姆相約去電影院看海賊王電影，但只有該電影院地址，他可使用下列哪一種科技順利到達電影院呢？
(A)CPU　　　　　　　　　　(B)LTE
(C)GPS　　　　　　　　　　(D)POS。

（　　）40 生物辨識技術於近年已廣泛用於各種安全系統中；請問下列哪一種辨識方式不屬於生物辨識技術？
(A)指紋　　　　　　　　　　(B)掌紋
(C)虹膜　　　　　　　　　　(D)密碼。

電腦硬體概述

在這裡會跟你講CPU是什麼東西,以及CPU是在電腦使用時的運作模式及流程,CPU怎麼做Input／Output,虛擬記憶體是什麼,考試會考一些基本觀念,把這個單元看過一次,觀念題就不用害怕拿不到分數了,順帶一提,了解電腦硬體之後,電腦有問題就可以自己修繕了,常言道:「靠山山倒,靠人人跑,靠自己最好。」

2-1 電腦的組成與架構

一、電腦的基本組成

一般我們所認知的電腦組成包含以下幾項:硬體、軟體、網際網路及資料;本單元主要探討的就是關於硬體方面的事物。

二、硬體(Hardware)

目前我們使用的大部分電腦硬體架構,是由約翰·范紐曼(John von Neumann)所提出,通稱為范紐曼型架構,主要包含五大單元:控制、運算邏輯、記憶、輸入及輸出。

(一)硬體的五大單元

單元名稱	功能說明	代表物品
控制 (CU)	主要負責協調、指揮及控制電腦中各單元之間的運作,是電腦的指揮中心,例如:資料在記憶單元中到運算邏輯之間的運作關係、程式指令的讀取及解碼等運作控制。	中央處理器 (CPU)
運算邏輯 (ALU)	負責進行加減乘除的算術運算,邏輯判斷及關係運算,將運算後的結果傳至記憶單元。	

單元名稱	功能說明	代表物品
記憶 （MU）	電腦儲存資料及程式的地方。	硬碟、記憶體、光碟、磁帶等
輸入 （IU）	主要接收外部的資訊或指令，轉換成CPU可以使用運算的數位訊號，運算前會先存放在主記憶體中。	鍵盤、滑鼠、讀卡機、光碟機等
輸出 （OU）	將運算後的結果，以使用者能了解的方式顯示或列印出來。	螢幕、喇叭、印表機、光碟燒錄機等

(二) 五大單元的運作模式

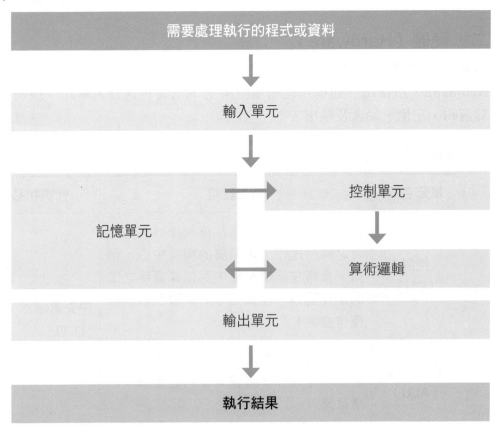

2-2 電腦的主機與零組件

一、主機外部與主機板介紹

(一)主機的背面外觀

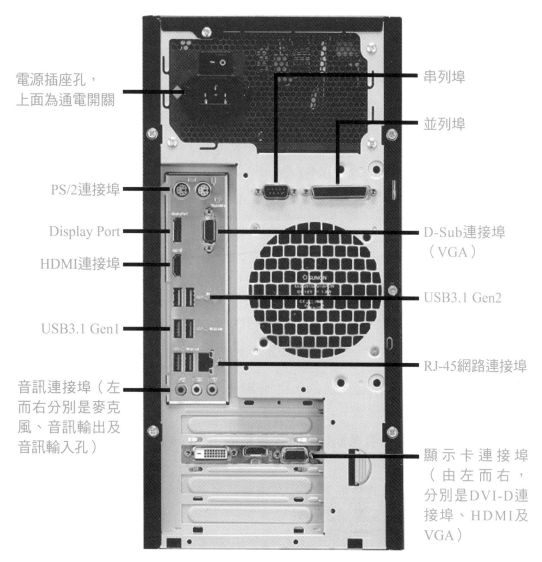

電源插座孔，
上面為通電開關

串列埠

並列埠

PS/2連接埠

Display Port

HDMI連接埠

USB3.1 Gen1

D-Sub連接埠
（VGA）

USB3.1 Gen2

RJ-45網路連接埠

音訊連接埠（左
而右分別是麥克
風、音訊輸出及
音訊輸入孔）

顯示卡連接埠
（由左而右，
分別是DVI-D連
接埠、HDMI及
VGA）

（圖片來源：華碩官網）

(二) 主機板介紹

（圖片來源：技嘉科技官網）

① D-Sub
② DVI-D
③ HDMI
④ USB3.2 Gen1 Type-A
　介面
⑤ Realtek 8118 電競網路
⑥ 音效雜訊阻隔線
⑦ 高階音效處理晶片
⑧ 高階音效電容
⑨ 支援雙通道DDR4，4組
　記憶插槽
⑩ 支援第10代Intel Core™
　處理器
⑪ M.2插槽
⑫ DualBIOS™
⑬ 全新散熱設計
⑭ 固態電容設計
⑮ 燈條擴充接頭

M.2插槽	主機板上擴充卡插槽的一種規範，將會取代mSATA插槽。
PCIE插槽	主機板匯流排的一種，由Intel發行，具有六種管線設計，支援熱插拔且可向下相容。
南橋晶片	主要處理低速訊號，連結周邊設備居多；例如：音效卡、USB等。
北橋晶片	處理高速訊號，並跟南橋晶片溝通，主要連接CPU、顯示卡及記憶體等裝置。

二、 中央處理器的組成與運作

中央處理器（Central Processing Unit／CPU）乃是電腦組成中最重要的部件，如同球隊當中的總教練，在電腦的運作當中，指揮所有的執行命令，以下將介紹CPU的內部組成及運作方式。

(一) 中央處理器的組成

1. **CPU的組成主要包含**，算術邏輯單元、控制單元、內部匯流排、暫存器（Register）及快取記憶體（Cache Memory）。

2. **暫存器**：顧名思義就是CPU內的一個暫時儲存區域，存放執行中的指令或資料等，而就功能的不同，分為下列幾種：程式計數器（PC）、指令暫存器（IR）、累加器（ACC）、狀態暫存器（SR）或稱旗標暫存器（FR）等。

3. **快取記憶體**：由於CPU是電腦中執行速度最快的部件，但在執行工作時都必須向其他部件索要資料或指令，如主記憶體或硬碟，因而會產生時間差（CPU等待資料提供的時間），為了減少等待時間，在CPU與主記憶體間加入快取記憶體，用以提升CPU的運作效能，以存取速度相比，暫存器比快取記憶體更快。

(二) 匯流排的功能

匯流排（Bus）是CPU與各電腦部件相互資料傳遞的方式，根據資料傳輸的不同，主要分為下列五種匯流排：

資料匯流排 （Data Bus）	在CPU與RAM之間傳遞指令或資料，使用半雙工運作。
位址匯流排 （Address Bus）	CPU用來指定要存取在RAM的資料位址，使用單工運作。
控制匯流排 （Control Bus）	傳遞CPU的控制訊號到其他各單元，用以控制各單元的執行狀況，使用單工運作。
擴充匯流排 （Expansion Bus）	主要負責CPU與其他周邊設備擴充槽的資料傳輸。
局部匯流排 （Local Bus）	讓外部設備與CPU建立起一個專用通道，用以提升外部設備與CPU之間的傳輸速度。

資訊小教室

(1)**單工**：只允許單一方向傳輸資料。
(2)**半雙工**：可以雙向溝通，但同時間只能允許單一方向傳輸，例如：對講機，有一方占用頻道，其他用戶只能等占用方結束通話。
(3)**全雙工**：可同時間雙向溝通，日常生活中的電話即是全雙工。

(三)CPU的運作

1.CPU在執行的過程中，區分為三個週期，分別是機器週期、指令週期及執行週期

機器週期	指從記憶體得到指令，並開始執行直到結束的完整過程，其中會有指令的擷取、解碼、執行及儲存結果。
指令週期	從擷取指令到解碼的過程。
執行週期	從解碼後的執行到完整儲存執行結果。

2.CPU的執行速度

工作時脈：CPU運作時所產生的時脈頻率，一般目前用GHz（十億赫茲）為單位，時脈頻率越高，代表CPU效能越強，處理速度愈快，所需的週期時間愈短，以下是例題說明：

例題

電腦時脈速度為10GHz，執行10^{12}個指令費時200秒，此電腦執行每個指令需要多少時脈週期（Clock Cycle）？　(A)2　(B)12　(C)20　(D)120。

解：時脈週期為$1/（10*10^9）$，指令為$200/10^{12}$，每個指令需要的時脈週期$200/10^{12}*（10*10^9）=2$。

3.CPU的指令集

指令集分為兩大類，複雜指令集（CISC）及精簡指令集（RISC），不同款的CPU指令集都會不一樣，下面是對兩類指令集的比較：

複雜指令集（CISC）	精簡指令集（RISC）
格式長度不固定，且指令較多	格式長度固定，指令較少
執行速度較慢，且程式設計容易	執行速度快，但程式設計較難

4. **多核CPU**

一般所指在一個CPU內建置多顆運算核心，達成提高CPU的運算能力，使之可同時執行多個運算，其中還有分為核心數及線程數，核心數單指物理數量，線程數則為邏輯數量，在CPU的表示上會看到有四核四線程、四核八線程或八核十六線程等，一般俗稱相同線程核心數為實體核心，不同則為虛擬核心數。

(四) 行動裝置的CPU介紹

1. 近年來智慧型手機越發盛行，一些消費者甚至將手機作為電腦的代替品，將一些工作使用手機進行製作，因此在這邊簡單介紹手機CPU與電腦的不同。

2. 手機使用的CPU與電腦最大的不同，在於手機的CPU出廠前就先結合GPU及ISP等設備，所以嚴格來說應該叫做「晶片組」，另一個不同的地方在於，CPU架構的不一樣，手機CPU都是採用ARM（高級精簡指令集機器／Advanced RISC Machines）的設計架構，這樣的設計，效能雖然是越來越強大，但與電腦CPU還是有些落差。

(五) CPU的規格

廠商	Intel
型號	i9-14900
時脈	2.0 GHz
核心數	24核32執行緒
快取記憶體	36 MB Intel® Smart Cache
封裝	FCLGA1700
製程	7 nm
功耗	65 W

三、 顯示卡、音效卡及電源供應

(一) 顯示卡

主要用於影像輸出，使顯示畫面畫質效果提升，特別是沒有內建顯示的CPU，需要額外配置顯示卡才能看到畫面；另外，近年電子競技的盛行，CPU內建的顯示卡，不一定能完全支援遊戲的進行，因此額外配置顯示卡也越發興盛，且因技術的發展，顯示卡也增加各種新的影像顯示技術，如光影追蹤等。

顯示卡規格如下：

顯示卡系列	世代	層級	額外規格	廠商等級	廠商功能代號	記憶體大小
RTX	40	70	Ti	GAMING	OC	12G

資訊小教室

光影追蹤技術：模擬光線的技術，簡稱「光追技術」，使光線照射在不同物體表面時，因不同的環境所呈現的效果，能更加真實；例如：在遊戲中看日月潭的景色，沒有光追技術，則只會看到周邊的山景，開啟光追技術後，則不只看到山景，還可看到日月潭水面的周邊綠樹倒影。

(二) 音效卡

主要用於輸出聲音及聲音訊號做數位及類比的轉換，目前大部分主機板都會內建音效卡，但如果需要更好的聲音品質，則需要另外配置能輸出不同聲道的高階音效卡。

(三) 電視棒

用於投影手機畫面到電視上做觀看。

(四) 電源供應

整台電腦主機的電源供應核心，電源的瓦數大小選擇，需要就個別主機的配備做調整，有無獨立顯卡或配置多顆硬碟等，設備越多，需要的瓦數就越高。

四、記憶單元

電腦中的儲存單元，主要用於存放資料或是待執行的程式指令，依功能的不同，可分為主記憶體及輔助記憶體（儲存裝置）。其中主記憶體又可細分為隨機存取記憶體（Random Access Memory／RAM）及唯讀記憶體（Read-Only Memory／ROM）。

記憶儲存裝置	記憶儲存裝置	RAM	DRAM SRAM
		ROM	－
	輔助記憶體	軟碟	5.25吋 3.5吋
		硬碟（傳統）	3.5吋 2.5吋
		固態硬碟	3.5吋 2.5吋 1.8吋
		隨身碟／記憶卡	－
		光碟	CD DVD BD
		磁帶	－

(一) 主記憶體

1. 隨機存取記憶體（Random Access Memory／RAM）
   (1) 區分為兩種，靜態隨機存取記憶體（Static RAM／SRAM）及動態隨機存取記憶體（Dynamic RAM／DRAM）。
   (2) 屬於揮發性記憶體，關機後存入的資料就會消失。
   (3) 一般買筆記型電腦或是組裝電腦所標示的記憶體容量，就是指RAM中的DRAM。
   (4) SRAM主要用於快取記憶體。

(5) DRAM及SRAM的比較：

靜態隨機存取記憶體 （SRAM）	動態隨機存取記憶體 （DRAM）
不用持續供電，元件密度低	需要週期性供電，元件密度高
存取速度快，價格較高	存取速度慢，但價格較低

資訊小教室

DRAM的演進：最早是SDRAM之後演進為DDR SDRAM、DDR2 SDRAM（簡稱DDR2）、DDR3、DDR4、DDR5，DDR5為最新一代，已於2020年上市，另外還有GDDR6，主要用在顯示卡內及遊戲主機等裝置，提供顯示技術的高效運算，無法使用於一般電腦主機板上。

2. **唯讀記憶體**（Read-Only Memory／ROM）

(1) 屬於**非揮發性**記憶體，即使電腦斷電，存放的資料也不會消失。

(2) 由於資料不會因關機而消失，因此存入大部分皆屬於重要且不隨意更改的資料，例如開機所需的BIOS資料，也可稱為BIOS ROM。

(3) 大致上ROM分為五種，由下表示之：

ROM名稱	概述
遮罩式唯讀記憶體 （Mask ROM）	由廠商在出廠前將資料寫入，使用者只能讀取，無法寫入及更改。
可程式化唯讀記憶體 （Programmable ROM／PROM）	出廠時為空白，由使用者將資料寫入，寫入之後便只能讀取資料，無法再次寫入及更改。
可清除式程式化唯讀記憶體 （Erasable PROM／EPROM）	可重複寫入，但舊有資料需照射紫外線進行清除，之後才能再進行寫入資料。

ROM名稱	概述
電子清除式可程式化唯讀記憶體（Electrically EPROM／EEPROM）	使用電力即可清除舊有資料，之後即可重複進行寫入，相較EPROM較省時。
快閃記憶體（Flash ROM／Memory）	一般使用的隨身碟及記憶卡皆屬於此類，具有ROM及RAM的雙重特性，通電即可進行資料改寫或刪除，斷電後資料不會消失。

(二)**記憶及儲存元件的運作速度比較**（其中的輔助記憶裝置於下章細說）

資訊小教室

(1)**虛擬硬碟**：使用特殊軟體將記憶體進行分割，分割出一部分的空間，透過虛擬技術轉變成硬碟空間，用以提升資料的讀取速度。
(2)**虛擬記憶體**：電腦執行運作時，由於記憶體的容量不足，會將一部分的硬碟空間，暫時轉換成記憶體空間，用以解決記憶體空間不足的問題。

五、I／O連接埠

(一)**主要功用為電腦主機與周邊設備的連結接口，以下是接口的介紹**

連接埠名稱	概述
串列埠（COM1、COM2）	早年用於將數據機、滑鼠等裝置與主機連接，現在已被USB接口取代。
並列埠（LPT1）	早年用於將印表機、掃描器等裝置與主機連接，現在已被USB接口取代。

連接埠名稱	概述
PS／2	一般有兩個顏色，紫色接鍵盤，綠色接滑鼠，不支援熱插拔，現在逐漸被USB接口取代。
IEEE1394 （Firewire 火線）	1. 由蘋果公司與德州儀器共同開發的高速傳輸介面。 2. 有供電功能，支援隨插即用及熱插拔。 3. 具有點對點傳輸功能，可用於平行設備的傳輸。 4. 包含主機端在內，最多可連接64台設備。 5. 接口規格分為三種，IEEE1394a、IEEE1394b及IEEE1394c，其中IEEE1394b較為常見，最高傳輸速率可達每秒100MB。
D-Sub （VGA）	類比訊號的傳輸介面，主要用於螢幕與主機的連接，有逐漸被數位訊號傳輸的HDMI取代的趨勢。
SATA及 eSATA	1. eSATA為SATA的外接接口，eSATA用於外接硬碟，SATA用於主機內部硬碟。 2. 另有mSATA（mini-SATA）的規格，大多用於固態硬碟。 3. 支援熱插拔，最高傳輸速率可達每秒300MB。
RJ-45	1. 網路設備的有線傳輸，用於電腦、數據機、交換器及路由器等網路設備。 2. 因應最高可傳輸速率的不同，使用的線材具有不同規格，例如：CAT5、CAT6等。 3. 目前超薄型筆電的網路接口，已被USB接口取代。
HDMI	1. 全名為高畫質多媒體介面,可同時傳輸聲音及影像訊號。 2. 分為四種介面，分別為HDMI Type A到HDMI Type D。 3. 支援8K傳輸的最高速率可達每秒6GB，另外也支援熱插拔。
DisplayPort	功能與HDMI相似，都具有高畫質影音傳輸，可連接多台影像設備，有兩個接口版本；DisplayPort及mini DisplayPort。

連接埠名稱	概述
Lightning	蘋果公司開發的傳輸規格，8 Pin的針腳設置，主要用於iPhone、iPad等蘋果設備，未來可能被USB Type-C所取代。
Thunderbolt	早年由Intel公司研發，之後加入蘋果公司共同研發，目前最新版本為Thunderbolt 4，從Thunderbolt 3開始便與USB的Type-C接口相容，但Thunderbolt的最高傳輸速率可達每秒5GB。
DVI	直接將數位訊號傳輸進螢幕展示，省去類比轉數位訊號的麻煩，畫質也較好，不過為了有更大的相容性，滿足每一種螢幕的規格，因而設計出三種版本與五種不同的接口；分別是類比訊號的DVI-A、類比與數位訊號皆支援的DVI-I（Single Link）、DVI-I（Dual Link）及數位訊號的DVI-D（Single Link）、DVI-D（Dual Link）。

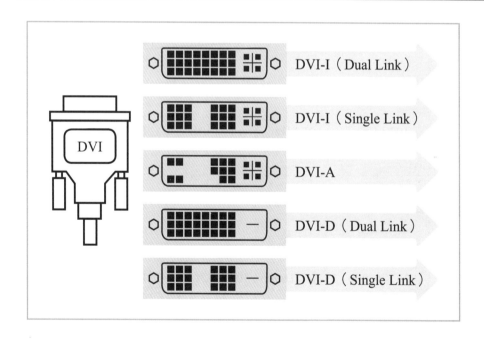

(二) HDMI的代數差異

HDMI 版本					
	1.0–1.2a	1.3–1.3a	1.4–1.4b	2.0–2.0b	2.1
發布日期	2002年12月（1.0） 2004年5月（1.1） 2005年8月（1.2） 2005年12月（1.2a）	2006年6月（1.3） 2006年11月（1.3a）	2009年6月（1.4） 2010年3月（1.4a） 2011年10月（1.4b）	2013年9月（2.0） 2015年4月（2.0a） 2016年3月（2.0b）	2017年11月
實驗傳輸頻寬	4.95 Gbit/s	10.2 Gbit/s	10.2 Gbit/s	18.0 Gbit/s	48.0 Gbit/s
最大實際傳輸速率	3.96 Gbit/s	8.16 Gbit/s	8.16 Gbit/s	14.4 Gbit/s	42.6 Gbit/s
最大通道的採樣率	192 kHz	192 kHz	192 kHz	192 kHz	192 kHz
最大音訊通道	8	8	8	32	32
最高支援解析格式	1920×1200p 60 Hz	2560×1600p 75 Hz	4096×2160p 24 Hz	3840×2160p 60 Hz（4K）	7680×4320 （8K）

（以上來源：維基百科）

(三) 通用序列匯流排（USB）介紹

全名為Universal Serial Bus；簡稱USB，支援隨插即用及熱插拔，最初由Intel及微軟共同召集開發，集合當時幾家具有領導地位的公司，成立USB標準化組織，用以制定USB的規格標準，目前最新發展為USB4；

版本1.0，USB的發展分為兩個方向，一個是規格的發展，就是傳輸速率的快慢及通電的大小，另一個是接口的類型，下表將詳細說明版本的差異：

接口 版本規格	USB 2.0	USB 3.2Gen2x1	USB 3.2Gen2x2	USB4	常用設備
理論速度	達60MB/s	達1.2GB/s	達2.4GB/s	達5GB/s	
Type-A	相容	相容但不達速	不相容 印表機、掃描器		電腦、筆電、行動電源
Type-A Super speed		相容			
Type-B		相容但不達速			
Type-B Super speed		相容			
Type-C	相容				大部分3C周邊設備
Micro-B	相容	相容但不達速	不相容		平板電腦、讀卡機、外接硬碟
Micro-B Super speed		相容但不達速			
Mini-A、Mini-B、Mini-AB、Micro-A、Micro-AB		不相容			平板電腦、讀卡機、外接硬碟

(四)USB Type-A接口顏色

顏色	規格	備註
白色	USB1.X，Type-A或B接口	
黑色	USB2.0，Type-A或B接口	
藍色	USB3.0（USB 3.2Gen1x1），Type-A或B接口	
淺藍色	USB 3.2Gen2x1，Type-A或B接口	

顏色	規格	備註
紅色	USB 3.2Gen2x2，Type-A接口	支援休眠充電
黃色	USB2.0或USB3.0，Type-A接口	高輸出及支援休眠充電
橘色	USB3.0，Type-A接口	只有充電功能
綠色	Type-A接口	支援QC快充
紫色	Type-A接口	支援華為快充

(五)USB Type-C接口顏色

顏色	規格
白及黑色	電流最大輸出2～3A
紫色	支援快充，電流最大輸出5A
橘色	支援快充，電流最大輸出6A

資訊小教室

(1)**熱插拔**：比隨插即用要複雜一點的技術，指在不斷電的狀況下，即可拔除或插入周邊裝置，而不會導致主機板或周邊裝置燒毀。
(2)**隨插即用**：周邊裝置與電腦連接後，作業系統能主動偵測辨認該裝置，而不需要另外手動尋找或安裝驅動程式。

小試身手

(　　) **1** 下列哪一種電腦介面是連接螢幕且採用數位訊號傳輸？　(A)D-SUB　(B)HDMI　(C)RJ-45　(D)PS/2。　　　　【108統測】

(　　) **2** 下列有關電腦記憶體的敘述，何者正確？
(A)固態硬碟是一種輔助記憶體
(B)暫存器是一種主記憶體
(C)記憶卡通常使用快取記憶體儲存資料
(D)ROM屬於揮發性記憶體。　　　　【107統測】

(　)　**3** 下列有關CPU中央處理單元的敘述，何者正確？　(A)bps（bits per second）是一種CPU時脈頻率的單位　(B)CPU通常內建快閃記憶體用來暫時存放要處理的指令資料　(C)CPU的一個機器週期包括擷取、解碼、執行、運算四個主要步驟　(D)RISC精簡指令集比CISC複雜指令集較適用於智慧型手機。　　　　　【107統測】

(　)　**4** 下列各項資料儲存元件中，何者的讀取速度最慢？　(A)硬碟（hard disk）　(B)主記憶體（main memory）　(C)唯讀記憶體（read-only memory）　(D)暫存器（register）。

(　)　**5** 關於中央處理器（Central Processing Unit , CPU）的描述，下列何者正確？　(A)因為其安裝位置一般位在電腦主機板的中央位置，故稱為中央處理器　(B)主要功能為執行高速的邏輯與算術運算，且內部不具有任何形式的記憶體　(C)是一種積體電路，用以執行軟體程式中的指令　(D)在電腦開機並載入作業系統之後，CPU才會開始運作。　　　　　【107統測】

(　)　**6** 下列有關快取記憶體（Cache Memory）的描述，何者正確？　(A)是一種動態隨機存取記憶體（DRAM）　(B)主要功能是做為電腦開機時，儲存基礎輸入輸出系統（BIOS）內的程式之用，以加速開機　(C)是EEPROM的一種，存取速度高於一般 EEPROM，且電腦電源關閉之後，其內容仍然會被保存　(D)在一般的個人電腦中，其存取的速度低於中央處理器內部暫存器的速度，但高於主記憶體的速度。　　　　　【107統測】

(　)　**7** 下列何種周邊I／O連接埠，在電腦通電運作下進行拔除或插入，可能會導致主機板或周邊裝置燒毀？　(A)IEEE1394　(B)PS／2　(C)USB隨身碟　(D)DisplayPort。

(　)　**8** 某顯示卡提供下列四種連接埠DVI-I、DisplayPort、HDMI及DVI-D，今有一螢幕只有VGA接口，請問只有普通轉接頭（無晶片訊號轉換）的轉換下，要使用哪種連接埠可使螢幕順利使用？　(A)DVI-I　(B)DisplayPort　(C)HDMI　(D)DVI-D。

解答　　1 (B)　　2 (A)　　3 (D)　　4 (A)　　5 (C)　　6 (D)　　7 (B)　　8 (A)

2-3 外部儲存裝置

一、軟式磁碟

俗稱軟碟片或磁碟片，分為5.25吋與3.5吋兩種，其中5.25吋的容量是1.2MB；3.5吋是1.44MB，使用時都需要用到相對應尺寸的磁碟機，而且由於讀取資料速度慢，容量又小，因此目前已淘汰在一般商業市場，不過在一些公家政府機關為因應資訊安全，偶爾還會使用。

二、硬式磁碟（傳統硬碟）及NAS（網路儲存裝置）

相比於軟式磁碟，硬碟的容量大且讀取速度更快，因此逐漸取代軟碟在市場上的地位。

(一) 硬碟的構造

1. **磁頭**：即為讀寫頭，在讀寫資料時每一個磁頭，都會停留在同樣的垂直位置。
2. **磁柱**：在不同碟片中，相同的垂直位置，同編號的磁軌相碟而成的圓柱體。
3. **磁軌**：圓形碟片中，一整圈可以讀寫資料的區域，即為磁軌。
4. **磁區**：將整圈的磁軌再劃分為多個區域，每一個區域即稱為磁區，磁區是硬碟讀取的基本單位，在格式化後的每個磁區的基本容量皆為4096Bytes。
5. **磁叢**：多個磁區所集合而成。
6. **檔案配置表**：硬碟的檔案紀錄狀況。
7. **存取方式**：區分為循序存取及隨機存取。

(二) 硬碟的容量

從IBM研發出的第一顆硬碟只有5MB的容量，到現在動輒幾TB甚至幾十TB的容量，其實前後發展還不到七十年，雖然越大容量可以放入的資料越多，但是如果硬碟發生損壞，一次的資料損失也是非常巨大，因此做好備份才是保存資料的重點。

(三) 硬碟的尺寸

基本上分為3.5吋及2.5吋硬碟，一般桌機使用3.5吋內接硬碟，筆記型電腦用2.5吋內接硬碟，外接硬碟則視需求而定。

(四) 硬碟的轉速

由於硬碟是圓盤狀，而讀取時磁頭不會隨便移動，需要碟片轉動到資料存放的位置來讀取，因此轉速的快慢會影響讀取資料的速度，轉速單位為每分鐘旋轉次數（Revolutions Per Minute／RPM），一般常見的轉速有5400轉、7200轉及10500轉。

(五) 硬碟的傳輸介面

內接式硬碟一般有三種傳輸介面，分別是SATA、IDE及SCSI，SATA的讀寫速度較IDE快，SCSI則多用在企業伺服器的多顆硬碟並聯。

(六) 硬碟的緩衝記憶體

由於硬碟讀寫速度比主記憶體慢，因此將硬碟內放入讀取速度較快的緩衝記憶體，作為資料讀取的緩衝區，一般目前市面上的緩衝容量大部分在32MB到128MB。

(七) 硬碟的存取時間（Disk Access Time）

整個存取時間分為三個階段：搜尋時間、旋轉時間及傳輸時間。

1. **搜尋時間**：指磁頭移動到資料所在的磁軌，所花費的時間，一般以千分之一秒為單位（ms）。
2. **旋轉時間**：這裡就是指硬碟的轉速單位是RPM。
3. **傳輸時間**：即是資料的讀寫時間，以從主記憶體寫入硬碟或將硬碟資料傳到主記憶體所需的時間。

例題

假設某外接式硬碟的平均搜尋時間為9.4 ms，轉速為5400 RPM，資料傳輸速率為512 Mbit/s，在不計其他延遲的情況下，試問讀寫一個512 bytes磁區平均大約需要多久時間？　(A)14.964 ms　(B)1.4964 ms　(C)20.519 ms　(D)2.0519 ms。

解：5400轉＝60/5400＝11.11ms，11.11/2＝5.555，9.4＋5.555＋（512*8/512000）＝14.964（ms）

(八) NAS（**網路儲存裝置**）

如同自己架設雲端硬碟，本身有連網功能，可將手機或是筆電與之相連，即使出門在外，也可以立刻取得資料或是備份資料，通常會使用容錯式磁碟陣列（RAID）來進行架設。

RAID等級	概述
RAID0	將多顆硬碟並列成一整個硬碟使用，讀寫都可並列處理，因此速度最快，但無容錯能力，如果其中一顆硬碟損壞，裡面存放的所有資料都有遺失風險。
RAID1	最少需要兩顆獨立硬碟，使用時以鏡像方式處理，資料寫入其中一顆硬碟後，另一顆硬碟同樣複製一份，資料安全性最高，但硬碟利用率最低。
RAID2	為RAID0改良版，至少需要三顆硬碟才能使用，以漢明碼的方式，對寫入的資料進行編碼後分割存入硬碟，資料因為加入錯誤修正碼，所以會比原資料大一些。
RAID3	使用Bit－interleaving（資料交錯儲存）技術，對寫入的資料進行編碼後分割存入硬碟，其中一顆硬碟單獨存入同位元檢查，因為資料分散從入所有硬碟，因此運作時，所有硬碟可能都需要進行運作。
RAID4	與RAID3類似，不過分割存入的資料以區塊為單位分別存入，而每次讀寫資料，存放同位元檢查的硬碟都需要運作，進行同位元資料核對，過度使用會對硬碟損耗增加。
RAID5	是一個兼顧方案，對於效能運作、安全性及成本取得平衡，最少需要用到三顆硬碟，使用Disk Striping（硬碟分割）技術，資料及對應的奇偶校驗分別存入各硬碟中，如果其中一顆硬碟損壞，可利用其他硬碟的資料及奇偶校驗資訊進行復原。
RAID6	是RAID5的加強版，比RAID5再增加一個奇偶校驗，因此至少需要四顆硬碟，安全性增加，能允許最多兩顆硬碟同時損壞，是最常運用的磁碟陣列方式。

RAID等級	概述
RAID7	非公開的RAID標準，而是Storage Computer Corporation的專利硬體產品名稱，從RAID3及RAID4發展而來，使用大量快取記憶體及非同步陣列的專用即時處理器，效能提高但價格不菲。
RAID10/01	RAID10存入資料時會先進行分割，然後鏡像存入，且會將硬碟分為兩組，以RAID1方式存入，RAID01則為相反，RAID10如果其中一顆硬碟損壞，其他硬碟可以持續運作，RAID01的話則會停止運作，因此RAID10較常見，一般主機板大部分支援RAID10。
RAID50	RAID 5與RAID 0的組合，先作RAID 5，再作RAID 0，因為RAID5最少要三顆硬碟，因此RAID50最少需要六顆硬碟，在同一組的硬碟中，出現兩顆以上損壞則RAID50會無法運作。
RAID53	RAID5與RAID3的組合，使用鏡像條帶陣列。
RAID60	RAID6與RAID0的組合，先作RAID6，再作RAID0因為RAID6最少要四顆硬碟，因此RAID60最少需要八顆硬碟，在同一組的硬碟中，出現三顆以上損壞則RAID60會無法運作，不過發生機率不高。

三、固態硬碟

以快閃記憶體作為儲存裝置，跟傳統硬碟使用圓形碟片不同，SSD不需要旋轉碟片來搜尋資料的位置及讀取，因此大幅降低讀寫速度；主要尺寸有三種，分別是3.5吋、2.5吋及1.8吋，連接介面常見的有SATA、PCIE及M.2。

另外，還有一種結合大容量傳統磁盤的固態混和硬碟（SSHD），內建較小容量的SSD，使整顆硬碟擁有傳統硬碟的大容量，並加入固態硬碟的高速讀寫效能，很受電競遊戲領域的青睞。

下面來說明傳統硬碟及固態硬碟的優缺點：

優點	缺點
1. 讀寫速度大幅勝出傳統硬碟，因此大部分使用者，都會將開機的系統程式優先安裝於固態硬碟中，以提升開機速度。 2. 功耗需求較傳統硬碟低，且因為沒有旋轉碟片，同時達到無噪音及低熱能。 3. 另一個無旋轉碟片的優點是對抗震動性強，並且相對於傳統硬碟較不容易損壞。	1. 雖然目前價格已經降到一般消費級水平，但相比傳統硬碟，同樣的儲存容量，價格依然比較高。 2. 壽命方面具有一定的寫入次數限制，且隨著寫入次數的增多，速度也會下降，而達到寫入上限後則會變成唯讀狀態。 3. 其中一個優點是較不容易損壞，但這也是另一個缺點，就是如果損壞後，已存入的資料完全無法挽救。 4. 長時間斷電靜置會導致原寫入資料的消失，並且隨著存放位置的溫度提高，資料消失的速度會越快，目前消費級標準是，不通電存放在30度的溫度下，資料可儲存52週，約一年時間。

四、 記憶卡及隨身碟

(一) 隨身碟

使用快閃記憶體製作，接口使用USB的TYPE-A，不過由於TYPE-C介面的普及，未來可能會被TYPE-C介面取代，目前最大容量可達4TB。

(二) 記憶卡

主要運用於小型設備或是需要另外擴充的裝置，例如：數位相機、手機及早期的小型筆電；規格有多種大小類型，如：SD、miniSD、microSD、MS、XD、CF等。

五、 DVD光碟及藍光光碟

(一) 光碟機、燒錄機及藍光播放器

主要區分為光碟機、藍光複合機及藍光燒錄器，燒錄功能大都結合在播放器內，讀取速度以倍速表示，以世界上第一台光碟機的轉速200～530轉為基準（約150KB／s），CD的52倍速為52*150=7800 KB／s，DVD的24倍速為24*1350=32400 KB／s，讀取速度是CD的9

倍，藍光的12倍速是12*4.5（MB／s）*1024=55296 KB／s，讀取速度是CD的9倍。

(二) CD及DVD

使用雷射光照射在光碟金屬薄膜上，將上面燒出凹洞儲存資料，讀取時透過凹洞的反射來判讀，下面會介紹CD及DVD的各種格式：

光碟規格	概述
CD-ROM	出廠就已將資料寫入，無法再重複寫入資料，與一般CD光碟相同，播放時間為74分鐘。
CD-R	俗稱空白光碟，可將資料寫入（燒錄），但寫入一次後，此光碟即為唯讀光碟，無法將已寫入的資料做更改及刪除。
CD-RW	資料紀錄層使用可變式合金，與CD-R的聚合體不同，此光碟可重複寫入資料或更改刪除，複寫次數可達一千次左右。
VCD	為一種影音壓縮光碟，可將影像及聲音寫入其中，但影像支援畫質較差，且如果電影片長超過74分鐘，需要兩片VCD收錄，大部分藍光播放器已不支援VCD。
DVD-ROM	如同CD-ROM一樣，可重複讀取資料，但無法執行更改及刪除的動作，單張DVD容量介於4.7GB到17GB之間。
DVD-Video	影像光碟格式，目前在電影產業廣泛使用，一般所購買的電影收藏除藍光外，此格式為最大宗。
DVD-Audio	數位音樂格式，專用做於儲存聲音資料，由於可儲存的容量比CD格式大，因此可用來取代CD之用。
DVD-R	與CD-R類似，為空白DVD光碟，可寫入（燒錄）資料一次，之後即為唯讀DVD光碟，無法再將已寫入的資料做更改或刪除。
DVD-RAM	可重複讀寫的DVD光碟，且基本不限定資料格式，如同一片可攜式硬碟，不過早期相容性較差，需要使用DVD-RAM專用的播放器及燒錄機才能使用。
DVD-RW	功能與DVD-RAM相同，但格式不同，複寫次數可達一千次。

(三)Blu-ray Disc

一般稱為藍光光碟，由索尼及松下電器主導開發，並成立藍光光碟聯盟，之所以稱為藍光光碟，主因是使用藍色的雷射光束進行資料讀寫，一般常見規格單層25GB，可收錄高畫質（解析度1080）影像達4小時，另有BDXL規格，支援100GB及128GB，藍光區碼分為A、B、C及FREE，台灣屬於A區。

六、其他儲存方式

(一)磁帶

非揮發性儲存媒介，使用循序存取的方式運作，壽命較長且使用及維護成本較低，因此目前廣泛應用於有較高資料安全性需求的機構。

(二)雲端硬碟

由私人企業提供線上儲存空間，使用時只需登入後將資料上傳於雲端硬碟空間即可，由於資料存於遠端，且並非完全無洩漏風險，因此儲存重要資料時需加密後上傳，以防範重要資料遭到外洩；以下公司有提供雲端硬碟服務：ASUS WebStorage、Google雲端硬碟、Apple iCloud、中華電信Hami個人雲及微軟OneDrive等。

小試身手

（　　）**1** 下列關於傳統硬碟與固態硬碟的敘述，何者正確？　(A)傳統硬碟較固態硬碟省電　(B)傳統硬碟較固態硬碟怕晃動　(C)固態硬碟讀寫頭較傳統硬碟多　(D)固態硬碟RPM（Revolutions Per Minute）值較傳統硬碟大。　　　　　　　　　　　　　　　　　　【108統測】

（　　）**2** 下列儲存裝置何者最不可能在目前的大數據時代被大型機構所使用？　(A)固態硬碟　(B)磁帶　(C)軟式磁碟　(D)傳統硬碟。

（　　）**3** 下列有關記憶體的敘述何者不正確？　(A)DRAM需要週期性更新資料內容　(B)SRAM只要維持供電即可保持資料　(C)暫存器（Register）直接設計在CPU中　(D)固態硬碟（SSD）沒有讀寫次數的限制。　　　　　　　　　　　　　　　　　　　　　　【107統測】

（　）**4** 下列關於硬碟之敘述，何者不正確？　(A)固態硬碟是用隨機存取記憶體來作為儲存元件　(B)電腦運作時，固態硬碟耐震度比傳統硬碟高　(C)電腦運作時，固態硬碟寧靜度比傳統硬碟高　(D)傳統硬碟的磁碟存取時間＝搜尋時間＋旋轉時間＋傳輸時間。　【107統測】

（　）**5** 下列哪一種儲存設備沒有使用機械裝置？　(A)磁帶機　(B)光碟機　(C)硬碟機　(D)固態硬碟。　【106統測】

（　）**6** 某硬碟的轉速（rotational speed）為10,000RPM，平均搜尋時間（seek time）為9ms，資料傳輸率（data transfer rate）為200MB/s。若使用者欲存取連續儲存於同一磁柱內的1MB資料，且已知讀寫頭必須移動，則平均而言，下列何者占存取時間（access time）的最大部分？
(A)搜尋時間（seek time）
(B)旋轉時間（rotation time）
(C)傳輸時間（data transfer time）
(D)解碼時間（decode time）。　【105統測】

（　）**7** 若以固態硬碟與傳統硬碟比較，下列何者不是固態硬碟的優勢？
(A)重量　　　　　　　　　(B)噪音
(C)耗電　　　　　　　　　(D)價格。　【105統測】

（　）**8** 電腦之中央處理器對硬碟（HD）、快取記憶體（SRAM）、主記憶體（DRAM）、與唯讀光碟機（CD-ROM）之讀取速度，由快至慢排列，依序應為？
(A)HD＞SRAM＞DRAM＞CD-ROM
(B)SRAM＞DRAM＞HD＞CD-ROM
(C)CD-ROM＞HD＞DRAM＞SRAM
(D)HD＞DRAM＞CD-ROM＞SRAM。　【統測】

解答　1 (B)　2 (C)　3 (D)　4 (A)　5 (D)　6 (A)
7 (D)　8 (B)

2-4 　電腦周邊設備

一、輸入裝置

設備名稱	概述
鍵盤	主要功能為輸入資料，從打字機演進而來，由於近年電競盛行，也發展出與電競相關的遊戲競技專用鍵盤；鍵盤的鍵帽主要分為機械式及薄膜式。
滑鼠	指向式輸入裝置，由滑鼠移動的方式，分為機械式、光學式及軌跡球，早年滑鼠為上方三個按鍵，近年將中間按鍵改為前後滾輪，而因應多功能的使用方式，最新的滑鼠還加入側鍵及DPI調整的變換鍵；另外筆電則自備觸控板作為滑鼠的替代裝置。
掃描器	使用光學技術將紙本圖像或文字轉換為數位影像，掃描的影像品質以DPI為表示單位，近年多與印表機結合為多功能複合機。
麥克風	聲音的輸入裝置，能將聲音的類比訊號輸入到電腦中，轉為數位訊號做保存。
網路攝影機	動態影像輸入裝置，用於視訊會議、遠距教學等功用，亦可用於錄影製作影片。
遊戲搖桿	主要用於遊戲控制，使玩家更容易操作且增加遊戲體驗及臨場感。
數位相機	傳統相機使用底片做為儲存媒介，數位相機則是將類比影像資料轉為數位訊號儲存，照片的輸出品質會因數位相機的「像素」而有所影響；另外拍照的焦距調整分為兩種，光學變焦及數位變焦；近年因照相手機的蓬勃發展，而研發出利用程式運算的美顏及濾鏡模式，將照片後製完才輸出。
條碼掃描器	主要用於閱讀條碼，早期只能判讀一維條碼，近年因二維條碼QR-Code的興盛，新的機器可以同時閱讀兩種條碼。
觸控螢幕	利用觸碰的方式對顯示器進行指令輸入，一般手機、平板電腦及一部份筆電都已具備此功能，依照觸控裝置的原理，分為以下幾種方式觸控：電阻式、電容式、聲波式及紅外線式。

設備名稱	概述
繪圖板	又可稱為手寫板，分別有兩個設備，一個是可在上面書寫的數位板，另一個是專用的書寫筆，利用人類習慣握筆書寫的方式，將資料輸入電腦，常見於美術設計、工程繪圖等領域。

資訊小教室

(1)DPI：每英吋的點數量，用於點陣數位影像的品質表示，只要牽涉到影像處理的工作，都可以使用解析度來衡量，同時也可以表示滑鼠的移動距離。

(2)**光學變焦**：利用鏡頭的伸縮，來對拍攝的物體成像，進行遠近的調節，由於是物理變化，所以調節過程需要較大的空間，因此體積也較大。

(3)**數位變焦**：使用程式演算技術，透過數位的方式，對拍攝的成像進行解析度調節，需要的體積空間較小但清晰程度較光學變焦差。

二、輸出裝置

(一) 顯示器

俗稱螢幕，電腦設備主要的輸出裝置，根據不同的技術發展，分為以下幾類螢幕技術：

種類	材質	技術原理	優缺點
CRT	陰極射線管	利用陰極電子槍，發出電子射向螢幕，使螢光粉發光顯示影像。	價格便宜但體積龐大，輻射及耗電量大。
LCD	液晶	將液晶放在兩片可以導電的玻璃中間，利用背光模組提供光源，通過液晶顯示影像。	體積較小，無輻射問題，重量也較輕且閃屏較低，但相比OLED，則藍光較高。
OLED	有機發光二極體	有機發光二極體可自行發光顯示影像，不需要背光模組提供光源。	更輕薄省電，可折疊及彎曲，但閃屏較LCD嚴重。

螢幕畫質：一般表示畫質的名稱為解析度，分為橫軸及縱軸，常見的畫質標準有：SDTV的畫質為640*480，HD為1280*720、Full HD為1920*1080、4K UHD電視為3840*2160、8K Ultra HD為7680*4320。

(二) 印表機

主要能夠將文字或圖片資料實體化的輸出設備，尤其是商務職場尤為重要，其中分為噴墨印表機、雷射印表機、點陣式印表機及熱感應列印機。

種類	概述
噴墨式印表機	使用墨水為原料，列印時墨水匣將墨水噴在紙張上顯示資料，由於原料為液體，因此列印後的紙張遇水或長期置放於潮濕環境，會導致資料模糊難以辨識；墨水分為四種顏色，分別為黑色、青色、紅色及黃色，四種顏色簡稱CMYK。
雷射印表機	原料為碳粉，列印時使用雷射光將資料投放於感光鼓上，使碳粉附著於感光鼓，加熱後印壓在紙上完成列印，列印後的資料遇水不易模糊無法辨識。
點陣式印表機	又稱為撞擊式印表機，列印時使用撞針撞擊色帶，將色帶上的原料印在紙上，由於使用機械原理，因此列印時噪音大且品質較差，速度也較慢，多用於複寫式單據或公司內部報表。
熱感應列印機	使用熱感應塗層的紙捲，列印時將熱感印紙要顯示資料的地方加熱，即可列印完成，主要用於傳真機、收銀機及紙本電子發票，列印後的資料怕高溫及久放，會導致字體模糊及消失；由於感應塗料的關係，在台灣無法將熱感應紙回收，只能視為垃圾丟棄。

印表機單位：一般以DPI來表示列印品質的解析度、PPM或LPM表示噴墨及雷射印表機列印的速度、CPS表示點陣式印表機的列印速度。

(三) 喇叭及耳機

輸出聲音訊號的設備，喇叭屬於揚聲器，耳機則為個人收聽裝置，皆由電腦中的音效卡接收訊號，近年兩者皆有發展出無線傳輸功能，透過藍牙進行音訊傳送。

三、 其他周邊設備

設備名稱	概述
電子書閱讀器	專為閱讀電子書籍使用的設備，與平板大小類似，但具有護眼及長時間閱覽不易疲累的好處，重量較輕且耗電量低，適合長時間使用。
電子紙	超薄型顯示器，厚度及外觀與紙張接近且可彎曲收納，常使用在大型展示看板、數位影像展覽等。
頭戴式顯示器	將顯示器直接戴在頭上使用，主要用於VR等虛擬實境。
行動電源	以鋰電池作為原料，可重複充電使用，一般電池容量在700～18000mAh（毫安培／小時），提供移動中的手機及平板充電。
無線充電裝置	透過電磁感應的方式來充電，電流經過線圈時會產生磁場，新磁場的變化會產生感應電流，無線充電就是透過感應電流將電充進3C裝置中。

資訊小教室

(1)QC快充：由高通驍龍（Snapdragon）公司所發展的快充技術，全名為 Quick Charge，目前與多家手機廠商合作，提供快充技術支援，最新版本為第五代（QC5），具有防止過度充電及溫度過高的安全防護。

(2)PD快充：全名為USB Power Delivery，由USB開發者論壇所提供定義的快充供電技術，蘋果公司是主要的使用廠商之一，由於可以支援多種裝置，因此預期未來有很大的發展空間。

小試身手

(　　) **1** 彩色印表機所使用的CMYK色彩模式，指的是哪四種顏色？
(A)棕（Coffee）、黃（Mellow）、藍（Navy）、紅（Brick）
(B)紅（Red）、綠（Green）、藍（Blue）、黑（Black）
(C)紅（Chilli）、藍（Marine）、灰（Gray）、黑（Smoke）
(D)青（Ｃｙａｎ）、洋紅（Ｍａｇｅｎｔａ）、黃（Ｙｅｌｌｏｗ）、黑（Black）。　　　　　　　　　　　　　　　　　【108統測】

(　　) **2** 下列何者為電腦設備中的輸出裝置？ (A)喇叭 (B)滑鼠 (C)鍵盤 (D)麥克風。

(　　) **3** 何種印表機適合用來列印複寫式紙張與連續報表？
(A)雷射印表機　　　　　　　　(B)噴墨印表機
(C)多功能事務機　　　　　　　(D)點陣式印表機。 　【103統測】

(　　) **4** 下列何者是最常使用之雷射印表機的列印速度單位？
(A)BPS（Byte Per Second）
(B)DPI（Dot Per Inch）
(C)PPM（Page Per Minute）
(D)RPS（Rotation Per Second）。 　　　　　　　【102統測】

(　　) **5** 下列對於一般的LCD顯示器與OLED顯示器的敘述何者正確？
(A)LCD顯示器通常比OLED顯示器薄
(B)OLED材質可自發光，故OLED顯示器不需要背光板
(C)OLED顯示技術是透過液晶來控制顏色的變化
(D)LCD的反應時間比OLED快。 　　　　　　　【108統測】

解答　　**1 (D)**　　**2 (A)**　　**3 (D)**　　**4 (C)**　　**5 (B)**

實戰演練

( ) **1** 在硬碟中緩衝記憶體最主要目的為何？ (A)延長硬碟壽命 (B)增進硬碟旋轉速度 (C)增加硬碟容量 (D)增進硬碟傳輸效率。 【統測】

( ) **2** 行動電話所使用的無線耳機，最常採用下列哪一種通訊技術？ (A)Bluetooth (B)RFID (C)Wi-Fi (D)WiMAX。 【100統測】

( ) **3** 關於快閃記憶體（flash memory）的敘述，下列何者不正確？ (A)電源消失資料仍然存在 (B)記憶體中的資料可以被重複讀寫 (C)必須利用紫外線的照射才能刪除資料 (D)可以應用在隨身碟或記憶卡。 【100統測】

( ) **4** 「磁碟重組」主要目的為何？ (A)增進磁碟讀寫效能 (B)增加磁碟空間 (C)修復磁碟毀損 (D)避免檔案遺失。 【101統測】

( ) **5** 下列主機板上的插槽，何者支援熱插拔（Hot Swap）的功能，並可用於連接硬碟？ (A)AGP (B)IDE (C)PCI (D)SATA（Serial ATA）。 【101統測】

( ) **6** 下列哪一種記憶體，用於製作USB隨身碟？ (A)DRAM (B)Flash memory (C)SRAM (D)PROM。 【101統測】

( ) **7** 請問最高轉速為7200 RPM的硬碟，每一秒最多旋轉幾圈？ (A)60 (B)120 (C)180 (D)240。 【101統測】

( ) **8** 下列有關電腦的操作與保養，何者最正確？ (A)不可以利用電腦製作他人的文件 (B)若對電腦不熟悉，不可以隨便拆解電腦 (C)主機與螢幕可以不用定期保養 (D)為了節省時間，可以在電腦前吃東西、喝飲料。 【108統測】

( ) **9** 電腦中的「基本輸入/輸出系統」（BIOS）屬於下列何者選項？ (A)報表軟體 (B)套裝軟體 (C)韌體 (D)作業系統。 【101統測】

(　) **10** 下列何者不是用來評估LCD顯示器好壞的重點？ 　(A)亮度 　(B)反應時間 　(C)感光元件 　(D)對比值。 　　　　　　　【101統測】

(　) **11** 下列有關微處理器的敘述，何者正確？ 　(A)時脈（clock）是時脈頻率（clock frequency）的倒數 　(B)位址暫存器可用以存放各種狀態或運算的結果 　(C)相較於多核心微處理器，單核心微處理器更適合多工環 　(D)執行週期（execution cycle）包括擷取、解碼、執行三個主要步驟。 　　　　　　　【101統測】

(　) **12** 硬碟結構中檔案的名稱、長度、建檔日期等資訊被完整記錄在下列哪一個位置？ 　(A)硬碟分割區 　(B)啟動區 　(C)邏輯分割區 　(D)檔案配置表。 　　　　　　　【101統測】

(　) **13** 主機板上或CPU內的快取記憶體，通常採用下列哪一種記憶體？ 　(A)靜態隨機存取記憶體（SRAM） 　(B)動態隨機存取記憶體（DRAM） 　(C)快閃記憶體（Flash ROM） 　(D)可程式化唯讀記憶體（PROM）。 　　　　　　　【101統測】

(　) **14** 一部電腦在選擇硬碟時，若所須儲存的資料容量不大，但應能符合抗震動、重量輕、低耗電、低噪音等為主要考量因素，則下列何者為最佳選擇？ 　(A)IDE硬碟 　(B)SATA硬碟 　(C)SCSI硬碟 　(D)SSD硬碟。 　　　　　　　【101統測】

(　) **15** 有關電腦操作與保養的敘述，下列何者正確？ 　(A)硬碟應定期格式化，以清理不再需要的檔案 　(B)應定期以防毒軟體修補作業系統，防止系統產生漏洞 　(C)硬碟之讀寫頭應定期以小型吸塵器清潔 　(D)使用電腦時須注意散熱與通風。 　　　　　　　【101統測】

(　) **16** 下列何者為電腦設備中的輸入裝置？ 　(A)喇叭 　(B)繪圖板 　(C)印表機 　(D)電子書閱讀器。

(　) **17** 電腦常用的時間單位有：微秒（μs）、披秒（ps）、毫秒（ms）及奈秒（ns），請問下列哪一項數值所代表的時間長度最長？ 　(A)1ms 　(B)500ns 　(C)1024μs 　(D)100000ps。 　　　　　　　【102統測】

( ) **18** 智慧型手機上的觸控螢幕是屬於輸入設備還是輸出設備？ 　(A)只是輸入設備　(B)只是輸出設備　(C)是輸入設備也是輸出設備　(D)不是輸入設備也不是輸出設備。　　　　　　　　　　　【102統測】

( ) **19** 電腦內硬碟機的規格中，RPM（Revolutions Per Minute）表示下列何項意義？ 　(A)硬碟機內碟片的每分鐘轉速　(B)讀出資料的速度　(C)每分鐘的資料儲存量　(D)維持每分鐘固定轉速的技術。　　　　　　　　　　　　　　　　　　　【102統測】

( ) **20** 下列何者不是顯示卡的連接埠？ 　(A)D-Sub　(B)DVI　(C)HDMI　(D)PS／2。　　　　　　　　　　　　　　　　【102統測】

( ) **21** 快閃記憶體（Flash）兼具RAM與ROM的特點而常被做成隨身碟使用，這樣的應用屬於下列哪一層次的記憶體？ 　(A)暫存器（Register）層次　(B)輔助記憶體（Auxiliary Storage）層次　(C)快取記憶體（Cache）層次　(D)主記憶體（Main Memory）層次。　　　　　　　　　　　　　　　　　　　　【102統測】

( ) **22** 運作中的硬碟裡面有旋轉磁盤及移動的讀寫頭，下列何者是正確的磁碟存取時間的計算方式？
(A)搜尋時間＋旋轉時間＋傳輸時間
(B)搜尋時間＋啟動時間＋旋轉時間
(C)啟動時間＋旋轉時間＋傳輸時間
(D)啟動時間＋搜尋時間＋傳輸時間。　　　　　　　　　【102統測】

( ) **23** 關於電腦設備之間的傳輸模式，下列敘述何者正確？
(A)電腦和SATA磁碟機之間為全雙工、電腦和電腦之間為全雙工、電腦和鍵盤之間為單工
(B)電腦和SATA磁碟機之間為半雙工、電腦和電腦之間為全雙工、電腦和鍵盤之間為單工
(C)電腦和SATA磁碟機之間為半雙工、電腦和電腦之間為全雙工、電腦和鍵盤之間為半雙工
(D)電腦和SATA磁碟機之間為全雙工、電腦和電腦之間為半雙工、電腦和鍵盤之間為單工。　　　　　　　　　　【103統測】

實戰演練

(　　) **24** 長時間使用電腦或手機容易造成身心健康傷害，下列敘述何者最不可能發生？
(A)熬夜對戰線上遊戲，導致睡眠不足，精神不濟
(B)長時間低頭滑手機，導致頸椎痠痛
(C)沉迷於網路世界，造成人際關係疏離
(D)滑手機過度用力，導致手指頭扭傷。

(　　) **25** 當日積月累不斷儲存及刪除資料後，磁碟中就會產生很多空白區段，不但浪費磁碟空間，也會增加尋找儲存空間的時間。為了解決這個問題，可以使用作業系統中的什麼功能？　(A)磁碟重組　(B)磁碟清理　(C)磁碟分析　(D)磁碟合併。　　　　　【103統測】

(　　) **26** 某電腦的位址匯流排共有8個位元、資料匯流排共有16位元，則該電腦：　(A)一次傳送16位元至最多256位元組的記憶空間　(B)一次傳送8位元至最多256位元組的記憶空間　(C)一次傳送16位元至最多65536位元組的記憶空間　(D)一次傳送256位元至最多65536位元組的記憶空間。　　　　　【103統測】

(　　) **27** 有關下列電腦週邊的敘述，何者不正確？　(A)顯示卡上的VRAM記憶體是屬於揮發性（Volatile）　(B)藍色是印刷四原色之一　(C)市面上的多功能事務機是輸出裝置也是輸入裝置　(D)可彎曲式螢幕主要是應用OLED技術。　　　　　【103統測】

(　　) **28** 某個CPU之型號為Intel Core 2 Duo DeskTop 3.0G，對於此編號的意義，下列敘述何者錯誤？　(A)此CPU之工作時脈是3.0GHz　(B)此CPU適合於桌上型電腦　(C)此CPU內含四個運算核心　(D)此CPU為Intel公司產品。　　　　　【104統測】

(　　) **29** 下列有關不斷電系統（uninterruptible power supply）的敘述，何者錯誤？
(A)可提供緊急電力
(B)可偵測到交流電源斷電
(C)維護電源品質
(D)採用運行於2.4Hz的Wi-Fi無線供電技術。　　　　　【104統測】

(　　) **30** 以有機發光二極體製成的顯示器屬於：　(A)OLED顯示器　(B)OLCD顯示器　(C)LED顯示器　(D)LCD顯示器。　【104統測】

(　　) **31** 下列哪一種電腦周邊裝置利用一圈圈的磁軌儲存資料？
(A)DVD光碟　　　　　　　　(B)硬式磁碟
(C)隨身碟　　　　　　　　　(D)固態碟SSD。　　　　【104統測】

(　　) **32** 電腦主機的輸入/輸出埠中，下列何者可用於連接數位電視機，來傳送未經壓縮的數位化音頻與影像信號？　(A)S/PDIF　(B)HDMI　(C)DVI　(D)PS/2。　　　　【104統測】

(　　) **33** 下列敘述何者正確？　(A)靜態隨機存取記憶體需要隨時充電　(B)12倍速DVD光碟機的資料讀取速度，比12倍速藍光光碟機的資料讀取速度快　(C)固態硬碟的讀寫速度較傳統硬碟快　(D)CPU都有內建快閃記憶體（Flash）以提高執行效能。　　【104統測】

(　　) **34** 下列關於電腦硬體中記憶單元的敘述何者正確？
(A)當今固態硬碟（Solid-State Drive）主要靠磁場的狀態來表示所儲存的資訊
(B)快取記憶體（Cache Memory）常以快閃記憶體（Flash Memory）的積體電路（IC）來實現
(C)DDR記憶體指的就是倍數非同步隨機存取記憶體（Double Data Rate Asynchronous DRAM）
(D)個人電腦的記憶單元種類中，CPU內的暫存器總儲存空間是最小的。　　　　　　　　　　　　　　　【105統測】

(　　) **35** 27吋電腦螢幕中，「27吋」指的是電腦螢幕的：　(A)水平長度　(B)垂直高度　(C)對角線長度　(D)厚度。　　【105統測】

(　　) **36** 下列有關電腦傳輸介面、連接埠的敘述，何者錯誤？
(A)利用HDMI可將畫面傳送至電視播放
(B)利用USB可連接鍵盤
(C)利用RJ–45可連接網路
(D)利用音源輸入（line in）可連接外接式硬碟。　　【105統測】

實戰演練

(　　) **37** 一般在桌上型個人電腦主機板上面的主記憶體（Main Memory，MM），大多是使用動態記憶體（DRAM）而不用靜態記憶體（SRAM），這主要是因為：
(A)一般DRAM比SRAM還省電
(B)可以善用DRAM記憶體需要更新（Refresh）的特性
(C)DRAM晶片密度較大，所以相同單位面積的晶片內可以有比較大的記憶體儲存空間
(D)為了讓關機的時候資料可繼續保存在DRAM中。 【106統測】

(　　) **38** 下列各種I／O連接埠可用來傳輸影音訊號的有幾種？
HDMI、DVI、RJ-45、PS／2、DisplayPort
(A)2種　　　　　　　　　　(B)3種
(C)4種　　　　　　　　　　(D)5種。

(　　) **39** 小藍藍的媽媽非常重視環保，因此要求電腦使用完一定要關機，但小藍藍總是需要使用電腦的USB來將手機充電，因此小藍藍的電腦一定具有下列哪種顏色的USB接口？
(A)黑色　　　　　　　　　　(B)紅色
(C)藍色　　　　　　　　　　(D)淺藍色。

(　　) **40** 電腦之中央處理器對固態硬碟（SSD）、快取記憶體（SRAM）、主記憶體（DRAM）、Register（暫存器）與傳統硬碟（HD）之讀取速度，由快至慢排列，依序應為？
(A)HD>SRAM>DRAM>CD ROM
(B)Register>SRAM>DRAM>SSD> HD
(C)CD ROM>HD>DRAM>SRAM
(D)HD>DRAM>CD ROM>SRAM。

單元03 作業系統平台

此處內容，主要會考的部分是電腦運作時系統平台所扮演的角色，以及作業系統的分類，因此要拿到這單元的分數，內容還是必須要稍微了解注意，尤其是系統的分類及運作的流程。

3-1 系統平台的架構與內部運作

一、電腦的開機

(一) 流程說明

 確認線路連接後，按下電源，由電源供應提供電力給主機板等裝置。

 主機板獲得電力後，供給CPU並向BIOS獲取程式碼。

 開始對各部門器件做開機自我測試（POST），螢幕顯示開機畫面，內容為各項硬體規格。

 測試完成後，會有短暫停頓，這時點擊按鍵（一般是Delete）會進入BIOS設定畫面，可進行開機設定。

5 最後載入作業系統，由作業系統進行運作，這時可輸入密碼登入或選擇其他使用者。

(二) BIOS的介紹

　　1.全名為Basic Input/Output System，屬於電腦的韌體。

　　2.BIOS儲存於快閃記憶體中，安裝在主機板上，開機後最先執行的程式。

　　3.電腦開機用的BIOS可稱為System BIOS，顯示卡中的BIOS則稱為Video BIOS。

二、 操作環境概述

(一) 電腦操作環境由可視覺化的軟體介面進行操作，而由硬體來執行程式運算，兩者相結合組成電腦的運作。

(二) 作業環境（Shell）：早期作業環境，如DOS介面為純文字輸入介面，之後推出的圖形操作介面稱之為「使用者圖形介面」，英文簡稱GUI。

(三) 核心程式（Kernel）：掌管系統內各項硬體裝置及資源的管控，包含裝置管理、記憶體資源管理、檔案管理及系統排程等。

三、 作業系統的功用

功能	概述
程序管理	由於CPU的執行速度比其他周邊設備快，因此作業系統需要對執行的程式做順序的管控，使CPU運作順暢。
記憶體管理	對於執行中的程式所需要的記憶體，進行分配管控。
周邊裝置管理	周邊輸入及輸出設備的運作管理。
使用者管理	對於系統安全管理及使用者權限的管理。
網路通訊管理	提供資料傳輸及網路服務管理。
檔案管理	提供使用者方便且安全的檔案系統。

小試身手

( ) **1** 有關PC上BIOS的敘述,下列何者不正確? (A)它所存放的元件位於主機板上 (B)是開機程序的控制程式 (C)全名為 Binary Input/Output System (D)對電腦設備進行一系列的檢查與測試。 【108統測】

( ) **2** 能控制與協調在電腦中運作的程式,並提供使用者介面、分配與管理資源、服務與保護等功能的系統,與下列哪項最相關? (A)檔案系統(File System) (B)文書系統(Office System) (C)作業系統(Operating System) (D)程式系統(Programming System)。 【107統測】

( ) **3** 作業系統的組成包括操作環境(Shell)與核心程式(Kernel)二部份,下列何者是核心程式的主要功能之一? (A)開機檢查(Booting Check) (B)檔案內容掃描(File Content Scan) (C)病毒防護(Virus Protection) (D)程序管理(Process Management)。 【107統測】

( ) **4** 在Windows作業系統中,下列哪一個工具最適合用來結束應用程式或處理程序? (A)系統還原 (B)檔案總管 (C)工作管理員 (D)磁碟重組。 【106統測】

( ) **5** 在開機程序中,哪一個階段可以點擊按鍵後進入BIOS,對BIOS進行開機設定? (A)開機自我測試之後及作業系統載入前 (B)按下電源鍵之前 (C)載入作業系統後 (D)在Windows介面的工作管理員內。

解答與解析

1 (C)。BIOS全名為Basic Input/ Output System,故選(C)。

2 (C)

3 (D)。操作環境主要功能為介面,核心程式主要功能為程序管理,故選(D)。

4 (C)。工作管理員可以將在執行中的程式,顯示出目前執行狀態,使用者可以在裡面結束應用程式,故選(C)。

5 (A)

3-2 系統平台的種類及發展

一、作業系統的介紹

作業系統名稱	概述
MS-DOS 作業系統	單人單工的作業系統，早期個人電腦使用的作業系統，主要有三個功能：磁碟管理、系統資源管理及輸入輸出管控；使用Win10系統，在"Windows系統／命令提示字元"可以執行一些DOS指令。
Windows 作業系統	由微軟公司研發的作業系統，廣泛應用於目前的個人電腦，主要有兩個版本，分為32位元及64位元，目前微軟公司支援的最新系統為Windows11，此作業系統為單人多工系統。
Mac OS 作業系統	由蘋果公司研發，專用於蘋果電腦，圖形化介面（GUI）的發展略早於Windows系統，在繪圖設計及影音處理方面有良好的效能，目前的最新版本為Mac OS Big Sur。
UNIX 作業系統	由美國AT&T公司的貝爾實驗室開發，為多人多工作業系統，具有跨平台特性，從智慧型手機到超級電腦都可使用，目前許多小型作業系統，皆由UNIX系統所衍生，統稱為類UNIX系統。
Linux 作業系統	由芬蘭人Linus Torvalds所研發設計的類UNIX系統，可與UNIX系統相容，是一套開放原始碼的免費作業系統，常見的開發套件有Fedora Core、Ubuntu、Mandriva及Red Hat等，目前最新版本為Kernel：5.9，亦為多人多工作業系統。
Chrome OS 作業系統	由Google公司研發，使用Linux系統為核心，也是開放原始碼的作業系統，使用Google Chrome瀏覽器作為主要介面，因此支援Web應用程式，目前亦支援Android應用程式。
嵌入式 作業系統	主要用於軟硬體結合，而量身訂做為最重要的特色；智慧型手機的作業系統都可算是嵌入式作業系統，其他還應用在數位家電、影音數位及先進醫療方面等。

二、Windows作業系統年表

系統名稱	發售（表）年	備註
MS-DOS	1981年	微軟買下86-DOS（QDOS）著作權，1981年7月，成為IBM PC上第一個作業系統；同時微軟為IBM PC開發專用版PC-DOS。
Windows 3.1	1992年	微軟第一個有圖形化介面的作業系統，主要運行在MS-DOS上。
Windows 95	1995年	微軟強力發布，面向商業運用性質的作業系統。
Windows 98	1998年	
Windows 2000	2000年	
Windows ME	2000年	底層基於Windows 98撰寫而成的作業系統，系統內多處可見Windows 98標籤。
Windows XP	2001年	首個微軟作業系統支援64位元。
Windows Vista	2007年	
Windows 7	2009年	
Windows 8/8.1	2012/2013年	微軟作業系統首次結合智慧型手機平板介面。
Windows 10	2015年	即將於2025年10月停止支援。
Windows 11	2021年	首個微軟作業系統只有64位元版本。

三、作業系統的分類

作業系統類型	功能	應用說明
單人單工	同時間只接受一位使用者進行操作，且系統在同時間也只能執行一個程序。	MS-DOS作業系統

作業系統類型	功能	應用說明
單人多工	同時間只接受一位使用者進行操作，但系統在單一時間內可執行多個程序，且依照不同程序的需求，將CPU進行資源分配，使效能最佳化，減少使用者的等待。	Windows作業系統的95/98/ME/Vista/7/8/10、Mac OS、Chrome OS及IBM的OS/2作業系統
多人多工	同時可接受多個使用者，在同一時間執行多個不同程序，且能共享系統及周邊資源。	Windows Server/NT/2000/2003/2008/2012、UNIX及Linux

四、 作業系統的執行模式

執行方式	功能說明	應用說明
批次處理系統（Batch Processing）	先將需要處理的資料收集完後，再一次處理所有的資料。	常應用於薪資計算及大批帳單的印製。
多元程式系統（Multiprogramming）	指同時有兩個以上的程式需要執行，但CPU同時只能執行一個程式，在執行一個程式的當下，遇到需等候其他裝置的資料時，會先執行另一個程式。	－
交談式處理系統（Interactive Processing）	在執行時需要透過問答的方式進行運作，根據使用者的行為動作，以不同的方式來處理。	電腦遊戲的操作、ATM提款作業等。
分時處理系統（Time Sharing Processing）	亦可稱為多工系統，執行時將CPU的工作時間，切分為好幾個時間片段，每個要執行的程式都可以使用其中一段，用完後換下一個程式執行，依照輪流的方式進行工作。	－

執行方式	功能說明	應用說明
平行式系統 （Parallel Operating System）	具有多個處理器的系統，也可稱為多處理器系統，多顆處理器共享設備資源，需要執行的工作，會同時分配給多顆處理器執行。	—
分散式處理系統 （Distributed System）	透過網路，將需要執行的工作傳送給各地不同的電腦執行，完成後再回傳中心電腦。	區塊鏈、虛擬貨幣。
即時處理系統 （Real Time System）	指系統收到使用者需求時，必須在短時間內做出回應。	飛機導航系統、雷達偵測系統等。
連線處理系統 （On Line System）	主機跟主機間隨時保持連線狀態，需要執行工作時可即時處理。	網路訂票、7-11的ibon等。
主從式處理系統 （Client Server System）	網路資料處理的模式，主要分為兩種，提供資料的伺服器端及接收資料的客戶端。	網頁瀏覽等。

小試身手

(　　) 1 下列何者不是多工系統？　(A)Mac OS　(B)MS-DOS　(C)Chrome OS　(D)Linux。

(　　) 2 在Android、iOS、Linux、Mac OS、Windows、Windows Phone 等作業系統中，有多少種是屬於開放原始碼的作業系統？　(A)1　(B)2　(C)3　(D)5。　【107統測】

(　　) 3 下列關於資料處理型態的敘述，何者正確？　(A)交談式處理是指必須用麥克風和電腦進行溝通的資料處理型態　(B)分散式處理是指將整理好的資料全部打散　(C)統測考試的電腦閱卷作業可用批次的資料處理型態　(D)銀行ATM提款是屬於批次的資料處理型態。　【106統測】

（　　）**4** 下列對於單人單工的敘述何者為非？　(A)一次只有一個使用者且只能做一件工作　(B)可以在玩電腦遊戲的時候同時開直播　(C)MS-DOS是早期的單人單工作業系統　(D)現在已被多工系統淘汰。

（　　）**5** 在高鐵網路訂票系統中，下列何者為不適用的資料處理方式？
(A)交談式處理　　　　　　　　(B)即時處理
(C)批次處理　　　　　　　　　(D)分散式處理。　　　　　【統測】

解答　　**1** (B)　　**2** (B)　　**3** (C)　　**4** (B)　　**5** (C)

3-3 　Windows的操作介紹（以Win10為例）

一、Windows作業系統的開、關機

(一) 關機項目

1. **睡眠**：讓電腦保持開機但無運作的低用電狀態，點擊開機鍵、鍵盤或滑鼠，就可以回到原本睡眠前的執行狀態。

2. **關機**：執行後會進入電腦關閉動作，還在執行的程式會提醒是否強制關閉，無進行存檔的資料也會提示是否需要儲存。

3. **重新啟動**：會先進入執行關機動作，確實關閉後，會自動重新開機。

4. **切換使用者**：讓原先的使用者在不登出的狀態，提供另一位使用者登入使用。

(二) 使用者項目

1. **鎖定**：在工作中需要臨時離開電腦，又不希望其他人看到或竊取工作的內容，就可以進行鎖定，回來後輸入密碼，即可回復到之前的工作狀態。

2. **登出**：原本的使用者進行登出，釋放資源，給予另一位使用者登入使用。

3. **變更帳戶設定**：對個人的Windows帳戶，進行原本的設定更改，例如：更改密碼。

(三) 開機：點擊開機鍵，進入開機程序，載入作業系統後，有設定帳戶的使用者，會要求輸入帳戶及密碼，完成後進入個人環境。

(四) 強制關閉及關機

1. 強制關閉程式：如遇到執行中的程式，出現卡死不動，又無法關閉或是出現「沒有反應」，可以按下「Ctrl＋Alt＋Del」，選擇工作管理員，在「處理程序」中找到「沒有反應」的項目，進行強制關閉。
2. **強制關機**：遇到整台電腦都卡死，或是強制關閉無法處理的狀況，如果「Ctrl＋Alt＋Del」還有反應，可以在其中按下關機選項，或是直接長按主機電源鍵，強制關機。

(五) 安全模式

當Windows出現問題，需要進入安全模式時，1.在原本帳戶內按住Shift＋「重新啟動」2.會進入「選擇選項」，在其中選「疑難排解」>「進階選項」>「啟動設定」，這時按下「重新啟動」3.進行重新開機，開機後會進入「啟動設定」頁面4.按下「F4」、「F5」、「F6」其一，都可以進入安全模式。

二、 Windows的圖式及操作說明

Windows在開機後的原始工作環境，會在工作列顯示日期時間、語言及管理通知等圖示，下面會介紹相關圖示的內容。

(一) Windows系統的圖形功能介紹

圖示名稱	功能說明
程式釘選	將常用的程式或是功能，釘選在工作列，可以快速啟用。
視窗顯示	可以選擇要重疊、堆疊或並排顯示視窗。
隨插即用與安全移除硬體	使用USB接口的硬體，系統會自動偵測並尋找安裝驅動程式，卸載硬體時需要點擊右鍵，選擇退出，出現「放心移除硬體」後，即可拔出硬體接口。
開始按鈕	已由微軟的圖示，四個矩形取代，其功能與之前的作業系統差異不大。
捷徑	建立快速連結的方式，對應檔案路徑，捷徑圖示會在原有圖示的左下角，多出一個上鉤箭頭。

圖示名稱	功能說明
視窗元件(1)	右上角會出現一橫、方框及 X 的圖示，分別對應縮到最小、最大化及關閉視窗。
視窗元件(2)	右下角會出現兩個圖示，左邊是顯示每個項目的資訊，右邊是縮圖顯示項目。

(二) 滑鼠操作介紹

滑鼠動作	功能說明
按左鍵	選取物件
按右鍵	顯示功能表
按左鍵拖曳	搬移物件
快按左鍵兩下	執行物件
慢按左鍵兩下	更改物件名稱
Ctrl＋拖曳	複製物件
Ctrl＋滑鼠滾輪	放大顯示或縮小

(三) Windows對應鍵盤功能及快捷鍵介紹

按鍵	功能說明
Ctrl＋X	剪下選取的項目。
Ctrl＋C（或Ctrl＋Insert）	複製選取的項目。
Ctrl＋V（或Shift＋Insert）	貼上選取的項目。
Ctrl＋A	選取文件或視窗中所有的項目。
Ctrl＋S	下載視窗檔案。
Ctrl＋Z	復原動作。
Alt＋Tab	在開啟的應用程式之間切換。

按鍵	功能說明
Alt＋F4	關閉使用中的項目，或結束使用中的應用程式。
Ctrl＋Y	重做動作。
Ctrl＋Esc	開啟[開始]。
Ctrl＋滑鼠左鍵	選取多個獨立檔案。
Shift＋滑鼠左鍵	選取連續檔案。
Ctrl＋Shift	輸入法選擇。
Ctrl＋Space	中英文切換。
Shift＋Delete	刪除選取的項目，不將其放入資源回收筒。
Shift＋Space	全形／半形切換。
Windows標誌鍵	開啟或關閉[開始]。
PrintScreen	擷取完整螢幕畫面。
Alt＋PrintScreen	擷取工作室窗畫面。

三、FAT檔案系統的概述

(一) FAT簡介

主要是Windows NT支援的最簡單檔案系統，最大特徵就是檔案配置資料表（FAT），此表格位於磁片區的最上層，而資料表及根目錄需要儲存在固定的位置，運作時系統的啟動檔才會正確存放。

(二) 優點

遇到無法在 Windows NT下執行刪除的狀況時，檔案在使用FAT磁碟分割下，可以在MS-DOS下執行重開機系統，就可以刪除檔案。

(三) 缺點

使用200 MB以上的磁碟或磁碟分割時，會因為隨著容量的增加，使FAT的效能會大幅降低。

(四) 命名模式

　　檔名的命名方式都使用ASCII字元集來建立，名稱最多可以有八個字元，副檔名最多三個字元。

四、Windows的檔案總管及檔案名稱介紹

(一) 檔案總管的功能

　　作業系統中，對資料及檔案的尋找、瀏覽、複製及刪除的基本工具。

(二) 資料夾及檔案的使用方式

　　Windows的資料及檔案呈現，是以階層式的結構表示，因此在顯示資料位置時，會將全部的階層路徑都顯示出來，讓使用者知道檔案的存放地點；在階層路徑表示法當中，區分絕對路徑及相對路徑，絕對路徑會顯示磁碟位置，例如：「D:\NBA\MLB\NFL\NHL」，相對路徑則只會顯示，目前所在位置有關連的資料夾名稱，例如：「>NBA>MLB>NFL>NHL」。

1. 在資料夾空白處點擊右鍵

功能名稱	概述
檢視	調整檔案呈現方式，例如：圖示分大、中、小，詳細資料呈現檔案大小等資訊。
排序方式	調整資料的排序方式，例如：名稱排序、修改日期排序等，「其他」的選項，則可以自行訂定排序方式，另外還可以選擇，排序的遞增及遞減。
分組方式	調整資料的分組方式，例如：名稱分組、修改日期分組等，「其他」的選項，則可以自行訂定分組方式，另外還可以選擇，排序的遞增及遞減。
重新整理	對資料夾進行資料的整理，特別是資料在不同資料夾，或是硬碟中移轉時，尤為需要。
新增	新增程式、文件及檔案之用。
內容	呈現此資料夾的共用狀態或是安全性等相關資訊。

2. 在資料或檔案圖形上點擊右鍵

功能名稱	概述
開啟、編輯及新增	皆可以打開資料進行後續動作。
列印	直接列印選擇的資料。
開啟檔案	選擇要用什麼軟體，進行資料的開啟運作。
加到壓縮檔	將資料或是資料夾，產生壓縮檔，方便整個資料的傳輸。
剪下	可以運用剪下的功能，進行檔案的搬移工作。
複製	將選取的檔案，複製到另一個資料夾或是硬碟中。
建立捷徑	建立一個快速開啟檔案的圖示，放在最明顯的地方，讓之後需要開檔案時，不需要再進入硬碟或是資料夾尋找位置。
刪除	刪除選取的檔案，會先放進「資源回收桶」。
重新命名	對選取的檔案變更名稱。
內容	顯示檔案的詳細資料及安全性。

3. 其他資料夾及檔案資訊

(1) 唯讀：檔案只能被讀取，無法進行修改，除非將檔案另存新檔，才能修改檔案。

(2) 共用：可以將資料夾進行共用設定，提供網路上的其他使用者，下載資料夾內的檔案使用，但是單一檔案不能設定共用。

(3) 隱藏：在檔案「內容」中的屬性，選擇隱藏，這時只是將檔案圖示顏色變淺，需要在資料夾的「檢視」中，「隱藏的項目」不要打勾，就會看不到隱藏的檔案。

(三) 認識檔案名稱

1. 檔案為資料儲存的最小單位，一般檔案名稱的格式為「主檔名.副檔名」，主檔名可由使用者編輯，副檔名則代表不同檔案型態。

2. 一般主檔名最多可使用255個字元，等於中文字127個，但有些字元及名稱無法使用，例如：con、com1、com2、aux、prn、lpt1等名稱，不能使用的字元則有，「\、/、｜、？、"、＊、：、＜、＞」。

3. 如果要顯示副檔名，需要在資料夾的「檢視」中，副檔名的地方打勾，即可看到所有資料的副檔名。

(四) 常見副檔名介紹

Word	docx、dotx（範本檔）。
Excel	xlsx、xltx（範本檔）。
PowerPoint	pptx、ppsx（範本檔）。
Access	mdb（資料庫）。
執行檔	exe（執行檔）、com（命令檔）、bat（批次檔）。
系統檔	inf（驅動文件）、sys（系統檔）、ini（系統配置）。
壓縮檔	rar、7z、zip、arj。
網頁程式	asp/aspx、php、html、xml、mht。
圖片檔	jpg、jpeg、gif、wmf、png、tif。
音效檔	mp3、rm、wav、au、mid、wma、RAW。
影片檔	wmv、rm、avi、mpg、mpeg、mov、flv。
Flash	fla（設計檔）、swf（播放檔）。
程式語言	Jsp/jspx（java語言）、py（python）、rb（Ruby）、pl（Perl）。
其他檔案	pdf（文件格式檔）、txt（文字檔）、FON（字型檔）、apk（Android程式安裝檔）、HTT（超文字範本）、ttf（TrueType字型檔）。

五、 Windows的控制台及設定

主要控制Windows對於各種軟硬體的安裝及設定。

控制台

功能名稱	功能說明
系統及安全性	管理系統安全、防火牆狀態、儲存空間的備份及還原、磁碟重組分割等事務。
網路和網際網路	設定網路的連線方式及安全性事務。
硬體和音效	管理周邊硬體設備的驅動安裝及功能調整。
程式集	管理驅動程式的更新及解除安裝的管道。
使用者帳戶	管理使用者帳戶的名稱及密碼等事務，設定帳戶權限，可區分為一般使用者及系統管理員。
外觀及個人化	設定檔案總管的使用習慣，工作列的顯示及字型設定。
時鐘和區域	管理電腦所在的位置及時間的設定。
輕鬆存取	設定個人使用習慣，按鍵相黏及滑鼠指標大小等。

六、 Windows附屬應用程式及其他相關應用介紹

(一) 附屬應用程式

功能名稱	功能說明
Print 3D	3D列印工具，可直接在裡面設計，並使用3D列印機製作成品。
Windows Media Player	影音播放器，一般簡稱「WMP」，可支援MP3、WMA、WAV、AVI等檔案。
WordPad	縮小版的Word編輯器，可做簡易的文書處理。

功能名稱	功能說明
小畫家	可用來編輯圖片、檢視照片，簡易繪圖等功能
字元對應表	查找中文字、符號、數字及英文字母的字碼。
快速助手	提供使用者建立遠端連線，幫助另一位使用者解決電腦問題。
記事本	只能編寫文字內容及編寫程式碼。
剪取工具	擷取螢幕上某個需要的畫面。
遠端桌面連線	提供使用者在遠端工作，並連結到另一地的電腦。
自黏便箋	編寫文字內容，可黏貼於桌面。

(二) 其他應用工具介紹

功能名稱	功能說明
格式化	對硬碟進行檔案徹底刪除，也可檢查磁碟是否損壞，另外可以做磁區的規劃及檔案配置表的重建等。
資源回收桶	用來放置想刪除的檔案資料，放在裡面的資料都還是可以還原，從資源回收桶刪除才算是徹底刪除，因為只是放置預計要刪除的檔案，因此在沒有徹底刪除前，還是會佔據硬碟空間。
磁碟重組	重新組合硬碟的磁區位置，將同一檔案放在相鄰的磁區，可增加硬碟讀取資料的速度。
磁碟清理	刪除硬碟中不影響系統正常運作的檔案。
系統還原	能將系統還原到某一個時間點，避免需要系統重灌的狀況。
放大鏡	放大螢幕顯示，方便閱讀過小的文字內容。
小算盤	提供標準型及工程型的計算機，還具有各種換算功能。

小試身手

( ) **1** 有關Windows作業系統的操作，下列敘述何者不正確？ (A)按下Alt＋Esc組合鍵，會結束使用中的程式 (B)按下Alt＋Tab組合鍵，可以用來切換工作視窗 (C)預設情況下，按下Ctrl＋Shift組合鍵會依序切換已安裝的輸入法 (D)按下Ctrl＋A組合鍵，會選取資料夾中的所有檔案。 【108統測】

( ) **2** 下列關於在Windows作業系統中刪除檔案的相關敘述何者不正確？ (A)用以暫時存放被刪除檔案的「資源回收筒」有容量限制 (B)使用Delete鍵所刪除的檔案都會暫時存放在「資源回收筒」 (C)外接式USB隨身碟所被刪除的檔案，無法從「資源回收筒」還原 (D)使用Shift+Delete組合鍵刪除的檔案，不會被存放到「資源回收筒」。 【108統測】

( ) **3** 下列何者不是圖片檔會出現的副檔名？ (A)jpg (B)gif (C)mpg (D)png。

( ) **4** 在Windows中經常複製及刪除檔案，應定期執行下列何種程式，以整理硬碟空間，讓同一檔案內容能盡量儲存在連續磁區中？ (A)磁碟重組工具 (B)磁碟壓縮程式 (C)病毒掃描程式 (D)磁碟掃描工具。 【統測】

( ) **5** 關於Windows作業系統中提供的功能，下列敘述何者錯誤？ (A)磁碟重組工具可以提高磁碟存取的效能 (B)清理磁碟可以清除暫存檔案 (C)WordPad可以編輯.txt檔以及.doc檔 (D)預設的解壓縮程式可解.rar檔。 【統測】

解答 1 **(A)** 2 **(B)** 3 **(C)** 4 **(A)** 5 **(D)**

實戰演練

(　)　**1**　下列哪一項最常以交談式即時方式處理？　(A)圖書館藏書查詢　(B)每月水電費單據列印　(C)公司員工薪資計算　(D)入學測驗閱卷。　　　　　【統測】

(　)　**2**　在Windows作業系統中，記錄檔案在磁碟中所有資訊之檔案配置表的簡稱為何？
(A)FAT　　　　　　　　　　　(B)FDD
(C)FIX　　　　　　　　　　　(D)FSB。　　　　　【統測】

(　)　**3**　公司行號每個月結算一次進貨及銷貨的金額，請問此作業方式屬於下列哪一種資料處理？　(A)批次處理　(B)即時處理　(C)分時處理　(D)分散處理。　　　　　【100統測】

(　)　**4**　有關電腦開機自我測試（power on self test）之敘述，下列何者錯誤？　(A)會對CPU和動態記憶體等硬體做測試　(B)該開機自我測試階段是在作業系統載入前　(C)該段程式碼是存放在硬式磁碟機中　(D)該段程式碼屬於BIOS的一部份。　　　　　【100統測】

(　)　**5**　在Windows 10中，下列敘述何者正確？　(A)可執行檔的副檔名為exe　(B)圖片檔的副檔名為mpg　(C)視訊影片檔的副檔名為mp3　(D)批次檔的副檔名為wma。　　　　　【101統測】

(　)　**6**　一個單核心CPU無法執行下列哪一種作業？　(A)單人單工　(B)單人多工　(C)分時處理　(D)平行處理。　　　　　【101統測】

(　)　**7**　有關作業系統的敘述，下列何者有誤？　(A)具有記憶體管理功能　(B)可以控制輸入及輸出裝置　(C)屬於應用軟體　(D)提供使用者操作介面。　　　　　【101統測】

(　)　**8**　在Windows 10預設系統中，下列何者可用於監測本機網路的使用狀況？　(A)工作管理員　(B)裝置管理員　(C)檔案管理員　(D)協助工具管理員。　　　　　【101統測】

( ) **9** 電腦作業系統將時間分割成數小段的時間片段，將CPU的使用權輪流分配給系統中等待執行的程式使用，這種處理資料的方式稱為什麼？ (A)即時處理 (B)分時處理 (C)分散處理 (D)交談式處理。 【101統測】

( ) **10** 副檔名為顯示檔案格式的方式，請問副檔名WAV為下列哪一種媒體檔案格式？
(A)文字 (B)聲音
(C)影像 (D)動畫。 【101統測】

( ) **11** 下列何者是一般個人電腦常用作業系統必要提供的功能？
(A)提供即時通訊 (B)提供雲端管理
(C)提供檔案管理 (D)提供防毒管理。 【101統測】

( ) **12** 當電腦一開機時，下列哪個程式或應用軟體會先檢測電腦硬體及周邊裝置？ (A)編譯軟體 (B)WinRAR (C)BIOS (D)文書處理軟體。 【102統測】

( ) **13** 一般作業系統（Operating System）的主要功能不包含以下何者？
(A)行程（Process）管理
(B)提供使用者操作介面（User Interface）
(C)接收與管理電子郵件（Email）
(D)磁碟（Disk）與檔案（File）的管理。 【103統測】

( ) **14** 請問下列有多少個項目可被歸類為作業系統（Operating System）？ (1)Android (2)Microsoft SQL Server (3)iOS (4)Linux (5)Facebook (6)Mac OS X (7)OpenOffice.org (8)Google Chrome (A)(3) (B)(4) (C)(5) (D)(6)。 【103統測】

( ) **15** 下列何者不是作業系統的主要功能？
(A)提供使用者操作介面
(B)提供程式執行的環境
(C)提供視訊剪輯平台
(D)管理及分配電腦系統的軟硬體資源。 【103統測】

實戰演練

（　　）**16** 下列有關作業系統「捷徑」的敘述，下列何者不正確？　(A)讓使用者快速開啟指定的檔案、資料夾或程式　(B)它是一個路徑指標　(C)為方便操作，可依需求在不同位置建立多個捷徑　(D)刪除捷徑同時也會刪除該捷徑的實體程式或檔案。　【104統測】

（　　）**17** 以「.AVI、.FLV、.MOV、.WMA」為副檔名之檔案中，有幾種與影片有關？　(A)1　(B)2　(C)3　(D)4。　【105統測】

（　　）**18** 下列有關個人電腦作業系統的敘述，何者錯誤？
(A)應用軟體必需在作業系統載入後才能執行
(B)Microsoft Windows作業系統通常是儲存於唯讀記憶體（ROM）內
(C)管理記憶體資源是作業系統的功能之一
(D)作業系統通常會提供方便操作的使用者介面。　【105統測】

（　　）**19** 下列哪一項是屬於電腦的作業系統，同時，其所有的原始碼是完全公開且完全免費的？　(A)Java　(B)Windows　(C)Freeware　(D)Linux。　【統測】

（　　）**20** 在Windows 10作業系統使用鍵盤選取資料夾中的所有檔案，應使用哪一組按鍵？　(A)Ctrl＋C　(B)Ctrl＋Z　(C)Ctrl＋Shift　(D)Ctrl＋A。　【統測】

（　　）**21** 下列圖示，何者屬於Windows系統所預設的捷徑圖示？

(A) 　(B) 　(C) 　(D) 　。　【統測】

（　　）**22** 關於電腦螢幕解析度的設定，下列敘述何者不正確？
(A)在Windows的桌面按滑鼠的右鍵，可以開啟「顯示內容」的對話方塊，進行電腦螢幕解析度的設定
(B)解析度1024×768是代表垂直方向為1024像素（pixel）
(C)將解析度由1024×768調整為1280×1024，在視覺上字體及視窗都變成比較小
(D)解析度設定越高，圖像的畫質感覺就越細緻。　【100統測】

(　) **23** 在Windows作業系統中使用Chrome瀏覽器觀看網頁時，如果想要下載網頁上的資料，可以使用下列哪一組按鍵？　(A)Ctrl+Z　(B)Ctrl+Alt+Delete　(C)Alt+Tab　(D)Ctrl+S。

(　) **24** 在Windows作業系統中，若欲更改檔案屬性，則可在選定檔案後，按滑鼠右鍵並從快顯功能表中選取下列何種指令？　(A)開啟　(B)傳送到　(C)內容　(D)重新命名。　　　　　【統測】

(　) **25** 在Windows中經常複製及刪除檔案，應定期執行下列何種程式，以整理硬碟空間，讓同一檔案內容能盡量儲存在連續磁區中？　(A)磁碟重組工具　(B)磁碟壓縮程式　(C)病毒掃描程式　(D)磁碟掃描工具。　　　　　【統測】

(　) **26** 在Windows系統中的快速按鍵，下列何者錯誤？　(A)Ctrl＋X是指剪下　(B)Ctrl＋C是指複製　(C)Ctrl＋V是指復原　(D)Ctrl＋A是指全選。

(　) **27** 下列作業系統，何者不支援圖形化介面？　(A)MS-DOS 2.0　(B)Windows 7　(C)Mac OS　(D)UNIX。

(　) **28** 若你中了病毒需要重灌電腦，下面有3個步驟為：　(1)安裝Windows　(2)分割磁區　(3)格式化硬碟，哪種順序為正確？　(A)(3)(2)(1)　(B)(2)(3)(1)　(C)(1)(2)(3)　(D)(2)(1)(3)。

(　) **29** 在Windows系統中，提供了內設的哪種功能以便開啟.txt這種檔案？　(A)小畫家　(B)記事本　(C)剪貼簿　(D)檔案總管。

(　) **30** 在Windows的D磁碟根目錄下有資料夾dir1及dir2，且資料夾dir1中含有檔案a.txt。在檔案總管中，先選取資料夾dir1，再選「編輯/剪下」，接著進入資料夾dir2，然後再選「編輯/貼上」。動作完成後，下列敘述何者正確？　(A)資料夾dir1變成資料夾dir2的子資料夾，而檔案a.txt被移到D磁碟根目錄下　(B)資料夾dir1仍在D磁碟根目錄下，但是檔案a.txt被移到資料夾dir2中　(C)資料夾dir1變成資料夾dir2的子資料夾，而此子資料夾包含檔案a.txt　(D)沒有任何改變。　　　　　【統測】

實戰演練

(　　) **31** 近年電腦的硬體設備越來越精良，並行的軟體發展也持續蓬勃成長，因此新的設備或程式也越來越無法支援舊的型號或功能，請問下列何者作業系統無法支援16及32位元的電腦？

(A)Windows 3.1　　　　　　(B)Windows 11

(C)Windows 10　　　　　　(D)Windows XP。

單元04 網路通訊原理與應用

這裡主要說明有線網路的發展，以及網路運作的原理及各種設備的架構，考試的重點在於了解網路如何運作，或是遇到網路斷訊的可能原因等，因此只要學會網路的運作邏輯，這一單元你就可以讀得很輕鬆，要拿到分數自然就不會是一件難事了。

4-1 電腦通訊的認識

一、網路通訊的發展

電腦網路，顧名思義就是將電腦像道路一樣，使每一台電腦都能連結在一起，連結後就可以共同的分享資料或是資源，而不再需要使用人類帶著資料實際移動來傳遞；網路的問世主要達成下列幾項目標，資訊傳遞、資料交換、資源共享及分工處理，下面會說明網路發展的大略歷史軌跡。

年份	概述
1967年	由ARPA設計的ARPANET（The Advanced Research Projects Agency Network）網路問世，目的便是將電腦設備互相連結，使之可以互相交換資料。
1971年	在ARPANET當中運行了E-mail程式，奠定日後網路傳輸信件的重要里程碑。
1973年	由Xerox公司發展的乙太網路技術，成為現今網路的重要技術。
1984年	國際標準化組織發表網路7層的概念，即為OSI（Open System Interconnection）。
1989年	HTML及HTTP的問世，HTML用來描述網頁結構與格式的標記語言，HTTP為瀏覽器與伺服器之間的資料傳輸協定。
1993年	第一個圖形化介面瀏覽器發表，奠定日後網頁的蓬勃發展。
1997年	IEEE802.11標準由美國電機電子工程師協會發表，統一了無線網路的規範與技術，為無線網路的發展邁向一大步。

年份	概述
1998年	GOOGLE搜尋引擎問世，讓使用者能夠精準快速地尋找需要的資料。
2004年	Facebook問世，使網路正式進入人類社交領域的範圍。
2008年	GOOGLE公司發表Chrome瀏覽器，使IE瀏覽器淪為陪襯。
2011年	即時通訊軟體LINE問世，讓手機文字及語音通訊更加便利；同年蘋果公司發表Siri（Speech Interpretation and Recognition Interface，語音解析及辨識介面），讓人工智慧真正走入人類社會。
2016年	Google開發的智慧型個人助理（Google Assistant）問世，讓幾乎所有手機用戶，都可以享有人工智慧的服務。

二、 網路通訊的型態及分享架構

(一) 網路通訊型態

名稱	概述
區域網路（Local Area Network）	指在一個小範圍內所布建的網路，一般最大不超過方圓十公里，所建置的網路範圍，可以是一個辦公室到幾棟大樓等區域，這樣的區域網路可以與外面的網路區隔，增加安全性。
都會網路（Metropolitan Area Network）	一般指最大不超過方圓五十公里範圍所建置的網路，可以建立在都市中或都會區近郊等區域，由於範圍的擴大，使用的線材除了一般的纜線外，亦會使用光纖線材做連接。
廣域網路（Wide Area Network）	泛指方圓超過五十公里以上所建置的網路，主要用於跨都市、國家等區域，使用的設備，在海中以海底電纜為主，陸地上則是光纖，無線設備則使用通訊衛星。

(二) 網路作業模式

主從式網路	由一台伺服器儲存，整合所有資料及資源，其他外部裝置，向伺服器索取資料或資源。

對等式網路	所有電腦都為同等級，且可以共享電腦上的資源，不需要專門的伺服器整合所有資源。

三、網路拓樸

名稱	說明
星狀拓樸 （Star）	以一個網路設備為核心，呈現放射狀的放式，使用獨立纜線連接各台電腦，所有訊息傳送都會經由核心設備，來決定路徑。
環狀拓樸 （Ring）	使用每一台的電腦連接埠，串起所有電腦及周邊設備，連成一個環狀，訊息傳送時，會判讀此訊息是否由該設備接收，如果不是就往下一個設備遞送。
匯流排拓樸 （Bus）	所有電腦及設備都連接到一條主幹線上，傳送資料時，會先判讀主幹線是否被占用，因為一次只能有一台設備傳送，且只有接收方會收到訊息。
樹狀拓樸 （Tree）	使用分層的方式連線，方便分級管理及控制，但由於次級設備連結於上級設備，且只有一線連接，如果上級設備故障或被癱瘓，則連接整條連線的上下級皆無法使用。
權杖環型網路 （Token ring）	由IBM所提出的網路傳輸模式，持有權杖的電腦具有傳輸權力，權杖會用輪流的方式給另一台電腦，有資料需要傳送的電腦，得到權杖後，會修改權杖內容後傳送到環形網路上，到達接收端電腦後，收到的電腦會發出已收到通知給發送端，發送端確認後，環形網路會重新建立權杖使用。
網狀拓樸 （Mesh）	透過動態路由的方式，連結所有的電腦設備，並進行訊息傳送的管理，如果有某設備節點故障，此架構能使用跳躍的方式，建立新的連線來傳送訊息。

四、資料傳輸的模式

(一) 網路傳輸指向

依照傳輸的指向性來區分，分別有：單工、半雙工、全雙工。

傳輸指向	說明
單工 （Simplex）	只允許單一方向傳輸資料，例如：有線電視、校園廣播系統等。
半雙工 （Half Duplex）	可以雙向溝通，但同時間只能允許單一方向傳輸，例如：對講機，有一方占用頻道，其他用戶只能等占用方結束通話。
全雙工 （Full-Duplex）	可同時間雙向溝通，日常生活中的電話即是全雙工。

(二) 資料位元模式

同一時間的資料傳輸位元數量，區分為串列式及並列式。

名稱	說明
串列式 （Serial）	使用一個通道即可傳輸，將資料呈現整排的方式傳送，每次只傳輸一個位元，可以傳送較長距離，成本也較低；例如：RJ-45、USB、SATA、IEEE1394及紅外線等。
並列式 （Parallel）	可以同時傳送多個位元資料，但傳輸距離較短，一般使用於IDE、LPT及電腦跟印表機之間傳輸。

(三) 通道數量

將同一個傳輸通道，依照頻寬多寡分為基頻與寬頻。

名稱	說明
基頻 （Baseband）	一條傳輸線，同時間只能提供單一訊號傳輸，有兩個以上的需要傳輸時，使用交錯的方式傳送；先傳送A電腦的一個訊號，再傳送B電腦的一個訊號，這樣的方式容易導致訊號衰弱，例如：區網連線、電腦周邊等設備。
寬頻 （Broadband）	將同一條傳輸線劃分多個通道，藉由不同的頻率進行分頻多工傳輸，主要用於有線電視或早期撥接上網。

(四) 傳輸交換技術

依照資料的類型作為傳輸的的交換技術，分別為訊息交換、電路交換及分封交換。

名稱	說明
訊息交換（Messages Switching）	在傳送端及接收端之間有個中間點，會依照網路的狀況選擇傳輸路徑，好處是可以提升傳輸的使用效率，但如果要傳輸的資料量過大，會有延遲現象發生。
電路交換（Circuit Switching）	使用專線進行資料傳輸，好處是傳輸時不會受到干擾，速度較快，不易出錯；但因為是專線傳輸，有時會出現佔線的狀況。
分封交換（Packet Switching）	將資料分割成相同大小的封包，傳輸時不會特別指定路徑，好處是佔線狀況減少，但每個封包到達時間不一定，接收端需要花時間整理。

(五) 資料封裝的方式

名稱	說明
同步傳輸（Synchronous Transmission Mode）	指接收端與傳送端傳輸時，需要同步進行並且以相同速率傳輸資料，傳送時會以區塊為傳輸單位，每個傳送區塊前後會加上同步傳輸的控制訊號。
非同步傳輸（Asynchronous Transmission Mode）	傳送端與接收端不需要同步進行傳輸工作，傳送時會將資料切割成固定大小的封包，可以在同一條線路上，同時傳送聲音、影像及數據資料；可以進行高速傳輸並且能確保頻寬不被干擾的優點。

小試身手

(　　) 1 下列哪一項工作不能有效地減少傳輸時間？ (A)利用高速網路傳輸 (B)壓縮圖形檔 (C)換購更大容量的硬碟 (D)使用不同的圖形檔案格式。

（　　）**2** 下列哪一種網路拓樸，是網路有中央節點，其他節點（工作站、伺服器）都與中央節點直接相連，這種結構以中央節點為中心，因此又稱為集中式網路？　(A)匯流排拓樸　(B)環狀拓樸　(C)星狀拓樸　(D)網狀拓樸。

（　　）**3** 在不同時間可作雙向傳輸，當某一方處於接收狀況時就不能傳送資料是？　(A)單工　(B)全雙工　(C)半雙工　(D)以上皆是。

（　　）**4** 在同一時間內，一條傳輸線只能傳送單一訊號的傳輸模式，稱之為？　(A)窄頻　(B)基頻　(C)寬頻　(D)展頻。

（　　）**5** LAN是下列哪一種網路的簡稱？　(A)廣域網路　(B)區域網路　(C)都會網路　(D)全球資訊網。

解答　　　**1** (C)　　　**2** (C)　　　**3** (C)　　　**4** (B)　　　**5** (B)

4-2 電腦網路的組成與架構

網路的傳輸需要各種設備的幫助，將設備進行連結，進而傳送資料，網路的設備除了線材外，還有各式各樣的訊號設備，下面會依依進行說明介紹：

一、有線網路傳輸媒介

(一) 雙絞線

將多條絕緣銅線以螺旋狀進行旋轉，因此稱為雙絞線，雙絞線共分兩種，遮蔽式雙絞線（Shielded Twisted Pair／STP）及無遮蔽式雙絞線（Unshielded Twisted Pair／UTP），遮蔽式雙絞線外殼與銅線間，具有銅網或銅箔進行保護，較不容易受電磁波干擾；一般使用的電話線是一對兩條，編號為RJ-11的接頭，網路線是四對八條，接頭為RJ-45，雙絞線分為多種等級，下面表格進行說明：

名稱	概述
CAT-1	使用在語音傳輸，目前已淘汰。
CAT-2	同樣用在語音傳輸，最高速率為4Mbps，常見於Token Ring網路架構，目前已淘汰。
CAT-3	最高速率為10Mbps，目前使用在一般電話線。

名稱	概述
CAT-4	最高速率為16Mbps，目前已淘汰。
CAT-5	最高速率為100Mbps，常用於100Mbps以下傳輸使用，大多數被CAT-5e取代。
CAT-5e	最高速率為1Gbps，網速超過100M都至少要用到此規格的線材。
CAT-6	最高速率為10Gbps，加強抗干擾及雜訊防護。
CAT-6A	最高速率為10Gbps，比CAT-6提升更高的傳輸頻率，在較長距離都能保持高傳輸（100公尺）。
CAT-7	最高速率為100Gbps（15公尺內），但連接設備是GigaGate45（CG45），不是一般的RJ-45。

(二) 同軸電纜

同軸電纜的中心是單芯或多芯的金屬導線，外面會包著絕緣體並且覆蓋上一層金屬網線，最外層為保護外皮，負責傳輸訊號的是金屬導線，網線則用來防止電磁波的干擾；同軸電纜一般的傳輸距離為200到500公尺；依照直徑的大小可分為細同軸電纜、粗同軸電纜及寬頻同軸電纜，由於線材成本較高，一般區域網路較少使用。

細同軸電纜	使用BNC接頭，直徑為0.18英吋，編號為RG-58，傳輸速率為10Mbps，有效距離為200公尺。
粗同軸電纜	使用AUI接頭，直徑為0.4英吋，編號RG-11，傳輸速率為10 Mbps，有效距離為500公尺。
寬頻同軸電纜	使用F型接頭，直徑為0.25英吋，編號RG-59，通常使用於有線電視寬頻上網。

(三) 光纖

光纖纜線是由一條細如髮絲的玻璃纖維組成，稱之為軸芯（Core），在最外面的保護外皮間，會包裹一層玻璃材質的塗覆層（Caldding），光纖是利用光波的反射性，進行傳輸，將資料轉換成光波後進入光纖的軸芯，經過不斷的反射來到達目的地；光纖的好處是體積較小、傳輸速率快、距離較長、安全性高，並且頻寬大也不受電磁波的干擾，因此在眾多優勢下逐漸取代傳統的銅線材質，但光纖纜線的線材本身不得90度彎曲，會造成其中的玻璃纖維斷裂，因此在佈線時須注意。

(四) 三種線材比較

	雙絞線	同軸電纜	光纖
價格	最低	次之	最高
傳輸速度	次之 （10Mbps～40Gbps）	最慢 （10Mbps）	最快 （100Mbps～400Gbps）
傳輸距離	最短 （15～100M）	次之 （200～500M）	最長 （100KM內）
抗干擾能力	最差	次之	最好

二、網路通訊連線設備

名稱	說明
網路介面卡 （Network Interface Card）	網路介面卡是電腦與網路溝通的媒介，可以將電腦內的資料轉換為串列的形式，並且將資料封裝為封包的形式，傳送到網路上，網路卡具有發送及接收功能，接收時可以將資料轉換為電子訊號；在運作時網路卡負責接收封包，並判斷是否為本台電腦的封包，是的話就會進行資料轉換，否則會捨棄此封包。
訊號加強器 （Repeater）	如同字面意思，就是將線路上接收到的訊號，放大後再進行送出到其他設備。
集線器 （Hub）	使用在區域網路中，連接多個設備上網，以半工模式傳輸，因此如果多台設備同時傳輸，會有延遲的狀況產生。
交換器 （Switch）	運作模式與集線器相同，但支援全雙工模式，每台連接的設備，都有專屬的頻寬，因此傳輸時不會有延遲的狀況。
橋接器 （Bridge）	將兩個獨立的區域網路接起來，使之如同單一網路一樣。

名稱	說明
路由器 （Router）	負責決定訊息由發送端到接收端的傳輸路徑，由於行動裝置崛起，一般家用產品都會與無線結合成無線路由器；路由工作在網路層運作。
閘道器 （Gateway）	可以連結兩個網路的設備，傳輸資料時可以在不同協定中傳輸。
無線基地台 （Access Point）	作為有線網路與無線網路的轉換裝置，常設置於公共空間，用於接發無線訊號使用，家用設備則常跟路由器結合。
數據機 （Modem）	主要用於將數位訊號與類比訊號做轉換，將訊號透過不同的傳輸媒介進行傳送，一般常見的電話線及光纖，都可與數據機連結。

資訊小教室

MAC（Media Access Control）位址：網路卡特有的一個6Bytes的MAC位址，用來標示電腦在網路上的實體位址，不可重複；MAC位址使用6組16進位的英文數字表示，前三組為製造商編號，後三組為生產序號，可以在Windows的區域連線中看到實體位址的編號。

三、網路連線方式

(一) ADSL寬頻上網

全名為Asymmetric Digital Subscriber Line／非對稱式數位用戶線路，使用一般的電話線路，連結到電信公司機房，由於其下載及上傳的速率不相同，因此稱為非對稱式網路。

現行中華電信提供的ADSL上網為2M／64K及5M／384K兩種方案。

(二) Cable Modem寬頻上網

主要是使用有線電視公司，所提供的纜線系統來連結網路，與有線電視所使用的訊號，為同一條線路，區別只是進入家中後，會使用同軸電纜連結電視，而網路訊號則先通過纜線數據機後連結電腦使用。

(三) 專線上網

專線上網是由網路電信業者所提供的固定傳輸線路，專為使用者提供的上網服務，線路有分為T1、T2、T3等線路；T1是美國規格的通訊傳輸單位，由貝爾實驗室所定義，傳輸速率為1.544Mbps，採用分時多工的方式進行傳輸。

T2傳輸速率為6 Mbps，T3傳輸速率為45 Mbps。

(四) 光纖上網

使用光纖線材作為網路傳輸媒介，能提供高速、穩定且安全的上網體驗，依據光纖線路的佈設方式，區分為下列幾種：

光纖到府 （Fiber To The Home／FTTH）	能將光纖線路架設到每一戶的家中，實現家庭中高速上網的服務，尤其是目前數位電視的發展，多數服務仰賴高速網路的建設。
光纖到機房 （Fiber To The Cabinet／FTTCab）	將光纖線路佈設到附近的機房或是交換箱，提供一對多的服務，主要適用於偏遠地區的人民、比較分散的學校或是建築物。
光纖到樓 （Fiber To The Building／FTTB）	將光纖線路架設到每一棟樓房之中，最後再由電話線或是一般雙絞線連結至每一戶的房屋內，適用於較舊式的公寓或中高密度住宅區。
光纖到路 （Fiber To The Curb／FTTC）	光纖網路架設到住戶附近的路旁，之後再使用其他媒介連結到使用者端。

(五) 行動網路及分享

運用智慧型手機上網的功能，將網路訊號分享給手機附近的裝置，例如：筆電、平板電腦或數位電視盒等裝置

(六) 無線網路連結

使用無線AP或是架設無線路由器，透過有線訊號連結到上述裝置，轉換成無線訊號使用，此設備又可稱為無線基地台；使用無線基地台時，擺放的位置會影響使用效率，盡量避免過多障礙物及金屬物質在附近，也要遠離微波爐等電磁波裝置。

(七) Wi-Fi

許多公共場所會提供Wi-Fi的上網服務，而中華電信在全台灣的街道、公共交通運輸等單位，皆有設置Wi-Fi服務，雖然上網速率還有待加強，但必要時依然可以最為上網的替代方案，使用前須先向相關網站申請註冊，成功後即可使用Wi-Fi服務。

(八) **衛星直撥**

衛星直播就是網路訊號透過衛星來進行傳輸服務，採用非對稱式傳輸，依照使用者的需求，可以提前預約或是固定時間即時傳輸，使用者透過網路中心及衛星，以3Mbps的速度，傳輸資料到使用者端的電腦或手機。

(九) 5G專網（無線網路）

專門為特定組織或企業設計部署的5G網路，與公用5G網路不同，專網只提供特定用戶使用，通常用於滿足企業或組織的特殊需求，例如：高安全性、低延遲、高穩定性及大量數據傳輸等。

小試身手

( )　**1** 10base 2乙太網路使用匯流排拓撲，使用下列哪一種為傳輸媒介？
(A)光纖　(B)雙絞線　(C)RG-58同軸電纜　(D)RG-11同軸電纜。

( )　**2** 下列上網的方式哪一個是企業需要大量的資料傳輸而選擇使用？　(A)非對稱數位用戶線路（ADSL）　(B)纜線數據機（cable modem）　(C)數據機（modem）撥接　(D)專線固接。

( )　**3** 在同一辦公室內，下列何者最適合用來分享印表機的設備？
(A)集線器　(B)閘道器　(C)路由器　(D)列印伺服器。

( )　**4** 個人電腦利用ADSL連上Internet，下列敘述何者正確？
(A)ADSL使用純數位電路其下載速度大於上傳速度
(B)ADSL使用純數位電路其上傳速度大於下載速度
(C)ADSL使用傳統電話線路及下載速度大於上傳速度
(D)ADSL使用傳統電話線路及上傳速度大於下載速度。

(　　) **5** 下列敘述何者正確？　(A)衛星傳輸是一種有線傳輸的方式　(B)光纖網路是一種有線網路　(C)使用手機上網一定是衛星傳輸　(D)使用電話撥接上網是利用聲音傳輸。

解答　　**1 (C)**　　**2 (D)**　　**3 (D)**　　**4 (C)**　　**5 (B)**

4-3 網路標準與通訊協定

網際網路系統中所牽涉到的層面非常廣，包含軟體與硬體系統，因此在網路傳輸的過程中，需要有相同的標準可以做參考，讓世界各地都可以依循這樣的標準，來進行網路傳輸的運作，本章節所要探討的就是網路上的各種標準與協定。

一、OSI參考模型

階層名稱	概述
應用層（Application Layer）	提供應用程式與網路之間的橋梁，讓使用者方便使用網路，讓發送端與接收端能夠使用相同介面運作，例如：網路應用軟體及閘道器。
表現層（Presentation Layer）	主要負責資料的轉換，將資料進行壓縮、編碼等工作，轉換為應用層可以使用的格式，例如：加解密及壓縮資料軟體等。
會議層（Session Layer）	主要負責建立通訊雙方的傳輸方式與安全機制的規則，例如：半雙工與全雙工。
傳輸層（Transport Layer）	確認資料傳輸的正確性，進行流量監控與錯誤偵測，例如：TCP及UDP等協定。
網路層（Network Layer）	將資料進行封裝處理成可以傳輸的封包並規劃最佳的傳輸路徑，例如：IP分享器、IPX及路由器。

階層名稱	概述
資料連結層 （Data Link Layer）	將網路層所組合成的封包，加上MAC位址等訊息，包裝成訊框（frame），並負責傳輸之間的流量控制及錯誤偵測的改正，例如：交換器、網路卡及ARP等。
實體層 （Physical Layer）	將電腦資料轉換成網路可以進行傳輸的訊號模式，並且透過各種硬體進行傳輸；例如：各種傳輸媒介、集線器及中繼器等。

二、 DoD參考模型

階層名稱	概述
應用層 （Application Layer）	讓各種應用程式，在不同的主機上，可以共同通訊及應用。
傳輸層 （Transport Layer）	類似於OSI七層中的傳輸層，負責資料傳輸通訊時的連線，將資料拆解及重組，並且進行偵測與錯誤修正。
網際網路層 （Internet layer）	類似於OSI七層中的網路層，負責決定封包傳送的最佳路徑選擇。
網路存取層 （Network Access layer）	主要負責傳輸相關的硬體通訊設備。

三、 網路通訊協定

(一) 網路協定概述

名稱	說明
超文本傳輸協定 （HTTP）	全名：HyperText Transfer Protocol，網際網路上應用最為廣泛的網路傳輸協定。所有的網頁都必須遵守此協定，在應用層運作。
郵件協定 （POP3）	全名：Post Office Protocol - Version 3，提供客戶端能在遠端對伺服器上的電子郵件進行管理，在應用層運作。

名稱	說明
簡單郵件傳輸協定 （SMTP）	全名：Simple Mail Transfer Protocol，在網路上傳輸電子郵件的標準，為在主機之間針對電子郵件訊息的協定，在應用層運作。
簡單網路管理協定 （SNMP）	全名：Simple Network Management Protocol，用來監測連結到網路上的設備，是否對於網路運作出現不正常狀況（當機或資料洩漏），在應用層運作。
Telnet	提供遠端連結的功能；在應用層運作。
傳輸控制協定 （TCP）	全名：Transmission Control Protocol，建立網路傳輸連線，紀錄傳送端及接收端的設備埠號，在傳輸層運作。
用戶資料報協定 （UDP）	全名：User Datagram Protocol，提供資料的不可靠傳輸，傳輸效率較高，在傳輸的資料不太重要的狀況下，遺失封包比等待重傳所花費的時間更有效率，在傳輸層運作。
網際網路協定 （IP）	全名：Internet Protocol，封包交換的網路協定，紀錄傳送端及接收端的IP位址，在網路層運作。
無線應用通訊協定 （WAP）	全名：Wireless Application Protocol，使用行動裝置時的網路通訊協定，使行動裝置也能有網頁瀏覽的功能。
動態位址控制協定 （DHCP）	全名：Dynamic Host Configuration Protocol，提供有用並且動態的IP位址給用戶端使用；在應用層運作。
位址解析協定 （ARP）	全名：Address Resolution Protocol，用於解析網路層位址，並且找尋資料鏈路層位址的通訊協定，在網路層及資料鏈結層中運作。
檔案傳輸協定 （FTP）	全名：File Transfer Protocol，用於在網路上，客戶端和伺服器之間進行檔案傳輸的協定；在應用層運作。
對等式網路 （P2P）	全名：peer-to-peer，與一般主從式架構不同，使用這種方式的網路，下載檔案時，不會是從單一伺服器進行傳輸，而是找尋自己電腦附近的機器，是否有檔案可以進行下載，下載後自己的電腦，也會成為檔案提供者進行上傳。

名稱	說明
虛擬私人網路 （VPN）	全名：Virtual Private Network，在公開的網路中，建立專用的網路傳輸通道，利用隧道協定，來達成傳送端的認證、資料保密等功能；在網路層或資料鏈結層運作。
網際網路控制訊息協定 （ICMP）	全名：Internet Control Message Protocol，主要用於網際網路協定（IP）中，傳送控制訊息，提供在傳輸環境中的各種問題偵測，在網路層運作。
網際網路封包交換協定 （IPX）	全名：Internet Packet EXchange，主要用在網路設備之間，建立、維持及停止通訊連線；在網路層中運作。
序列分組交換 （SPX）	全名：Sequenced Packet eXchange，主要用於控制網路傳輸過程中的錯誤偵測、處理及修正；在傳輸層中運作。

(二) OSI各層與各種協定運作對照

OSI模型	各種通訊協定	DoD模型
應用層	HTTP、FTP、SMTP、DHCP、IMAP、POP3、Telnet、SNMP	應用層
表現層		
會議層		
傳輸層	TCP、UDP、SCTP、SPX	傳輸層
網路層	IP、ARP、IPX、ICMP	網際網路層
資料連結層	Ethernet、Talking Ring、FDDI	網路存取層
實體層		

四、乙太網路與（CSMA／CD）

(一) 乙太網路的各種規格

乙太網路	最大傳輸距離	傳輸速率	線材
10Base2	185M	10 Mbps	細同軸電纜RG-58

乙太網路	最大傳輸距離	傳輸速率	線材
10Base5	500M	10 Mbps	粗同軸電纜RG-11
10BaseT	100M	10 Mbps	雙絞線
100BaseTX	100M	100 Mbps	雙絞線
100BaseFX	412M	100 Mbps	光纖
1000BaseT	100M	1000 Mbps	雙絞線
1000BaseLX	5000M	1000 Mbps	光纖
10GBaseT	56M	10 Gbps	雙絞線

(二) **載波感應多重存取／碰撞偵測協定（CSMA／CD）**

1. 主要用於乙太網路上，由IEEE802.3所定義的標準，當區域網路上的每台電腦要傳送資料時，都會先偵測傳輸通道上是否有資料還在傳輸中，如果是閒置的狀態，電腦才會將資料送出。

2. 如果發生兩台電腦同時傳送資料時，就會導致碰撞的狀況發生，CSMA／CD偵測到碰撞時，碰撞的雙方會暫停傳送資料，各自等待隨機的時間後，再偵測網路是否閒置，而開始傳送資料，這樣便可以降低發生碰撞的機會，提高網路使用效率。

小試身手

( ) **1** 當使用網路瀏覽器讀取網頁伺服器的網頁資料時利用何種網路設備可以有效加速網頁資料的讀取？
(A)DHCP Server (B)Proxy server
(C)Router (D)Firewall。

( ) **2** 一般使用瀏覽器觀看網頁所使用的主要網路通訊協定為何？
(A)HTTP (B)FTP
(C)Telnet (D)POP3。

( ) **3** 在捷運站內如果想要使用筆記型電腦上網查詢電影的播放場次請問下列哪一種是最不可能採取的上網方式？
(A)Wi-Fi (B)WiMAX
(C)5G (D)ADSL。

(　　) **4** 下列何者不屬於DOD網路模型中的分層？

(A)網際網路層　　　　　　　　(B)網路存取層

(C)表現層　　　　　　　　　　(D)傳輸層。

(　　) **5** 下列何種協定不在傳輸層中運作？

(A)FDDI　　　　　　　　　　(B)POP3

(C)SNMP　　　　　　　　　　(D)以上皆是。

解答　　**1 (B)**　　**2 (A)**　　**3 (D)**　　**4 (C)**　　**5 (D)**

4-4 　網域名稱與IP位址

一、了解網域名稱

(一)一般網域名稱（Domain Name）

網域名稱就是指對應IP位址的英文或中文網址，畢竟想要記住IP位址，這一串數字有其困難性，因此透過網域名稱伺服器（Domain Name Server），將英文或中文網域跟IP位址做轉換，以方便管理IP位址與網域。

(二) 網域名稱形式

http://	www.	ey.	gov.	tw/
通訊協定	主機名稱	機構名稱	機構類別	地理名稱
使用不同的通訊協定，會有不同的開頭，例如：FTP傳輸協定則會是ftp://開頭。	也可以稱子網域或次網域，最近會看到一些網址省略，基本上沒有差別，經過DNS的轉換，依然可以連結到該網域。	一般就是單位的識別名稱，這部分都可以由個別機構，進行名稱註冊設定。	顯示出機構的類別或經營的性質，這裡的gov指的是政府機關。	表示此機構所在的地點，或是網址註冊的地點，用以辨別機構的位置。

1. 通訊協定

名稱	說明
http://	一般所看到的超文件傳輸協定。
https://	具有SSL加密的超文件傳輸協定。
ftp://	檔案傳輸協定。
telnet://	執行遠端登入的協定。
bbs://	電子佈告欄
file://	檔案存取
mailto:	郵件協定

2. 機構類別

名稱	說明
com	一般公司行號。
net	網路機構。
edu	教學或是學術研究機構。
gov	政府機關等部門。
org	法人機構。
mil	軍事機關。
int	國際組織。
biz	商業機關。
idv	個人。

3. 地理名稱

名稱	說明
tw	臺灣。
cn	中國大陸。
hk	香港。

名稱	說明
jp	日本。
kr	大韓民國。
sg	新加坡。
au	澳洲。
uk	英國。
eu	歐盟。
ca	加拿大；在網址中美國的國碼直接省略。

二、了解全球資源定址器／URL

全名：Uniform Resource Locator，網路上可以存放各種資料，圖片、文字及影片等，並且可以提供任何人進行存取，當使用者想要透過瀏覽器，進入某個網站時，就必須輸入該網站的URL；URL的用意就是，對於某項資源所存放位置的地址，也就是我們所稱的網址。

三、了解IP位址

(一) 定義

網路上每台網路主機的識別碼，稱為IP位址，每個IP位址都是唯一的編碼，不可以重複。

(二) 網域名稱伺服器

全名：Domain Name Server／DNS，主要負責將網域名稱轉換成IP位址的伺服器，在網址列輸入中文或英文的網址，或者是數字的IP位址，都可以連結到該網站。

(三) IP位址與網域名稱的關係

同一個IP位址，可以對應到多個不同的網域名稱，但一個網域名稱，則只能對應到一個IP位址編碼。

(四) IPv4的等級與結構

IPv4的編碼分為網路位址與主機位址，由四組8個位元所組成，網路位址用來辨別所屬的網路單位，主機位址是做為網路節點位址的定位；其中網路位址共分為5個等級A、B、C、D、E，一般我們使用的是前三個等級A、B、C，D跟E分別是群播位址及保留給未來使用或特殊用途使用。

等級	說明	使用單位
A	1. 網路位址：左邊第一組8個位元，二進位最左邊為（0）$_2$，由於127.0.0.0～127.255.255.255是網路測試及特殊用途，實際網路位址為127個。 2. 主機位址：右邊的三組，共24個位元，一般會有2^{24}個主機可以使用，整體的IP位址範圍是0.0.0.0～127.255.255.255，二進位表示為00000000.00000000.00000000.00000000～01111111.11111111.11111111.11111111	國家單位及大公司
B	1. 網路位址：左邊兩組16個位元，二進位最左邊為（10）$_2$，共2^{14}個。 2. 主機位址：右邊的兩組，共16個位元，一般會有2^{16}個主機可以使用，整體的IP位址範圍是128.0.0.0～191.255.255.255，二進位表示為10000000.00000000.00000000.00000000～10111111.1111111.11111111.11111111	電信業者及大型企業
C	1. 網路位址：左邊三組8個位元，二進位最左邊為（110）$_2$，共2^{21}個。 2. 主機位址：右邊的一組，共8個位元，一般會有2^8個主機可以使用，整體的IP位址範圍是192.0.0.0～223.255.255.255，二進位表示為11000000.00000000.00000000.00000000～11011111.1111111.11111111.11111111	一般企業及家庭個人使用
D	主機位址的範圍是：224.0.0.0～239.255.255.255。	群播位址
E	主機位址的範圍是：240.0.0.0～255.255.255.255。	保留未來使用

(五) **子網路遮罩**

由於IP位址的分級,導致可能同一單位只有一個IP位址,造成所有人都只能使用單一的IP位址產生不便,因此會將IP位址以下使用子網路的方式,彈性分配網路位址,而為了分辨不同IP位址,是否屬於同一個子網路,便有了子網路遮罩的運算識別;運算方式就是先將十進位IP位置跟子網路遮罩做二進位轉換,之後將兩個二進位的位址做AND運算,運算的結果做比較與子網路遮罩是否相同,前3組的IP位址相同,則為同一子網域,不相同則為不同子網域。

Class A	255.0.0.0	11111111.00000000.00000000.00000000
Class B	255.255.0.0	11111111.11111111.00000000.00000000
Class C	255.255.255.0	11111111.11111111.11111111.00000000

(六) **認識IPv6**

由於IPv4的IP協定是於1975年設置,使用32位元來分配IP位址,已使用多年,目前已有不夠使用的狀況,因此進而產生IPv6的版本,作為接替IPv4的IP協定;IPv6使用128位元,能夠使用的IP位址有2^{128}個,一個IPv6位址,使用八組數字來進行表示,每一組的數字皆為四個十六進位的數字,中間用冒號隔開,例如:1050:0000:0000:0000:0005:0600:300c:326b。

四、常用網路工具應用

(一) Ping

主要用於測試,區域網路和廣域網路中的電腦,是否處於連線當中,使用時在ping空格後打上想要查詢的網址即可,例如:ping http:// www. ey. gov. tw/。

(二) Ipconfig

在Windows當中,用來查詢電腦主機的IP位址及子網路遮罩等網路相關訊息。

(三) Wireshark

免費的網路封包分析軟體，用來分析擷取到的網路封包，並顯示出詳細的網路封包資料。

(四) Nslookup

用來查詢網路主機的資料，例如：IP位址及DNS名稱等訊息。

(五) Tracert

用來查詢電腦連線到要查詢的IP位址，之間所經過的網路節點及所需要花費的時間。

五、其他與網域相關應用

(一) 通訊埠號

名稱	http	https	FTP	Telnet	POP3	DNS	SMTP	IMAP
對應埠號	80	443	21	23	110	53	25	143

(二) 特殊IP位址

127.0.0.0表示特別的網路檢測位址；127.0.0.1表示現在正在使用的電腦位址；最右邊為0表示網路的主機；最右邊為255則表示用來廣播使用。

(三) 固定IP

指電腦在每次連線上網時，都使用同一個IP位址，並不會變動，固定IP可以讓電腦在網路中，使用相同的IP位址，因此適合用來作為架設網站或伺服器使用。

(四) 浮動IP

與固定IP不同，每次電腦主機連線上網時，都會重新分配一個不同的IP位址，為了有效管理浮動IP位址，就需要透過DHCP server來進行自動分配，一般家中所使用的ADSL上網都是屬於浮動IP。

(五) NAT

全名為網路位址轉換（英文：Network Address Translation），此技術是在網路上讓IP封包經過路由器及防火牆時，能夠重新改寫來源的IP位址或目的地的IP位址，一般將此技術使用在多台主機共用一個公共IP位址的網路中，但因為在通過路由器或防火牆時，需要增加改寫IP位址的動作，因而此技術會讓通訊的效率降低。

(六) VPN技術

全名為虛擬私人網路（英文：Virtual Private Network），將私有專用網路的技術複製到公共網路上使用，讓使用者透過公用網路傳輸資料時，如同將裝置直接連接私有專用網路一樣；要達成以上的傳輸方式，主要透過下列四種技術原理來進行，隧道技術、加解密技術、金鑰管理及使用者及設備身分鑑定。

小試身手

(　) **1** 下列URL的表示方式何者錯誤？ (A)http://www.Abc.com (B)ftp://server1.abc.com (C)bbs://server2.abc.com (D)mailto://server3.abc.com。

(　) **2** 下列何者IP位址，可用來做為測試本機的IP位址？ (A)0.0.0.0 (B)127.0.0.1 (C)192.168.10.1 (D)255.255.255.255。

(　) **3** 下列何種伺服器可以用來分配動態IP位置及提供相關網路設定的功能？ (A)DHCP server (B)FTP server (C)mail server (D)web server。

(　) **4** 下列網域表示何者錯誤？ (A)https://www.edu.tw/ (B)https://www.ntust.edu.tw/ (C)https://www.tw.gov.com/ (D)https://www.tsmc.com/chinese。

(　) **5** 下列網址何者不屬於IPv4的等級B？ (A)172.172.255.255 (B)193.108.0.155 (C)129.255.255.108 (D)以上皆是。

解答 **1 (D)** **2 (B)** **3 (A)** **4 (C)** **5 (B)**

實戰演練

(　) **1** 目前IP位址（IPv4）被區分為幾個等級（class）？　(A)3　(B)4　(C)5　(D)6。　　　　　　　　　　　　　　　　　　　【統測】

(　) **2** 下列哪一個IP位址是屬於B級網路的等級？　(A)62.100.5.2　(B)129.17.22.25　(C)193.6.8.5　(D)210.99.56.32。　　　【統測】

(　) **3** 關於網路中CSMA／CD協定，下列敘述何者不正確？　(A)連接到區域網路上各節點的電腦，都可以接收資料　(B)每個節點的電腦要傳送資料前，會先偵測網路內是否有其他資料正在進行傳輸　(C)取得權限（token）的電腦才能傳送資料，所以不會有資料碰撞（collision）的情形發生　(D)常應用於乙太網路（Ethernet）架構。　　　　　　　　　　　　　　　　　【統測】

(　) **4** 對於網際網路所提供的服務，下列有關通訊協定的敘述何者正確？　(A)DHCP通信協定主要是應用於網路電話　(B)FTP通信協定主要是應用於傳送電子郵件　(C)HTTP通信協定主要是應用於瀏覽全球資訊網　(D)SMTP通信協定主要是應用於檔案上傳或下載。　　　　　　　　　　　　　　　　　　　　　　【統測】

(　) **5** 在TCP/IP通訊協定中，下列何者不屬於應用層（application layer）的通訊協定？　(A)ARP　(B)FTP　(C)HTTP　(D)SMTP。　　　　　　　　　　　　　　　　　　　　　　　【統測】

(　) **6** 在IPv4的網路定址中，如果IP位址最前面開始的兩個位元為10，則該IP位址是屬於哪一個網路等級？　(A)Class A　(B)Class B　(C)Class C　(D)Class D。　　　　　　　　　　　　　　【統測】

(　) **7** 網路卡實體位址（MAC address）的長度總共有幾個位元（bits）？　(A)16　(B)24　(C)32　(D)48。　　　　　　　【統測】

(　) **8** 當有一個節點損壞時，整個網路就癱瘓不能動，是下列哪一種網路拓樸（Topology）？　(A)環狀拓樸　(B)匯流排拓樸　(C)星狀拓樸　(D)網狀拓樸。　　　　　　　　　　　　　　　　【統測】

(　　) **9** 下列哪一個選項不是「全球資源定位器」（URL）第一部分所標示出的常用存取協定？　(A)ftp　(B)http　(C)mailto　(D)tcpip。　　　　　　　　　　　　　　　　【統測】

(　　) **10** 將資料轉換成傳輸媒介所能負載、傳遞的電子訊號，並經由網路設備傳送出去，是用於開放系統連結（OSI）七層架構中的哪一層？(A)傳輸層　(B)網路層　(C)資料鏈結層　(D)實體層。　　【統測】

(　　) **11** 下列何者不是通用的全球資源定址器（URL）中通訊協定（protocol）的名稱？
(A)mail　　　　　　　　　　(B)http
(C)ftp　　　　　　　　　　 (D)telnet。　　　　　　　　　【統測】

(　　) **12** 下列何者是用於一般個人電腦網路線接頭之規格？　(A)RJ-11 (B)RJ-12　(C)RJ-14　(D)RJ-45。　　　　　　　　　　【統測】

(　　) **13** 當網路A使用TCP／IP通訊協定，網路B使用IPX／SPX通訊協定，則網路A與網路B要連接通訊時，需要使用下列何種裝置？　(A)路由器　(B)閘道器　(C)IP分享器　(D)交換式集線器。　【統測】

(　　) **14** 有關ADSL的頻寬速度為300M/100M之敘述，下列何項正確？(A)下載速度高於上傳速度　(B)上傳速度高於下載速度　(C)上傳速度為300Mbps，下載速度為100M bps　(D)其頻寬速度屬於對稱式數位用戶網路。　　　　　　　　　　　　　　【統測】

(　　) **15** 家中常使用電話線連接Modem來上網，請問Modem之功能是將下列何項的訊號做轉換？　(A)無線電波與類比訊號　(B)數位訊號與紅外線　(C)數位訊號與類比訊號　(D)微波與類比訊號。　　　　　　　　　　　　　　　　　　　　　　　　【統測】

(　　) **16** 有關MAC（Media Access Control）位址的敘述，下列何項不正確？　(A)168.95.1.1是屬於MAC位址　(B)MAC位址有6 Bytes (C)MAC位址是指網路卡的實體位址　(D)所有位元均為1的MAC位址是提供廣播使用的位址。　　　　　　　　　　　　【統測】

實戰演練

(　　) **17** 下列哪一項不是網路設備？ 　(A)集線器（Hub） 　(B)直譯器（Interpreter） 　(C)路由器（Router） 　(D)交換器（Switch）。 　　　　　　　　　　　　　　　　　　　　　　　　　　【統測】

(　　) **18** 電子郵件的傳輸協定SMTP、POP3、IMAP，是屬於下列哪一層的傳輸協定？
(A)應用層 　　　　　　　　　　(B)傳輸層
(C)網路層 　　　　　　　　　　(D)鏈結層。 　　　　　　【統測】

(　　) **19** ADSL的頻寬速度通常以「下載速度/上傳速度」來表示。在不同通訊標準中，會有不同下載速度/上傳速度，下列何者為不正確的頻寬速度？
(A)1.5Mbps/ 8Mbps 　　　　　(B)1.5Mbps/ 512Kbps
(C)24Mbps/ 3.5Mbps 　　　　(D)8Mbps/ 896Kbps。 　　【統測】

(　　) **20** 請問一般電子郵件伺服器（Email Server）間的「寄送郵件」是透過何種通訊協定？ 　(A)HTTP 　(B)SMTP 　(C)POP3 　(D)DHC。 　　　　　　　　　　　　　　　　　　　　　　　　　　【統測】

(　　) **21** 開放系統連接模型（Open System Interconnection Reference Model,簡稱OSI）是用來規範電腦網路間的通訊協定。OSI模型共分為七層，請問負責為封包選擇網路傳送路徑的工作是由哪一層所負責？
(A)實體層（Physical Layer）
(B)連結層（Data Link Layer）
(C)傳輸層（Transport Layer）
(D)網路層（Network Layer）。 　　　　　　　　　　【104統測】

(　　) **22** 下列何者是IPv4中ClassB的IP位址？ 　(A)127.0.0.1 (B)172.16.16.1 　(C)10.245.30.45 　(D)192.168.0.4。 　【統測】

(　　) **23** 以下何種裝置是用來連接不同通訊協定的網路？ 　(A)閘道器 (B)交換器 　(C)中繼器 　(D)橋接器。 　　　　　　　　　　【統測】

( ) **24** DNS將下列何者轉換為對應的IP位址？
(A)網址（URL）
(B)網域名稱（Domain Name）
(C)機構名稱
(D)主機名稱。 【統測】

( ) **25** 下列關於192.168.1.1這個IP位址的敘述，何者正確？ (A)是一個class A的多點廣播（Multicast）位址 (B)是一個class D的某企業專屬IP位址 (C)是一個class B的廣播（Broadcast）位址 (D)是一個class C的保留IP位址，可供私有區域網路使用。 【統測】

( ) **26** 下列有關電腦網路的敘述，何者錯誤？ (A)TCP/IP為用在Internet中的通訊協定 (B)集線器（Hub）工作在OSI的實體層，通常是用來管理網路設備的最小單位 (C)路由器（Router）主要工作在OSI的實體層，通常作為信號放大與整波之用 (D)在Windows作業系統的電腦上，可利用「ipconfig / all」指令查得本機在網路上的MAC位址編號、IP位址等資訊。 【統測】

( ) **27** 在OSI模型中，網路卡功能最高屬於下列哪一層？ (A)實體層 (B)資料鏈結層 (C)網路層 (D)應用層。 【統測】

( ) **28** 下列有關網路設備的敘述，何者正確？ (A)交換器（switch）內有MAC表記錄封包的來源IP位址 (B)橋接器（bridge）可連通不同區域網路的多部電腦 (C)路由器（router）可連通多個不同類型的區域網路 (D)集線器（hub）只能連接電腦不能直接連接路由器。

( ) **29** 路由器的路徑選擇能力可完成OSI中哪一層功能？ (A)網路層 (B)應用層 (C)實體層 (D)表達層。

( ) **30** 下列哪一個IPv4位址是有問題的位址，它無法在網路上使用？ (A)11.11.11.11 (B)172.712.71.12 (C)192.92.92.92 (D)193.193.193.193。

單元05 無線通訊網路

單元五主要介紹無線通訊網路的相關內容，甚至是到手機通訊及周邊相關的無線通訊應用，主要的考試重點，在於無線網路的相關標準協定及應用，因此將無線網路相關的標準熟知之後，進考場定可輕鬆破敵（題）。

5-1 無線網路的認識

一、 無線通訊網路的發展

無線網路就是指不需要使用到實體線材的網路通訊，主要是使用無線電波等方式，作為傳輸的媒介，而依照無線通訊的範圍大小，可以分為無線區域網路、無線都會網路及無線廣域網路，甚至有無限個人網路等不同的應用，各種無線通訊的協定所使用的標準也不盡相同。

二、 無線網路的型態

(一) **無線區域網路**

　　全名：Wireless Local Area Network／WLAN，是使用無線射頻技術，將各種區域網路設備進行串接，能夠避免線材架設的麻煩，也可以使用在不方便架設有線網路的區域使用，目前的無線區域網路技術，大致使用微波、紅外線及展頻，其中展頻的應用最為廣泛。

(二) **無線都會網路**

　　全名：Wireless Metropolitan Area Network／WMAN，主要應用於範圍較廣的城市或鄉鎮使用，其所採用的傳輸標準為IEEE 802.16，這個標準是針對微波及毫米波段所提出的通訊標準，能提供較高的頻寬75Mbps，並且距離可達方圓50公里的範圍，達到跨區的無線傳輸應用。

(三) **無線廣域網路**

　　全名：Wireless Wide Area Network／WWAN，主要用於範圍廣大，可橫跨都市及國家的無線網路應用，主要分為衛星網路及全球行動通訊系統，目前此系統已發展到第五個世代。

三、個人無線網路

全名：Wireless Personal Area Network／WPAN，主要用於無線網路的最後一哩路，目標是讓各種設備之間，都使用無線技術來進行資料傳輸，目前WPAN所使用的標準IEEE 802.15，而藍牙就是常見的無線個人網路技術之一。

(一) 藍牙的認識

藍牙主要是由藍牙技術聯盟組織（Bluetooth Special Interest Group）所進行管理，使用的通訊標準為IEEE802.15，使用無線電波來進行傳輸，適用於短距離的無線傳輸，例如：電腦周邊設備、耳機、手機等裝置，另外由於汽車產業及多媒體的發展，新款的汽車當中大多都會配備支援藍牙傳輸的功能，開車時只要將手機或平板電腦與車載系統進行藍牙配對，即可體驗各種藍牙傳輸的應用服務。

(二) 藍牙的規格

藍牙版本	發布年份	最大傳輸速率	傳輸距離	概述
Bluetooth1.0	1998	723.1 Kbit／S	10公尺	只能在有效範圍內才能夠連線。
Bluetooth1.1	2002	801 Kbit／S	10公尺	使用eSCO（Extended Synchronize Connection Oriented）技術，使連線效率增加。
Bluetooth1.2	2003	1 Mbit／S	10公尺	增快搜尋裝置及連線的速度，稍微提升傳輸速率。
Bluetooth2.0+ EDR	2004	2.1 Mbit／S	10公尺	增加EDR的附加規格，提升傳輸效率到2.1Mbps。

藍牙版本	發布年份	最大傳輸速率	傳輸距離	概述
Bluetooth2.1+EDR	2007	3 Mbit／S	10公尺	加強安全配對機制。
Bluetooth3.0+HS	2009	24 Mbit／S	10公尺	增加使用802.11技術的ＡＭＰ規格，讓傳輸速率達到２４Mbps。
Bluetooth4.0	2010	24 Mbit／S	50公尺	提升省電能力並且提高傳輸距離達５０公尺。
Bluetooth4.1	2013	24 Mbit／S	50公尺	讓藍牙成為物聯網發展的核心，支援更多裝置可進行連結。
Bluetooth4.2	2014	24 Mbit／S	50公尺	增加使用ＡＥＳ加密，提升安全性。
Bluetooth5.0	2016	48 Mbit／S	300公尺	傳輸速率達到48 Mbps，距離可達300公尺並且提高室內定位的準確性。
Bluetooth5.1	2019	48 Mbit／S	300公尺	增加了Direction Finding的功能，提升裝置被偵測到的機率。

藍牙版本	發布年份	最大傳輸速率	傳輸距離	概述
Bluetooth5.2	2020	48 Mbit／S	300公尺	低功耗藍牙版本，增強ATT（Attribute Protocol，屬性協議）、LE（Low Energy，低功耗）功率控制、LE同步通道等技術。

(三) 一般藍牙與低耗電藍牙BLE（Bluetooth Low Energy）比較

技術規範	傳統藍牙	低耗電藍牙
無線電頻率	2.4 GHz	2.4 GHz
距離	10公尺/100公尺	30公尺
空中數據速率	1-3 Mb/s	1 Mb/s
應用吞吐量	0.7-2.1 Mb/s	0.2 Mb/s
節點／單元	7-16,777,184	未定義（理論最大值為 2^32）
安全	64/128-bit及使用者自訂的應用層	128-bit AES及使用者自訂的應用層
強健性	自動適應快速跳頻，FEC，快速ACK	自動適應快速跳頻
延遲（非連接狀態）	100 ms	＜6 ms
發送數據的總時間	0.625 ms	3 ms
政府監管	全球	全球
認證機構	藍牙技術聯盟（Bluetooth SIG）	藍牙技術聯盟（Bluetooth SIG）

技術規範	傳統藍牙	低耗電藍牙
語音能力	有	沒有
網路拓撲	分散網	星狀拓撲（Star）、匯流排拓撲（Bus）、網狀拓撲（Mesh）
耗電量	1（作為參考）	0.01至0.5（視使用情況）
最大操作電流	＜30 mA	＜15 mA（最高運行時為15 mA）
服務探索	有	有
簡介概念	有	有
主要用途	手機、遊戲機、耳機、立體聲音訊串流、汽車和PC等。	手機、遊戲機、PC、錶、體育、健身、醫療保健、汽車、家用電子、自動化和工業等。

（參考資料來源：維基百科https://zh.wikipedia.org/wiki/%E8%93%9D%E7%89%99%E4%BD%8E%E5%8A%9F%E8%80%97）

資訊小教室

(1)Li-Fi：使用光線來傳遞網路訊號，透過LED燈的光線，來將網路訊號傳遞給裝置。

(2)**藍牙規格中出現的EDR**：指資料傳輸的加速與否，有加速可達到3 Mbps，如果沒有則只有1 Mbps。

(3)**藍牙規格中出現的HS**：表示高速傳輸最高可達24 Mbps，但傳輸距離僅在10公尺以內。

小試身手

(   ) **1** 下列何者無法使用藍牙傳輸技術？ (A)手機 (B)物聯網 (C)衛星電話 (D)無線耳機。

(   ) **2** 我們使用的手機行動通訊傳輸，符合下列哪一種網路傳輸模式？
(A)無線廣域網路　(B)無線都會網路　(C)無線區域網路　(D)以上
皆非。

(   ) **3** 下列敘述何者正確？　(A)可以使用藍牙4.0讓兩個裝置距離超過60
公尺　(B)藍牙5.0發表於西元2010年前後　(C)近年有越來越多物
聯網裝置可以使用藍牙應用　(D)我們可以使用藍牙設備連線遠在
美國的朋友聊天。

(   ) **4** 行動電話所使用的無線耳機，最常採用下列哪一種通訊技術？
(A)Bluetooth　(B)RFID　(C)WiFi　(D)wimax。

解答　　**1 (C)**　　**2 (A)**　　**3 (C)**　　**4 (A)**

5-2 無線網路標準

IEEE 802是由電機電子工程師協會（Institute of Electrical and Electronics Engineers），所發展推動的網路標準，主要是定義，網路OSI七層中的實體層與資料鏈結層相關的網路資料存取標準。

一、IEEE 802無線網路標準

標準	說明
IEEE 802.1	高層區域網路協定，運作中。
IEEE 802.2	邏輯鏈路控制標準，暫停運作。
IEEE 802.3	乙太網路標準，運作中。
IEEE 802.4	權杖匯流排網路，已解散。
IEEE 802.5	權杖環網路，暫停運作。
IEEE 802.6	都會網路運作，已解散。
IEEE 802.7	寬頻TAG，已解散。

標準	說明
IEEE 802.8	光纖分散式資料介面，已解散。
IEEE 802.9	聲音及資料整合傳輸的區域網路，已解散。
IEEE 802.10	區域網路安全標準，已解散。
IEEE 802.11	無線區域網路標準，運作中。
IEEE 802.12	100VG-AnyLAN區域網路標準，已解散。
IEEE 802.13	並無使用。
IEEE 802.14	纜線數據機標準，已解散。
IEEE 802.15	無線個人區域網路標準，運作中。
IEEE 802.15.1	藍牙技術標準，運作中。
IEEE 802.15.4	ZigBee無線網路技術標準，運作中。
IEEE 802.16	寬頻無線網路標準，運作中。
IEEE 802.16e	寬頻無線網路及行動通訊標準，運作中。
IEEE 802.17	彈性封包環傳輸技術標準，運作中。
IEEE 802.18	無線電管制技術標準，運作中。
IEEE 802.19	共存標籤（Coexistence TAG）技術標準，運作中。
IEEE 802.20	行動寬頻無線存取技術標準，運作中。
IEEE 802.21	網路自動交換技術標準，訂定通訊設備在不同網路中進行漫遊，運作中。
IEEE 802.22	無線區域網路，特別使用電視頻段閒置的無線區域網路標準，運作中。

標準	說明
IEEE 802.23	緊急服務工作群組，運作中。

二、IEEE 802.11無線網路標準

1997年發表第一個版本，傳輸速率為2 Mbps，至今已二十多年，無線網路技術持續穩定發展當中，下面會介紹比較重要的標準。

標準	傳輸速率	傳輸距離	使用頻率	說明
802.11a	54Mbps	約50公尺	5GHz	最原始標準。
802.11b	11Mbps	約100公尺	2.4GHz	無線區域網路標準。
802.11g	54Mbps	約100公尺	2.4GHz	802.11b的次版標準。
802.11n	600Mbps	約250公尺	2.4GHz、5GHz	提升傳輸速率，支援MIMO技術。
802.11p	27Mbps	約1000公尺	5.9GHz	主要運用在自駕車技術。
802.11ac	1Gbps	約30公尺	5GHz	使用擴展綁定的頻道、增加更多的MIMO空間串流。
802.11af	35Mbps	—	2.4GHz、5.8GHz	歐美有在使用，臺灣則沒使用此波段。
802.11ah	347Kbps	超過1公里	2.4GHz、5GHz	支援物聯網、智慧手錶等相關硬體。
802.11ax	10Gbps	約305公尺	2.4GHz、5GHz	可稱為高效率無線區域網路，支援MU-MIMO及OFDMA技術。
802.11be	46Gbps	—	2.4GHz、5GHz、6GHz	草稿於2021年3月公布，預計將在2024年發表。

資訊小教室

無線Wi-Fi的2.4G及5G差異：
(1)2.4GHz能用的範圍2.4～2.462 GHz，以5MHz區分一個頻道，共有11個頻道；2.4GHz雖然有11個頻道可用，但若以802.11b為例，所需頻寬為22MHz，因此只有三個頻道不會互相干擾。
(2)5GHz能用的範圍5.180～5.850GHz，以5MHz區分一個頻道，可用的頻道有36～165個，因此才能容納802.11ac最高160 MHz的頻寬要求。但因為頻率越高，波長越短，繞射（diffraction）程度也越低，也就是遇到障礙不易穿越，因此在相同功率上的有效傳輸距離會比 2.4GHz來的短。
以上資料來源：華碩官方網站

三、Wi-Fi標準

是由無線乙太網相容聯盟（Wireless Ethernet compatibility Alliance）所發表的認證標誌，使用802.11無線區域網路通訊標準，只要是有這樣認證標誌的產品，就是符合Wi-Fi認證的無線網路設備。

由於無線網路802.11a、b、g等太過複雜，因此Wi-Fi聯盟轉為使用數字，代替Wi-Fi認證標準的編號。

原有版本	新版編號
802.11a	Wi-Fi 1
802.11b	Wi-Fi 2
802.11g	Wi-Fi 3
802.11n	Wi-Fi 4
802.11ac	Wi-Fi 5
802.11ax	Wi-Fi 6
802.11be	Wi-Fi 7

資訊小教室

無線Wi-Fi路由器4、5、6的比較：

原版本	802.11n	802.11ac	802.11ax
新版編號	Wi-Fi 4	Wi-Fi 5	Wi-Fi 6
發布時間	2009	2013	2019
頻段	2.4 GHz	5 GHz	2.4GHz & 5GHz 未來可支援1～7GHz

原版本	802.11n	802.11ac	802.11ax
最大頻寬	40 MHz	80 MHz~160 MHz	160 MHz
MCS範圍	0~7	0~9	0~11
傳輸分類多工	OFDM	OFDM	OFDMA

以上資料來源：台灣大哥大官方部落格

四、IEEE 802.15無線網路標準

使用在個人的區域網路，專門制定個人或是家庭內小範圍的無線網路標準。

標準	說明
802.15.1	專門做為藍牙無線技術所提出的通訊標準。
802.15.2	主要用於整合其他802.15的無線通訊技術，使同樣是802.15的標準具有互通性。
802.15.3	專門為隨身的電子產品，例如：穿戴裝置、筆電、平板電腦、藍牙耳機、手機等設備，提供高速寬頻無線傳輸標準，傳輸距離為10～100公尺。
802.15.4	可稱為ZigBee標準，主要用於物聯網方面的各種設備應用，提供短距離在50公尺以內，低耗電、低速率及低成本的無線感測網路。
802.15.5	提供WPAN設備可以具有互通性，穩定與擴展的無線網狀網路架構。
802.15.6	人體區域網路的標準，規範在3公尺內，提供10Mbps的傳輸速率，廣泛使用在人體穿戴感測器、生物植入裝置，以及健身器材等設備當中。

五、行動通訊

(一)1G

全名：1st Generation／1G，從1970年代開始發展，主要是使用類比式訊號的FM廣播無線電，來建構移動通訊，早期中華電信的090開頭手機號碼，都是這樣的類型。

(二)2G、2.5G及2.75G

第二代的行動通訊技術，因為第一代的通訊傳輸，只能傳輸語音而無法傳輸其他資料，因此第二代的數位訊號發展為，可以傳輸簡單的文字內容，或是收發電子郵件等網路應用，但由於依然無法與3G的寬頻服務做連結，因此研發出很多不同的進階版本，因此稱之為2.5G及2.75G；台灣已於2017年6月終止所有的2G行動業務服務。

版本	應用技術
2G	GSM、CDMA及PHS。
2.5G	WAP及GPRS。
2.75G	CDMA2000 1xRTT及EDGE。

(三)3G、3.5G及3.75G

第三代行動通訊，為了因應智慧型手機的到來，更進一步的將行動通訊網路，提升傳輸速率，3G系統不只具有2G的收發郵件功能，更可以瀏覽網頁、下載音樂，甚至於可以做到視訊電話的服務，因此在3G標準的應用上，傳輸速率在不同的室內外環境中，都可以至少達到144 kbps的能力，大大的超過2G及2.75G的傳輸標準；台灣已於2018年12月31日停止所有3G行動業務服務。

版本	應用技術
3G	W-CDMA、CDMA2000及TD-SCDMA。
3.5G	HSDPA。
3.75G	HSUPA及HSPA+。

(四) 4G及4.5G

第四代行動電話網路通訊，不僅提供手機或平板電腦等行動裝置，由於速率及頻寬的提升，讓筆記型電腦及個人桌上型電腦，也都可以透過支援4G的無線網卡，進行網路連結，其中4G的進階版又可稱為4.5G。

版本	應用技術
4G	TDD-LTE、FDD-LTE及WiMAX。
4.5G	LTE Advance Pro。

(五) 5G

第五代行動網路通訊，是4G的延伸，主要先進國家都投入龐大的資源進行研發，5G的網路資料傳輸可達10Gbps以上，並且可大幅降低延遲，因此適合用於發展，人工智慧、大數據、物聯網及自駕車等先進自動化技術，但由於5G基地台的架設成本高昂，並且傳輸距離比4G縮短許多，因此在5G基地台的架設上，需要一段時間的建設才可完善應用。

台灣的電信商，已陸續在2020年將5G進行商用化；中華電信2020年6月30日、台灣大哥大2020年7月1日、遠傳電信2020年7月3日、臺灣之星2020年8月4日、亞太電信2020年10月22日。

(六) 6G

第六代行動通訊技術，是5G系統後的延伸。目前仍在開發階段，預計6G會使用到太赫茲（THz）頻段的傳輸能力，比5G提升1000倍的bps，網路延遲會從毫秒（1ms）降到微秒（100μs），預計將在2030年左右上市。

資訊小教室

B5G（Beyond 5G）：
(1) **定義和範疇**：B5G主要是對現有5G技術的改良及延伸，用意在改進現有5G的不足之處，並提升其效率與功能；目的是在5G的基礎上達成更高的傳輸速率、更低的延遲及更高的穩定性。

(2)**應用場所**：B5G技術適用於自動駕駛、智慧城市、虛擬實境（VR）和增強
現實（AR）等領域的發展。
以上資料來源：ChatGPT

小試身手

(　　) **1** 下列何者不屬於網路協定標準？　(A)IEEE 802.11　(B)IEEE
802.13　(C)IEEE 802.16　(D)IEEE 802.15。

(　　) **2** 我們日常使用的智慧型手機，適用於下列何種行動網路通訊世代？
(A)3G　(B)4G　(C)5G　(D)以上皆是。

(　　) **3** 下列何種無線網路及通訊技術，最不可能在捷運站或公共場所使用
到？　(A)5G　(B)4G　(C)WIMAX　(D)Wi-Fi。

(　　) **4** 下列何者是藍牙的無線網路標準？　(A)802.11ah　(B)802.15.1
(C)802.15.4　(D)802.11ax。

(　　) **5** 下列何者不是無線網路通訊技術的名稱？　(A)Bluetooth　(B)
ZigBee　(C)LTE Advance Pro　(D)CSMA／CD。

解答　　1 (B)　　2 (D)　　3 (C)　　4 (B)　　5 (D)

5-3 無線射頻與近場通訊

一、RFID及其應用

全名為" Radio Frequency Identification "，無線射頻辨識系統，是指運用無
線電波傳輸的辨識技術，可應用在產品辨識條碼上面，在使用方面，標籤
會有電路迴圈的電子標籤，透過專門的感應器，進行讀取偵測，將資料記
錄到後端資料庫當中，進行整合紀錄與分析。

(一) 電子標籤及感應器

電子標籤主要是存放資料的元件，儲存該產品的價格、特徵、使用期限
等數據資料，標籤內含有電子迴路的天線及米粒大小的晶片，透過電池
供電的特性，分為主動式、半被動式及被動式的標籤類型。

感應器是用來讀取電子標籤上的資料，或是將資料寫入電子標籤的晶片當中，讀取到的資料一般都會先傳到後端資料庫，進行記錄，感應器的辨識速度最高可達每秒50組以上，RFID電子標籤的工作頻段，經常使用到的有，低頻、高頻、超高頻及微波等四種模式。

(二) RFID的應用

相關應用	說明
電子票證	主要分為兩種，單次性或是重複使用的卡片，例如：悠遊卡及一卡通等智慧卡，其中會儲存款項資料，使用時會進行扣款或加值等應用。
圖書借閱紀錄	將RFID的電子標籤，黏貼於書本中，借閱時透過感應器，進行借閱資料的紀錄，能減少人力的辨識，提高作業效率。
動物監控	將晶片置入動物的皮下組織，可用於記錄動物的健康狀況、醫療紀錄或預防走失，只需要透過感應器掃描，就可以快速知道相關紀錄，提高管理效率，節省人力資源。
長照醫療	依據電子標籤可以記錄資料的優點，因此對於年長者的照護及醫療方面，可以進行病人的識別，並且確認藥物服用的紀錄及病情的管理，醫院可以追蹤病人的狀況，隨時將資料回傳後端資料庫，使用這些數據進行治療，可以提升醫療的執行效率，以及提升人力資源的效率。
學生門禁	使用RFID的晶片記錄學生或是員工的資料，協助進行人員的管理，順便可以達成更有效率的出入管制，增加學校或公司的安全管理。
物流管理	利用RFID的晶片，對於產品的運送進行物流管理，提升配送商品的效率及程序，避免貨物遺失，以及包裹的追蹤，也可節省人力，進行重複的檢查工作。
醫藥管理	應用RFID紀錄資料的功能，將藥品資訊記錄在其中，可辨別藥品的內容成份及使用期限，避免藥物在配送時所造成的意外錯誤產生。

二、NFC及其應用

全名：Near Field Communication，中文為近場通訊或近距離無線通訊，利用短距離的無線通訊技術，從RFID演變而來，最初由飛利浦與索尼公司，在2002年9月發表，並在2004年成立NFC論壇；NFC使用的頻率為13.56 MHz，傳輸距離為10公分內，傳輸速率為424 Kbps，可以使用在不同的電子設備之間，利用非接觸式的點對點進行傳輸。

(一) NFC的運作

運作模式	說明
讀卡機模式	讀卡機模式，是讓手機變成可以進行讀寫智慧卡的讀卡機，例如：在產品資訊上使用NFC晶片，手機可以直接開啟NFC功能，讀取晶片上的資料，了解產品資訊或進行訂購。
模擬卡片模式	將NFC與RFID晶片卡做技術的結合，讓手機裝置可以模擬晶片卡的功能，將多種智慧卡整合在手機當中使用，例如：使用具有NFC功能的手機，結合悠遊卡功能，便可在搭捷運時，直接刷手機進入。
點對點模式	利用類似紅外線傳輸的方式，進行資料傳輸，將兩台NFC的裝置，靠近便可進行資料傳輸或同步裝置。

(二) NFC的應用

目前NFC的應用依然在發展當中，大部分可見的應用，像是信用卡支付、門禁管控及儲值卡等功能，也有車商將此功能與鑰匙結合，成為汽車的數位鑰匙，利用手機的NFC功能，與汽車上的NFC感應器進行偵測，便可將車門打開或是發動引擎。

三、微波、紅外線及雷射的應用

(一) 微波是使用2～40 GHz的波段，透過微波基地台跟通訊衛星進行資料傳輸，適合較長距離和跨國或跨洋的無線通訊，但微波只能直線傳輸因此會受到障礙物的阻擋，距離過長時需設置中繼訊號站，將訊號放大後再送出，一般常見應用於GPS定位，以及新聞轉播的SNG車上。

(二)雷射是使用頻率較窄的光波輻射線，來進行資料傳輸，好處是傳輸距離長、頻寬也大，在無障礙物阻擋的狀況下可進行點對點傳輸，但無法穿透障礙物，而且天氣因素也會影響傳輸的狀況。

(三)紅外線是利用紅外線光波來傳輸資料，優點是方便使用並且傳輸效率快，但會受到距離50公尺的限制，傳輸角度的也會限制其傳輸，也無法穿越障礙物，並且容易受到光線過強的干擾，常見應用在電視遙控器。

四、星鏈（Starlink）

美國太空探索技術公司SpaceX所開發的衛星無線網服務，主要是透過在低地球軌道（LEO）部署大規模的小型衛星群，為全球提供高速、低延遲的無線網路服務；目前此項技術運用廣泛，例如：海上郵輪、偏遠鄉鎮地區、基礎建設較低的區域及戰爭或政治軍事敏感區域。

小試身手

(　) **1** 下列何者是一種無線網路的傳輸媒介？　(A)光纖　(B)紅外線　(C)雙絞線　(D)同軸電纜。

(　) **2** 下列何者應用，不是使用RFID技術？　(A)動物監控　(B)電視遙控器　(C)學生門禁　(D)物流管理。

(　) **3** 下列何者不是無線通訊技術的應用？　(A)RJ-45　(B)微波　(C)NFC　(D)雷射。

(　) **4** 下列敘述何者並無使用到無線通訊網路技術？
(A)小學生使用Apple Watch能提升個人的安全性
(B)使用手機在回家前先打該家中的冷氣
(C)與朋友相約到網咖打線上遊戲
(D)與朋友相約到手遊店使用各自的手機在遊戲中打怪。

(　) **5** 下列何者是RFID無法取代一維條碼的原因？
(A)一維條碼的安全性比RFID高
(B)RFID的使用成本比一維條碼高
(C)政府組織厭惡RFID技術
(D)以上皆是。

解答　1 (B)　2 (B)　3 (A)　4 (C)　5 (B)

實戰演練

(　) **1** 行動電話所使用的無線耳機，最常採用下列哪一種通訊技術？
(A)Bluetooth　(B)RFID　(C)Wi-Fi　(D)WiMAX。　　　　【統測】

(　) **2** 下列哪一種無線網路採用IEEE 802.16通信協定，可以提供高頻
寬及約50公里的長距離資料傳輸？　(A)Bluetooth　(B)RFID
(C)Wi-Fi　(D)WiMAX。　　　　【統測】

(　) **3** 智慧型手機結合下列何種功能，可用於標示出使用者現在的地理
位置？　(A)CAI　(B)CAM　(C)CIM　(D)GPS。　　　　【統測】

(　) **4** 下列何項傳輸媒介沒有方向性、而有穿透力且普遍被用於無線區
域網路中？
(A)光纖　　　　　　　　　(B)紅外線
(C)無線電波　　　　　　　(D)聲納。　　　　【統測】

(　) **5** 下列哪一種通信媒體最適用於長距離直線傳播？　(A)廣播無線
電波　(B)紅外線　(C)微波　(D)紫外線。　　　　【統測】

(　) **6** 下列哪一種版本是用來解決IPv4所面臨IP位址不敷使用的問題？
(A)IPv5　(B)IPv6　(C)IPv7　(D)IPv8。　　　　【統測】

(　) **7** 若網路傳輸速度是56 Kbps，每分鐘可傳送多少資料量？
(A)56 Kbits　　　　　　　(B)56KBytes
(C)3360KBytes　　　　　　(D)420KBytes。　　　　【統測】

(　) **8** 下列哪一種無線傳輸距離最短？　(A)WiMAX　(B)Bluetooth
(C)Wi-Fi　(D)NFC。　　　　【統測】

(　) **9** IPv6使用幾個位元來定址？
(A)32　　　　　　　　　　(B)64
(C)128　　　　　　　　　　(D)256。　　　　【統測】

( ) **10** 網路規模介於區域網路（local area network）及廣域網路（wide area network）之間者稱為： (A)都會網路（metropolitan area network） (B)主從式網路（client-server） (C)對等式網路（peer-to-peer） (D)網際網路（internet）。 【統測】

( ) **11** 下列何者有採用無線非接觸式之RFID（radio frequency identification）技術？ (A)國民身分證 (B)駕駛執照 (C)悠遊卡 (D)公用電話卡。 【統測】

( ) **12** 關於Radio Frequency IDentification（RFID）無線傳輸技術現有應用之情境，下列何者尚未被廣泛應用？ (A)賣場的商品販售 (B)電子票證如捷運悠遊卡或一卡通 (C)無人圖書館的書籍借閱與歸還 (D)金融卡自ATM自動提款機提取現金。 【統測】

( ) **13** 下列有關基頻傳輸（Baseband Transmission）與寬頻傳輸（Broadband Transmission）的敘述何者錯誤？ (A)基頻傳輸使用數位訊號來傳送資料 (B)基頻傳輸通常具有多個頻道 (C)寬頻傳輸常用於廣域網路 (D)寬頻傳輸常用於有線電視。 【統測】

( ) **14** 以固定專線上網費用昂貴，但傳輸速度快且品質穩定，下列何者最適合？ (A)ADSL (B)Cable Modem (C)T3 (D)4G。 【統測】

( ) **15** 下列通訊網路相關的標準中，何者常被歸類為無線區域網路（WLAN）？ (A)RS 485 (B)RS 232 (C)IEEE 802.11 (D)IEEE 802.3。 【統測】

( ) **16** 行動支付時代來臨，運用近場通訊（Near Field Communication, NFC）的手機錢包與下列哪一項技術最相關？ (A)全球互通微波存取（WiMAX） (B)第四代行動通訊技術（4G） (C)條碼（Bar Code） (D)無線射頻識別（RFID）。 【統測】

( ) **17** 下列敘述何者正確？ (A)IEEE 802.11是一種無線區域網路的標準 (B)TCP是一種網路層的協定 (C)POP 3負責郵件伺服器間郵件的傳送 (D)SMTP負責郵件伺服器與用戶端之間的電子郵件下載。 【統測】

實戰演練

(　　) **18** 通訊頻道想要獲取最佳效能，應該滿足下列哪一個條件？
(A)頻寬要大，延遲時間要短
(B)頻寬要小，延遲時間要長
(C)頻寬要大，延遲時間要長
(D)頻寬要小，延遲時間要短。　　　　　　　　　　　【統測】

(　　) **19** 著名的社群通訊軟體Line，加入了行動支付的功能，下列何者不
是行動支付交易時必備的技術？　(A)加密與解密技術　(B)網路
通訊技術　(C)擴增實境技術　(D)身份識別技術。　　【統測】

(　　) **20** 某些手機APP使用語音輸入功能前須先連上網路才能進行，下列
何者是最可能的原因？　(A)為了在雲端進行語音辨識運算　(B)
連上網路後麥克風才能啟動　(C)為了在雲端將語音資料加密
(D)為了在雲端將語音資料壓縮。

(　　) **21** 下列哪一項網路設備適合用來建構無線區域網路？　(A)Access
Point　(B)Router　(C)Gateway　(D)Bridge。　　　【統測】

(　　) **22** 許多網路地圖，會利用大數據（Big Data）技術綜合分析車速，
以標識某個路段是否塞車。下列哪個技術的應用，最適合協助取
得車速資訊？　(A)VR（Virtual Reality）　(B)GPRS（General
Packet Radio Service）　(C)POS（Point Of Sale）　(D)GPS
（Global Positioning System）。　　　　　　　　　【統測】

(　　) **23** WiFi技術指的是下列哪一種？　(A)影像處理技術　(B)數位音樂
技術　(C)虛擬實境技術　(D)無線通訊技術。　　　　【統測】

(　　) **24** 下列何者不是使用Skype的優點？　(A)可撥打到傳統電話　(B)
全球通用　(C)使用80 Port穿透防火牆，增加網路管理安全　(D)
可跨平台使用。

(　　) **25** 下列何者錯誤？　(A)衛星傳輸是一種無線傳輸的方式　(B)光纖
網路是一種無線網路　(C)使用手機上網是利用無線網路　(D)使
用電話撥接上網是利用有線網路。

(　) **26** 下列何者不屬於無線網路技術？　(A)藍牙　(B)WiFi　(C)RFID　(D)光纖寬頻。

(　) **27** 下列哪一種傳輸媒體的有效距離最短，且易受地形地物之干擾？　(A)光纖　(B)紅外線　(C)雙絞線　(D)同軸電纜。

(　) **28** 下列WiFi技術何者描述錯誤？
(A)802.11a＝Wi-Fi 1　　　　(B)802.11ax＝Wi-Fi 6
(C)802.11b＝Wi-Fi 2　　　　(D)802.11n＝Wi-Fi 3。

(　) **29** 下列敘述何者錯誤？
(A)RFID全名為Radio Frequency Identification
(B)5G的意思代表無線傳輸速率下載能達到5Gigabyte
(C)NFC技術主要應用在交通儲值、門禁識別、行動支付等方面
(D)藍牙傳輸技術不具備無線上網能力。

(　) **30** 下列通訊網路相關的標準中，何者常被歸類為無線區域網路（WLAN）？　(A)RS485　(B)IEEE802.1Q　(C)IEEE802.3　(D)IEEE802.11。

實戰演練

此處內容主要是說明關於網路服務的一切應用,非常偏向日常生活所能見到的事物,像是各種使用裝置或是應用服務,算是符合新課綱重視「實務運用」的主旨。考試的重點在於如何精確的使用網路搜尋功能,所以想要拿分的你千萬要注意。

6-1 網路服務的認識與應用

一、 全球資訊網

全名:World Wide Web,網際網路的發展,讓全世界的人類,都能得到交流與溝通,真正的在網路中達成了地球村的理想,網路上的資訊越來越豐富,知識的傳遞也因為網路的橋梁,讓學習更加的簡單與多元,並且速度更快更加便利,也讓人們的溝通交流產生了前所未有的重大改變,影響著我們世界上的所有人。

Web 1.0	單純的網路服務,由網路提供者所提出,使用者無法進行更動。
Web 2.0	傾向於雙向的溝通互動,使用者透過網路上傳意見內容,或是透過分享,取得及提供更多的資源和訊息,例如:Instagram、維基百科、YouTube等。
Web 3.0	指網路未來的發展方向,包含人工智慧的應用、物聯網的發展、自駕車的研究等創新科技。

二、 ISP及ICP

ISP全名" Internet Service Provider "(網際網路服務供應商)及ICP全名"Internet Content Provider "(網際網路內容提供者),ISP提供個人或企業使用網際網路連線的服務,例如:免費的TANet及付費使用的HiNet、凱擘有線電視等公司;ICP主要是提供網路內容的網站,例如:Google及Yahoo奇摩等網站。

三、 電子郵件

電子郵件，顧名思義就是將傳統用人類實際傳遞的信件，改到網路上使用數位電子的方式進行傳遞，並且有別於傳統信件，只能寄送文字和圖片，電子郵件可以在資料當中加入聲音或動態影像，比傳統信件更加方便且快速。

(一) 如何申請電子郵件

電子郵件的申請方式分為兩種，其一是向網路提供者，申請線上電子郵件，例如：Gmail、Yahoo奇摩mail，另一種方式是使用微軟提供的Outlook進行申請，並且使用Outlook進行郵件傳遞。

(二) 電子郵件的格式

Admin	@	gmail.com
使用者的帳號名稱	連接符號	郵件伺服器名稱

四、 遠端登錄

全名" Telnet "，是使用Telnet的軟體進行連線，登入遠端主機，使用在主機上的個人帳號密碼，取用遠端主機的資源或在主機上直接執行指令。

五、 電子佈告欄（BBS）

全名" Bulletin Board System "，使用者透過Telnet服務，連到佈告欄系統主機，能在上面進行溝通互動的軟體系統，使用Windows系統在有連上網路的狀態下，直接執行Telnet的遠端程式，就可以連線到BBS。

六、 即時通訊軟體

全名：Instant Messaging及Voice Over Internet Protocol/VoIP，即時通訊是提供兩人或兩人以上，利用網路傳遞文字、訊息、視訊、語音或資料檔案，進行交流應用，與電子郵件不同的地方在於，交談是具有即時性的作用。

通訊軟體名稱	概述
Line	提供即時聊天、語音通話、影片通話、貼圖、表情符號、遊戲等功能；LINE 還具有社交媒體元素，用戶可以分享動態、訊息、照片和影片。

通訊軟體名稱	概述
WhatsApp	Meta（FB）公司旗下一款用於智慧型手機的跨平台加密即時通訊應用程式，其加密通信和用戶友好的介面使之聞名。
Telegram	強調安全性，提供點到點加密聊天、自毀訊息、頻道和群組聊天、機器人API等功能；另外，Telegram還允許用戶傳送大型文件。
Clubhouse	提供用戶創建和參與虛擬「房間」，在這些房間中進行即時語音交流；用戶可以進入不同的房間參與對話，類似一個即時的聽眾和講者互動之體驗模式。
微信	由中國科技公司騰訊（Tencent）開發的多功能通訊應用程式，結合了即時通訊、社交媒體、支付、遊戲和其他多種功能。

七、 網路電話

網路電話主要先透過網路訊號傳輸，而之後可視使用情境轉換到市話系統，並保有良好的傳輸品質進行通話，其中的應用軟體為Skype（Teams），優點是全球都通用、聲音品質良好、較少回音並且能跨平台使用，可進行多方通話，具有高度的保密性。

八、 視訊會議

透過網路進行即時視訊和音訊通話的應用程式，用於促進遠程會議、合作和交流；這類軟體廣泛應用於商業、教育、醫療等領域。

視訊會議軟體名稱	概述
Microsoft Teams	整合在Microsoft 365中的協作平台，用意在支援企業內的團隊協作和通訊；功能有提供視訊會議、即時聊天、文件共享、日曆整合、共同編輯文件等多種協作功能。

視訊會議軟體名稱	概述
ZOOM	廣泛用於視訊會議和線上協作的平台，適用於企業、教育和個人用戶；功能有提供視訊會議、螢幕共享、聊天、虛擬背景、錄製會議記錄等多種功能，另外Zoom也支援大型網絡研討會和教育培訓等領域。
Google Meet	由Google提供的視訊會議平台，適用於企業和教育應用等場域；功能有提供高畫質的視訊會議、即時字幕、螢幕共享、虛擬背景等功能，並與Google Calendar和其他Google應用程式整合，使紀錄及預約加入會議變得更簡單。
VOOV	由騰訊推出的視頻直播和社交平台，主要提供年輕用戶；功能有提供直播、短視頻創作、視訊通話、即時聊天等功能，其用戶可以透過直播分享生活、才藝或與粉絲互動。
Cisco Webex	提供強大的視訊會議和網路研討會功能，適用於企業級的會議或遠端教育訓練方案，具有高安全性和穩定性。

九、網路影音及電視

主要是在網路上觀看影視作品及頻道，或有電視頻道將訊號上傳至網路提供使用者觀看，常見的網站有YouTube及Odysee等，近年網路電視則由串流平台崛起，可在平台上觀看各種戲劇節目，或是電影的隨選播放，另外聯網電視及數位電視的發展也不容忽視，中華電信的MOD平台更提供大量的體育頻道給使用者選擇。

十、網路電子競技

電子競技，主要是指電腦遊戲來進行類似體育活動的比賽，其中包含選手的訓練及比賽場地的維護，甚至於遊戲比賽的行銷推廣等，都是電子競技產業的一環，近年著名的電競比賽有：星海爭霸、跑跑卡丁車、絕地求生、英雄聯盟等遊戲；另外在學校方面，由於2017年已通過運動產業發展條例部分條文修正案，代表電子競技產業正式納入成為運動產業的一個項目，因此開始有學校成立電競相關的產業學習課程，讓學生瞭解電子競技產業，不只有遊戲比賽，其他還包含周邊商品的宣傳、遊戲的推廣、比賽的行銷等等。

小試身手

( ) 1 網路的應用不包含下列何者？ (A)電子競技 (B)網路影音 (C)視訊電話 (D)飛鴿傳書。

( ) 2 下列選項何者錯誤？
(A)AAA@gmail.com (B)AAAⓐgmail.com
(C)AAA@yahoo.com (D)aaa@outlook.com。

( ) 3 下列何者與瀏覽器無關？ (A)PowerPoint (B)Microsoft edge (C)chrome (D)Safari。

( ) 4 下列對隨選視訊VOD的描述何者有誤？
(A)能同時提供多位使用者使用
(B)可以依照個人喜好隨選隨看不受時間的約束
(C)可用56k的數據機連接收看到順暢的播放
(D)隨選視訊客戶端具有播放、暫停、快速前進、快速後退之功能。

( ) 5 下列何者不算是Web 2.0網站？ (A)Google Maps (B)金石堂網路書店 (C)YouTube (D)Flickr。

解答 1 (D) 2 (B) 3 (A) 4 (C) 5 (B)

6-2 常用軟體的認識與應用

一、資料搜尋

一般我們在搜尋資料時，都會使用入口網站的搜尋功能，其功能是使用搜尋引擎進行網頁關鍵字的搜尋，並提供使用者搜尋結果，常用的搜尋網站有Google及Yahoo等。

在搜尋時，為了方便搜尋不同的資料內容，因此會使用到運算子的搜尋功能，下面將介紹常用的運算子。

運算子	說明	範例
""	一般我們在輸入關鍵字搜尋時，搜尋引擎會將具有相關性的資料都一併呈現，因此會把關鍵字拆開或順序對調進行搜尋，導致出現過多不需要的結果，但打上雙引號後，搜尋結果就只會是雙引號中一模一樣的關鍵字，順序也不變。	教育部體育署／"教育部體育署"
..	這個主要用於搜尋有範圍的關鍵字結果，例如：找尋重量範圍的舉重啞鈴，可以在兩個重量範圍之間打上此符號，搜尋兩個重量的網頁，如有出現特殊符號，需在關鍵字與特殊符號之間加上空格。	□$20,000..35,000（□表示空格）
*	*符號表示萬用字元，因此使用在關鍵字搜尋時，在關鍵字後打上此符號，表示以此符號前的關鍵字為開頭的搜尋結果。	教育部*
「空格」或「+」或「AND」	在搜尋時，將兩組關鍵字中間加入AND、空格或加號，顯示出的搜尋結果，會是兩組關鍵字都有的網頁，兩組關鍵字前後順序沒有限制。	教育部＋體育署、教育部□體育署、教育部□AND□體育署
-	搜尋時打上減號，所產生的搜尋結果，是指字串當中不要出現某些關鍵字，使用時在減號前須有空格。	教育部□-體育署
| 或OR	這個搜尋的用法，是指兩組字串當中，只要有出現其中1組字串，就可以顯示在搜尋結果當中。	教育部□｜體育署
link	這邊的用法，是指直接連結到後面輸入網址的網站。	link :www.sa.gov.tw

運算子	說明	範例
site	這邊的用法,是搜尋某網站裡面特定關鍵內容的網頁。	體育署□site: www. edu.tw
filetype	這個字串的用法,是指檔案的型態,例如:swf、pdf、docx、txt等,意思是指搜尋含有特定關鍵字的檔案。	體育署 filetype:pptx
輸入股票代號	在Google Chrome搜尋列,打上股票的代號,就可直接查詢這支股票當天的股價資料。	—
輸入天氣	在Google Chrome搜尋列,打上某城市名稱+天氣,就可以得到該城市的天氣資料	南投縣□天氣
計算機功能	直接在Google Chrome搜尋列,打上運算式,就可以得到運算的結果,除了簡單的四則運算外,還有三角函數、匯率轉換、單位轉換等功能。	—

二、 圖片及影片搜尋

在Google Chrome搜尋欄位的下方有圖片及影片的按鈕,在搜尋欄打上關鍵字後,點選想要搜尋的資料類型按鈕,就可以得到該關鍵字相關的圖片或影片資料。

三、 知識網站

網站名稱	說明
維基百科	由網友們共同撰寫及維護的知識網站,以系統化的整理分類將資料內容完整的呈現,非常適合資訊的獲取及閱讀,但由於是網友主觀的進行資料提供,無官方審核,因此有時會有偏頗的主觀意見,夾雜在資料當中,在使用該網站資料時,需要稍微查證後較為適當。

網站名稱	說明
Yahoo奇摩知識＋	由入口網站Yahoo奇摩，所提供的知識平台網站，可以在上面進行問題發問，由網友提出答案，可藉由網友投票選擇最佳答案，或是由提問方進行最佳答案的選擇，該網站已於2021年5月4日關閉。

四、網路相簿

提供網路空間，讓使用者能夠將數位化的相片，存放於網路相簿當中，常見的網路相簿網站有Flickr、Google＋相簿、PChome相簿等，另外也可將相片放置於，網路上的雲端硬碟中作為大量儲存照片的方法。

五、行動裝置的應用

名稱	應用說明
手機（手錶）定位	利用行動裝置內建的GPS，對行動裝置進行定位追蹤，同時可以追蹤持有人的所在位置，適用於年長者的醫療照護。
身體數據監測	行動裝置中嵌入多種感應器，隨時監測配戴者的身體狀況，如發生緊急情況，立刻通知救護單位前往，適用於運動選手訓練監測及長者醫療照護。
電子票券	因應環保去紙化的趨勢，使用行動裝置顯示票券，各類型展覽、需門票入場之活動及電影票等皆適用。
行動轉帳匯款	運用數位銀行的便利，只要登入擁有帳戶的銀行APP，即可在有行動網路連線的地方，即時進行轉帳匯款或是查看帳戶狀況。
卡片整合	使用APP的服務，整合各家的會員卡及電子發票，能有效的減少隨身攜帶卡片的數量，更快速的使用電子發票功能。
行動叫車	出租車結合APP的便利性，可在不同的地方隨時進行叫車服務，並且可以在上車前知道旅程所需要的費用，避免糾紛及時間的浪費。
會員平台	提供商家行銷活動的集點功能，並宣傳介紹店家的資料，另外提供消費者，方便歸納會員集點，能夠多重集點以及消費折抵。

六、其他常用軟體

名稱	應用說明
ZIP	ZIP格式的壓縮檔案最初由Phil Katz在1989年發明,並由他創立的公司PKWARE, Inc.發行,此應用可將一個或多個檔案壓縮到單一壓縮檔中,減少檔案大小,便於儲存和傳輸。
RAR	一種專有的檔案壓縮格式,由Eugene Roshal所開發,常應用於高強度的壓縮和更強的偵錯恢復功能。
OBS	一款免費和開源的直播和螢幕錄播軟體,常應用於遊戲直播、網絡研討會、在線課程、影片創作等領域。
綠色軟體	指不需要安裝即可使用的應用程式,這類軟體一般以壓縮檔的形式傳輸,用戶可以直接解壓縮運行,不需要對系統進行任何修改;綠色軟體因其方便性和對系統的低影響性,受到廣泛喜愛及使用。

小試身手

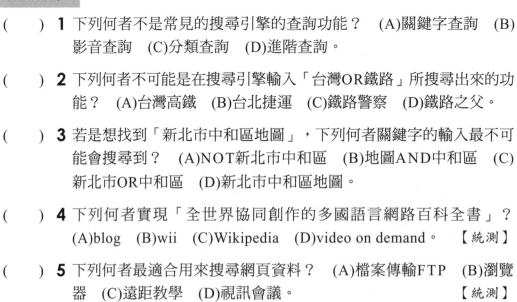

(　　) **1** 下列何者不是常見的搜尋引擎的查詢功能?　(A)關鍵字查詢　(B)影音查詢　(C)分類查詢　(D)進階查詢。

(　　) **2** 下列何者不可能是在搜尋引擎輸入「台灣OR鐵路」所搜尋出來的功能?　(A)台灣高鐵　(B)台北捷運　(C)鐵路警察　(D)鐵路之父。

(　　) **3** 若是想找到「新北市中和區地圖」,下列何者關鍵字的輸入最不可能會搜尋到?　(A)NOT新北市中和區　(B)地圖AND中和區　(C)新北市OR中和區　(D)新北市中和區地圖。

(　　) **4** 下列何者實現「全世界協同創作的多國語言網路百科全書」?　(A)blog　(B)wii　(C)Wikipedia　(D)video on demand。　【統測】

(　　) **5** 下列何者最適合用來搜尋網頁資料?　(A)檔案傳輸FTP　(B)瀏覽器　(C)遠距教學　(D)視訊會議。　【統測】

解答　　1 (B)　　2 (B)　　3 (A)　　4 (C)　　5 (B)

6-3 物聯網

物聯網的概念可以追溯到1980年代初期，全球第一台隱含物聯網概念的裝置為位於卡內基・梅隆大學的可樂販賣機，它連接到網際網路，可以在網路上檢查庫存，以確認還可供應的飲料數量。（參考資料來源：維基百科 https://zh.wikipedia.org/wiki/%E7%89%A9%E8%81%94%E7%BD%91）

一、物聯網的架構

物聯網的基本概念，就是運用網路技術，將過去傳統不會想到需要連結到網路的日常用品，進行與網路連結的應用，例如：冰箱、洗衣機等家電器材。

依照歐洲電信標準協會ETSI的定義，物聯網架構主要分為三層，最底層是感知層，第二層是網路層，最上層是應用層，但隨著近年物聯網的快速發展，在原有三層的架構當中，發現有些不足的地方，因此有學者提出五層的架構，分別為感知層、傳輸層、處理層、應用層及商務層，下面會詳細說明原有的三層架構。

(一) 感知層

感知層分為感測應用及辨識技術，感測應用主要就是讓物聯網的產品，具有對所處環境的變化或是相對位置的移動，具有感知的能力，在這樣的應用當中，主要透過嵌入產品的感測裝置，進行偵測，例如：溫度計、濕度計、三軸加速度計及紅外線等，另外辨識技術方面，最常見的就是使用RFID晶片進行辨識應用。

(二) 網路層

網路層的主要功用，就在於將各種物聯網的商品，在感測與辨識到各種資料訊息後，將這些資料訊息，透過網路連線的方式，將資料集中傳輸到後端的資料庫當中，常使用的方式，除了有線網路之外，無線網路的使用，例如：Wi-Fi、RFID、藍牙、紅外線，甚至目前最新技術5G等方式，進行連線傳輸的工作。

(三) 應用層

應用層就是物聯網的各種應用技術，使用在日常生活當中，例如：智慧公車、智慧電網、智慧水錶、智慧節能等多種應用層面，對於這些應用，物聯網的重點在於，將資料收集後進行資料分析，最終產出有用的結果，才能使用在實務上，因此各種資訊系統的使用，就會是這個階段的重點，例如：資料探勘、商業智慧、大數據分析等技術。

二、 物聯網的應用

應用名稱	說明
偵測心血管疾病的風險	依據人體腰圍，脂肪的多寡，提醒受測者引發腦心血管疾病的可能風險，利用手機內建的陀螺儀感測器，偵測身體腹部的面積形狀，經由軟體運算，以圖形的方式顯示，受測者內臟脂肪的多寡判定風險高低。
室內定位搜尋	一種簡易手錶，讓家中的老人或小孩穿戴，能即時追蹤他們的所在位置，防止迷路走私或遭人誘拐，並在手錶上附有緊急呼救按鈕，加強保護功能。
OK繃偵測傷口感染	智慧OK繃貼布，使用奈米感測器，判別傷口的感染程度，並加以消毒，透過貼布的顏色變化，讓傷者和醫療人員進行病況追蹤。
邊坡感測器	透過感測裝置，安裝在危險的山地或特殊區域，進行偵測，如有異物或是異常情況發生，便會回傳資料到資料庫或通知相關單位，進行檢查或是障礙排除。
公車動態系統	透過GPS的定位系統，讓搭乘公車的民眾，透過手機可直接得知，目前公車的到站情況及搭乘時間的多寡。
智慧電表	能夠即時提供用戶，用電的各種資訊紀錄及電力的使用情況，並且將數據即時回傳到電力公司，另外也可將用電資訊進行大數據分析，精準掌握電力的使用情況，避免電力的不必要浪費。
智慧家居	透過各家所販售的智慧音箱與家中的日常家電，做網路連線應用，不僅可透過智慧音箱達成聲控家電的功用，也可透過音箱內的人工智慧，進行資訊查詢或商品訂購等功能。

小試身手

(　) **1** 歐洲電信標準協會（European Telecommunications Standards Institute, ETSI）將物聯網劃分為三個階層，不包含下列哪一層？ (A)網路層　(B)應用層　(C)感知層　(D)實體層。

(　) **2** 下列哪一項硬體技術不是智慧手錶必要的內建功能，且尚未被實用在行動裝置中？　(A)心電圖偵測　(B)血壓計　(C)血氧濃度　(D)陀螺儀。

(　) **3** 架設物聯網的環境時，下列何種問題最需要被注意？　(A)不同的網路媒介　(B)使用者的體驗　(C)資料的傳輸流量　(D)設備的更新。

(　) **4** 下列何者屬於智慧家電的應用？　(A)透過光感應技術，窗簾會在早上時自動拉開　(B)使用動態偵測，無人的環境下，教室的日光燈會自動熄滅　(C)冰箱依照省電時間的長短來調控壓縮機的運轉及內部溫度　(D)以上皆是。

(　) **5** 下列哪一種技術無法防止人民生命財產遭到威脅？　(A)鐵路邊坡監測系統　(B)無預警進行分區停電　(C)地震預警系統　(D)山區洪水偵測技術。

解答　　**1 (D)**　　**2 (B)**　　**3 (A)**　　**4 (D)**　　**5 (B)**

實戰演練

(　) **1** 下列有關網路服務的介紹，何者正確？　(A)BBS主要提供部落格相關功能　(B)E-mail使用POP3通訊協定來寄發電子郵件　(C)FTP伺服器只能提供資料下載而不能提供資料上傳　(D)WWW可以將聲音及影像等資料放置在網頁中。　【統測】

(　) **2** 使用者瀏覽網站時，網站在使用者電腦儲存使用者瀏覽相關資訊的檔案稱之為？
(A)blog　　　　　　　　　　(B)cookie
(C)intranet　　　　　　　　　(D)ss。　【統測】

(　) **3** 全球衛星定位系統是使用行動裝置（如：智慧型手機、平板電腦等）配合電子地圖，即可得知汽車所在位置的服務，此一系統正確的英文簡稱為何？
(A)POS　　　　　　　　　　(B)GPS
(C)ABS　　　　　　　　　　(D)GIS。　【統測】

(　) **4** 下列哪一項網路服務是以P2P（peer-to-peer）方式提供服務？
(A)WWW　(B)YouTube　(C)Wikipedia　(D)Skype。　【統測】

(　) **5** 如果從企業網路環境建置的角度而言，下列何種作業系統最適合用來架設網路伺服器主機？　(A)Android　(B)Windows 7　(C)UNIX　(D)Windows 10。　【統測】

(　) **6** 一個電子郵件地址格式如king@ntu.edu.tw，其中@之後ntu.edu.tw代表：　(A)使用者帳號　(B)檔案傳輸之協定　(C)郵件伺服器地址　(D)個人網頁帳號。　【統測】

(　) **7** 欲用Google網站搜尋台灣教育機構網域（edu.tw）中有關ADSL的網頁，請問下列何項查詢字串最適合？　(A)ADSL site:edu.tw　(B)area:edu.tw ADSL　(C)ADSL www.edu.tw　(D)www:edu.tw ADSL。　【統測】

(　　) **8** 下列哪一個網站提供駕駛規劃任何兩地之間最佳行車路線的服務？　(A)維基百科網站　(B)Yahoo奇摩服務＋網站　(C)YouTube網站　(D)Google地圖網站。　　　　　　【統測】

(　　) **9** 一般公司為連接各個部門資訊達到資源共享進而提升行政效率，所建立的企業內部網路稱為：　(A)Extranet　(B)Intranet　(C)Internet　(D)Telnet。　　　　　　【統測】

(　　) **10** 在Google網站的搜尋欄位中，輸入下列哪一個字串，會得到數目最多的搜尋結果？
(A)「紅樓夢背景」
(B)「紅樓夢」OR「背景」
(C)「紅樓夢」AND「背景」
(D)「紅樓夢」＋「背景」。　　　　　　【統測】

(　　) **11** 下列哪一個方法最不可能用來連接個人電腦與印表機？　(A)透過HDMI連接埠連接　(B)透過USB2.0連接埠連接　(C)透過RJ45有線網路連接埠連接　(D)透過並列埠（LPT）連接。　　【統測】

(　　) **12** 下列哪一種技術，主要使用於網際網路中，讓多媒體影音播放器可以不用下載整個媒體檔案而可以播放影音？　(A)加密（Encryption）　(B)編譯（Compilation）　(C)串流（Streaming）　(D)解析度（Resolution）。　　【統測】

(　　) **13** 於瀏覽器輸入www.edu.tw網址就可順利地連到該網站，這需要下列何種伺服器來提供網址轉換服務？　(A)DNS　(B)WWW　(C)FTP　(D)MAIL。　　　　　　【統測】

(　　) **14** 下列敘述何者不正確？
(A)網頁：以HTML格式所建構之文件可稱為網頁
(B)首頁：當使用不含檔名之URL瀏覽某個網站時，其首先出現的網頁稱為首頁
(C)網站：存放網頁的伺服器，提供服務給遠端電腦瀏覽相關網頁
(D)網址：指數字式IP只能用於連結資料庫。　　　　　　【統測】

實戰演練

( ) **15** 下列關於套裝軟體的敘述，何者錯誤？ (A)PhotoImpact為影像處理軟體 (B)Internet Explorer為網頁瀏覽軟體 (C)Microsoft FrontPage為試算表編輯軟體 (D)Microsoft Word為文書編輯軟體。 【統測】

( ) **16** 大雄家中網路下載/上傳的速率為6Mbps／2 Mbps，他從教育部網站下載一個12M Bytes的檔案後，立刻將該檔案上傳給小明同學。下載與上傳該檔案資料總共約需要多少的資料傳輸時間？ (A)8秒 (B)32秒 (C)64秒 (D)96秒。 【統測】

( ) **17** 如果大雄要用Google搜尋引擎找出含有完整關鍵字「資訊科技」之網頁，並且剔除含「公司」兩字之網頁，下列哪一項關鍵字搜尋指令較適合？ (A)"資訊科技no公司" (B)"資訊科技"!="公司" (C)"資訊科技"not"公司" (D)"資訊科技"-"公司"。 【統測】

( ) **18** 下列何者是個人電腦自伺服器接收E-mail時所採用的通訊協定？ (A)POP3 (B)FTP (C)SMTP (D)DNS。

( ) **19** 下列有關資料搜尋的敘述何者錯誤？ (A)Google Map可以建議行車路線 (B)維基百科提供知識搜尋的服務 (C)搜尋網路中的檔案必須透過檔案伺服器來完成 (D)在搜尋引擎中輸入關鍵字可以快速找到相關資料。 【統測】

( ) **20** 在Google搜尋引擎之欲搜尋關鍵字欄位中進行下列哪一種資料輸入，可以在aa.com網站中搜尋到內容有「BB」但排除「CC」及「DD」的網頁？ (A)BB-CC DD site:aa.com (B)BB-CC-DD site:aa.com (C)BB-CC DD http:aa.com (D)BB-CC-DD http:aa.com。

( ) **21** 下列哪一種軟體可以支援多人線上共同編輯文件？
(A)Microsoft WordPad
(B)Microsoft NotePad（記事本）
(C)OpenOffice.org Writer
(D)Google Docs（Google文件）。 【統測】

(　　) **22** 當透過電腦網路下載檔案至個人電腦時，下列何種方式，最有可能會使下載者的個人電腦在邏輯上同時扮演用戶端（client）與伺服器端（server）的角色？　(A)HTTP下載　(B)FTP下載　(C)SMTP下載　(D)P2P下載。　　　　　　　　　　　　【統測】

(　　) **23** 一般我們在通訊設備或元件使用手冊上看到的TX／RX標示，通常這是表示什麼功能？
(A)TX／RX表示傳送與接收
(B)TX／RX表示速度高與低
(C)TX表示信號已經接到，RX表示警戒
(D)TX表示電源錯誤，RX表示信號錯誤。　　　　　　　　　　【統測】

(　　) **24** 使用Microsoft Outlook Express電子郵件軟體撰寫信件，必須正確填寫下列哪一項資料才能順利傳送至目的地？　(A)附加檔案　(B)收件者　(C)主旨　(D)內容。　　　　　　　　　　　　　　【統測】

(　　) **25** 右圖是在谷歌地圖（Google Maps）網站中搜尋「凱達格蘭大道」後局部網頁的示意圖，網頁中的與下列何種功用最相關？
(A)尋找好友
(B)規劃路線
(C)相片瀏覽
(D)瀏覽街景。　　　　　　　　【統測】

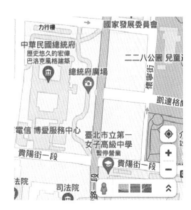

(　　) **26** 下列哪一個Google運算子用來搜尋特定網站的資料？　(A)site：　(B)inurl：　(C)link：　(D)location：。　　　　　　　　【統測】

(　　) **27** 以Google搜尋引擎為例，使用下列字串搜尋，哪一種搜尋結果的項目數最少？　(A)統測　學測　(B)統測　OR　學測　(C)統測　-學測　(D)"統測　學測"。　　　　　　　　　　　　　【統測】

(　　) **28** 串流（Streaming）技術可以不需下載整個影音檔案，在網路上即時傳輸影音以供用戶觀賞，下列哪一種資料格式支援串流功能？　(A)AVI　(B)FLV　(C)DAT　(D)MPEG。　　　　　　【統測】

(　　) **29** 下列何者不是串流影音資料格式的特性？
(A)各公司所發展的影音串流格式，都遵循唯一標準，市面上各
種播放軟體，都可以執行每一種串流格式的檔案
(B)可以透過網際網路傳遞影音視訊
(C)不須完全下載全部的檔案即可播放，播放結束後，也不會將
檔案儲存在電腦中
(D)影音資料不易被複製，有助於智慧財產權的保護。　【統測】

(　　) **30** 在台灣，關於IP位址的分配工作，是由以下哪一個單位所負責？
(A)國家高速網路與計算中心
(B)台灣網路資訊中心
(C)中華民國電腦技能基金會
(D)工業技術研究院。

網頁設計與應用

這一單元可以幫助你了解網頁的模樣及架設的方法，其考試的重點不外是：
1. 網頁如何架設完成，並且如何做好之後的管理。
2. HTML語法的基本認識。
3. 網頁在新科技的發展中，未來的趨勢方向。

7-1 全球資訊網與網頁設計應用

一、WWW概述

由許多互相連結的超文件技術組成的系統，整合多項應用功能，例如：FTP、E-mail、HTTP等；將資料存放於伺服器中，並讓伺服器運行在網路上，提供多樣性的服務，使用者只需要運用瀏覽器，即可使用網際網路所帶來的創新功能。

最早的WWW是由科學家提姆‧柏內茲－李，於1989年所提出的計畫，原本的目的是希望讓全球的物理研究，能有最簡單的方法分享資料，發展至今不只限於物理方面的資訊，而是影音圖文，乃至於遊戲都在此運作。

二、網頁瀏覽器

名稱	概述
Google Chrome	由Google公司所發行，免費使用的瀏覽器，使用簡單並且運作快速，還有很多擴充功能及應用程式，可以下載使用。
Microsoft Edge	由微軟公司發行，主要為最新版本的Windows10作業系統所設計，前身為Internet Explorer（簡稱IE瀏覽器），Edge支援使用智慧語音Cortana等新功能。
Firefox	由Mozilla基金會及其子公司Mozilla公司開發，免費的網頁瀏覽器，能安裝各種附加元件，提供多樣化的個人功能。
Opera	Opera是挪威的軟體公司創建的瀏覽器，之後被中國公司收購，一款免費的瀏覽器，資源使用較少，因此瀏覽速度也能比較快。

名稱	概述
Safari	蘋果公司所開發，並內建於macOS、iOS與iPadOS的網頁瀏覽器，通用於蘋果公司的多種終端機，2008年到2012年，蘋果有開發Windows作業系統所使用的Safari瀏覽器，但之後便停止開發，如要在Windows作業系統運作，大部分都要模擬器才能使用。

三、各種網頁的分類與內容介紹

個人網頁（誌）及社群	主要作為個人的記事分享，人生紀錄或是個人履歷等等。
政府機關	政令宣導、單位查詢、訊息公告等等。
教學機構	校園簡介、成績查詢、招生宣傳及學生榜單公告等等。
醫療機構	醫院資料公告、線上掛號服務、藥品須知及長照資訊等等。
新聞媒體	時事公告、民意討論、氣象資訊等。
國民營企業	公司介紹、產品資訊、聯絡管道、售後服務等等。
行銷宣傳與各類平台	工作媒合、交友牽線、餐飲廣告、線上訂位等等。
購物網站	電子商務、產品資訊説明、線上購物等等。

四、網頁架設需要考慮的因素

(一) **需求方向**

對於網站的用途，需要在建置前有詳細的規劃及運作方針，讓網站在架設完成後，能達到有效的功用。

(二) **瀏覽平台的考量**

由於手機的使用崛起，使手機瀏覽網站的使用者大量增加，因此網站在規劃的時候，需要考量主要的目標客群是使用手機，還是一般電腦作為瀏覽媒介。

(三) 伺服器、資料庫及程式語言的選擇

伺服器主要是做為網站資料的存放，因此需要考慮資安的問題，以及硬體穩定的狀況；資料庫及程式語言則相呼應，一般使用PHP語言會搭配MySQL資料庫，ASP.NET則會搭配MSSQL資料庫。

(四) UI／UX的規劃

簡單來說，UX就是網站的架構設計，UI則是美術視覺設計。

資訊小教室

(1)UI：全名為User Interface，使用者介面，對於整體視覺設計的美感，讓使用者對於設計的呈現，很容易能連結到跟網站的主題相呼應，例如：色彩的搭配、字型的選擇、字體的大小及配置安排等。

(2)UX：全名為User Experience，使用者經驗或使用者體驗，根據使用者的過往經驗或習慣，規劃整個網站頁面的編排與連結，例如：什麼內容區塊應該先出現、連結的按鍵要在什麼位置，以及是否需要使用者教學等。

小試身手

( )　**1** 下列敘述何者錯誤？　(A)網頁製作時需要作UI／UX的規劃　(B)網站上線運作後，需要注意資安問題，避免被攻擊　(C)小馬使用PHP語言搭配MSSQL資料庫　(D)小灰使用HTML網頁語言編寫個人網頁。

( )　**2** 下列軟體何者不適合用於網頁設計？　(A)Adobe Dreamweaver　(B)Avira Antivirus　(C)Webflow.com　(D)SharePoint Designer。

( )　**3** 資料管理系統（Database Management System）簡稱DBMS，是用來管理資料庫且開發的電腦軟體系統，請問下列何者不是DBMS？　(A)Dreamweaver　(B)Access　(C)Oracle　(D)MySQL。

( )　**4** 下列敘述何者正確？　(A)網頁設計色彩越鮮豔越好　(B)為了符合人口老化趨勢，網頁設計的文字越大越好　(C)FrontPage已被Expression Studio及SharePoint Designer取代　(D)網頁設計不需要在乎使用者是用何種工具瀏覽。

(　　) **5** 下列何種工具可以用來編輯網頁？

(A)剪取工具　　　　　　　　　　(B)小畫家3D

(C)LINE　　　　　　　　　　　(D)記事本。

解答　　**1 (C)**　　**2 (B)**　　**3 (A)**　　**4 (C)**　　**5 (D)**

7-2 網站的架設與管理

一、網頁架設的流程

網站主題：確認想建置的網站類型，如：公司官網、購物網站等；想要呈現的視覺風格，也要先有方向。

⬇

資料收集：蒐集網站內容所需的資料，例如：文字內容、LOGO及產品圖片等。

⬇

架構規劃：對網站作結構設計，設計每個頁面的主題及內容，頁面間的串連也要一併規劃，也就是UX設計。

⬇

網站頁面視覺設計：主要對於網站的美感視覺，使用呈現作設計及規劃，也就是UI設計。

⬇

網站頁面程式化及資料庫製作：網頁視覺，使用網頁軟體或HTML語言製作；資料庫的部分，需視伺服器的種類，而使用不同程式語言製作。

⬇

網站測試：先在單機上進行檢驗，測試各頁面的連結、文字圖片、功能運作是否正確。

 伺服器及網址申請：向伺服器空間商，申請主機空間、網域名稱及網址。

網站正式上線及登錄：將網站資料存放到伺服器空間，並將網址及網站名稱向搜尋網站登錄，完成網站的正式上線。

 網站維護：對於正式運作的網站，需要注意資料的正確性，並且隨時監控資安的問題，避免被攻擊，導致網站無法運作。

二、 網頁製作軟體介紹

(一) 一般網頁設計軟體

Microsoft FrontPage 2003、Microsoft Expression Studio、Microsoft SharePoint Designer、Adobe Dreamweaver、Notepad++、Webeasy Professional等。

(二) 線上網頁設計的軟體

可直接在網路上製作網頁，有付費版及免費版本，例如：WordPress. com、Wix.com、Squarespace.com、Webflow.com、Weebly.com等。

(三) HTML網頁語言

可直接使用記事本等文字編輯軟體，來編寫HTML網頁語言，存檔時將檔名用.html的副檔名存檔即可。

三、Microsoft SharePoint Designer的應用說明

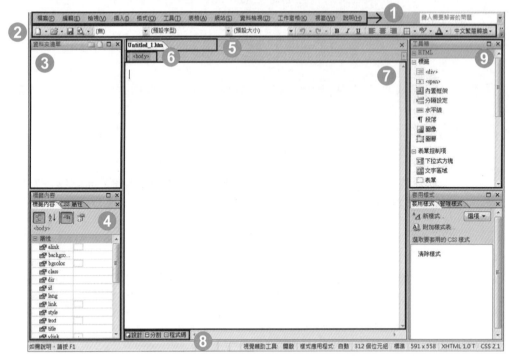

前身為FrontPage，2007年之後FrontPage由SharePoint Designer及Expression Web所代替，下面會介紹SharePoint Designer的基本介面：

❶ 功能表列：下達指令的列表，共有十二大類，每個類別中還有子選項，在設計視窗中點擊滑鼠右鍵，可以快速顯示功能表。

❷ 工具列：在功能表下方，以圖形顯示，不常使用的工具會隱藏起來，節省空間。

❸ 資料夾清單：資料存放顯示區域。

❹ 標籤內容：提供快速排序及分組等功能。

❺ 編輯中的網頁名稱：顯示目前編輯的內容是網頁中的哪一個頁面。

❻ 快速標籤：顯示編輯過的網頁內容位置。

❼ 網頁編輯區：可在這個區域進行網頁編輯，直接顯示編輯樣貌。

❽ 網頁檢視模式：能夠切換網頁呈現模式，可以看設計後的程式碼或視覺樣貌。

❾ 工具箱：裡面附有常用網頁工具，可直接點選使用在網頁設計中。

四、網頁常用功能介紹

常用功能	概述
水平線	呈現方式就是一條線，主要用於分隔主題或是區隔內文，可以設定位置、寬度及顏色。
跑馬燈	一般呈現是左至右或右至左移動，用於宣傳活動訊息或是廣告。
交換圖像	使用滑鼠移動到圖片時，會切換成另一張圖，或是呈現放大的原本圖片。
按鍵反饋	一般在文字具有某些功能時使用，滑鼠移動到文字或按鍵時會發生變化，變大、粗體或顏色改變。
計數器	能夠累計造訪網站的人數。
相片藝廊	讓照片在網頁上能有不同的呈現方式。
DHTML	讓文字或圖片顯示出動態效果，在網頁載入時出現，也可以讓滑鼠移動到文字或圖片時出現。
超連結及圖片連結	設定成超連結的文字或圖片，滑鼠移動到上面時，會出現手指的圖示；連結分兩種，內部連結可以連到同網站的其他頁面，外部連結則可以連到其他網站，例如：連到Google Map。
插入表格	在網頁中加入表格形式，方便呈現條列式資訊。
快顯視窗	類似超連結，但點擊後不會有連結動作，而是跳出一個小視窗顯示資訊，或是類似燈箱效果，背景變黑，前面顯示資料。
框架	一個頁面可以分為不同的顯示框架區域，例如：目錄、產品圖片、文字說明等。
目標框架	開啟不同頁面會有不同的呈現方式，例如：在同框架下顯示、轉換新的框架、開啟新視窗及顯示上一層框架。

五、 HTML介紹

名稱	概述
定義	建立網頁的標準標籤語言，算是基礎技術，常搭配CSS及JavaScript等技術使用，儲存時用.htm或.html為附檔名。
HTML程式碼	由標籤碼（Tag）所組成，可分為單一標籤及對稱標籤。
單一標籤	只需使用一個標籤碼表示，例如：換行＜br＞。
對稱標籤	需要兩個對稱的標籤表示，例如：標題列＜title＞....＜/title＞。
標籤格式	比較複雜功能的標籤語法，例如：插入圖片＜img src="AAA.jpg" border="0" width="45" height="55" align="center"＞

六、 HTML的語法說明

(一) 結構

一般HTML開始的結構如下所示：

```
＜html＞
 ＜head＞
 ＜title＞網頁主題＜/title＞
 ＜/head＞

 ＜body＞
  網頁的主題內容
 ＜/body＞
＜/html＞
```

(二) 標籤說明

標籤指令	指令說明
＜html＞…＜/html＞	程式碼的起始標籤及結束標籤。
＜head＞…＜/head＞	中間的文字表示標頭內容。

標籤指令	指令說明
＜title＞…＜/title＞	中間的文字顯示標題列的內容。
＜body＞…＜/body＞	程式碼的主體內容區域。
＜p＞…＜/p＞	強迫換行並且會增加一行的空白空間，表示段落。
＜u＞…＜/u＞	將文字加底線。例如：＜u＞我是誰＜/u＞，輸出：<u>我是誰</u>。
＜i＞…＜/i＞	將文字改為斜體。例如：＜i＞我是誰＜/i＞，輸出：*我是誰*。
＜s＞…＜/s＞	將文字加入橫線。例如：＜s＞我是誰＜/s＞，輸出：~~我是誰~~。
＜b＞…＜/b＞	將文字顯示粗體。例如：＜b＞我是誰＜/b＞，輸出：**我是誰**。
＜tt＞…＜/tt＞	將文字顯示細體字。例如：＜tt＞我是誰＜/tt＞，輸出：我是誰。
＜sup＞…＜/sup＞	將文字顯示為上標。例如：我是＜sup＞誰＜/sup＞，輸出：我是^{誰}。
＜sub＞…＜/sub＞	將文字顯示為下標。例如：我是＜sub＞誰＜/sub＞，輸出：我是$_{誰}$。
＜h1＞…＜/h1＞	表示字型大小，1為最大，6為最小。
＜center＞…＜/center＞	將文字或圖片顯示置中。
＜th＞…＜/th＞	顯示表格標頭欄位的文字。
＜nobr＞…＜/nobr＞	強迫文字不換行，超過的文字，網頁直接增加左右滾輪顯示。
＜p align="left"＞…＜/p＞	將文字靠左、右或置中，雙引號中可以改"center"或"right"。

標籤指令	指令說明
 	強迫標籤後的文字換行，例如：我是誰＜br＞你是誰，輸出：　我是誰 　　　　　　　　你是誰
<!--我是誰-->	用來對程式碼撰寫註釋，不會顯示在網頁中。

(三) 水平線

範例：＜hr size="6" align="right" noshade width="95" color="#ff0000"＞

說明：在網頁中插入水平線，用於分開同一頁中，不同內容的文字或是圖片；可以控制水平線的位置、顏色等功能。

屬性：size=控制線寬度；align=控制線的位置；noshade=讓線沒有陰影，預設的水平線有陰影；width=控制線的長度；color=顯示線的顏色。

(四) 跑馬燈

範例：＜marquee behavior="slide" bgcolor="#ff0000" direction="left"＞我是誰＜/ marquee＞

說明：一段在網頁中持續移動的文字，用於宣傳活動訊息或是廣告。

屬性：behavior=控制移動方式，有滑動（slide）、捲動及交替等等；bgcolor=背景顏色；color=字體顏色；direction=方向控制，向左或向右。

(五) 圖片標籤

範例：＜img src="AAA.jpg" border="0" width="45" height="55" align="center" alt="我是誰"＞

說明：在網頁中插入圖片的顯示，並且可以設定游標移到圖片時顯示文字。

屬性：src=圖片的路徑及檔名；border=控制圖片的外框粗細，0表示無外框；width=控制圖片的寬度，單位是像素；height=控制圖片的高度，單位也是像素；align=控制圖的對齊位置；alt=游標移到圖片時顯示的文字。

(六) 表格

範例：<table>

  <tr>

    <td>我是誰</td>

    <td>你是誰</td>

    <td>他是誰</td>

    <td>HELLO WORLD</td>

  </tr>

  <tr>

    <td>我很好</td>

    <td>你很好</td>

    <td>他很好</td>

    <td>I HAVE A PEN</td>

  </tr>

  <tr>

    <td>我超好</td>

    <td>你超好</td>

    <td>他超好</td>

    <td>I HAVE AN APPLE</td>

  </tr>

bordercolor=#FFFFFF""

</table>

輸出：

我是誰	你是誰	他是誰	HELLO WORLD
我很好	你很好	他很好	I HAVE A PEN
我超好	你超好	他超好	I HAVE AN APPLE

說明：可直接在網頁上呈現表格。

屬性：<tr>=橫列；<td>=直行；bordercolor=外框顏色。

(七) 超連結

屬性：href=超連結到某個目標；target=目標框架；框架分為四種，_blank=開新視窗、_top=整頁顯示、_self=相同框架（如果有設定框架區域,只會顯示在該區域內)、_parent=父框架(直接蓋在原框架上面)。

範例:

功能	範例	屬性說明
文字連結到網站	＜a target="_self" href="https://www.edu.tw/"＞教育部＜/a＞	在相同框架中顯示;教育部三個字設為超連結到"https://www.edu.tw/"網址。
圖片連結到網站	＜a target="_blank" href="https://www.mnd.gov.tw/"＞＜img src="AAA.jpg" border="0" width="45" height="55" align="center"＞＜/a＞	開新視窗;由圖"AAA.jpg"超連結到"https://www.mnd.gov.tw/"網址。
文字連結到電子郵件	＜a href="mailto:AAA@gmail.com"＞聯絡我們＜/a＞	點"聯絡我們"可以直接連到電子郵件位址。
文字連結到檔案	＜a target="_top" href="AAA.pdf"＞檔案公告＜/a＞	點"檔案公告"可以直接連到"AAA.pdf"這個檔案。

小試身手

( ) **1** 圖中之框架式網頁分為上框架及下框架,各有其內容,且下框架內容中含有一外部超連結,有關這一個框架式網頁的敘述,下列何者錯誤?

(A)需要2個html檔才可以完成這個框架式網頁

(B)需要3個html檔才可以完成這個框架式網頁

(C)開啟的外部超連結網頁可以設定為出現在下框架

(D)開啟的外部超連結網頁可以設定為出現在上框架。 【102統測】

( ) **2** 下列HTML片段文件若經瀏覽器顯示，所呈現之文字效果為何？
<i> Y <u> Y </u> Y </i>？
(A)<u>Y</u>YY (B)*YYY* (C)<u>Y</u>Y<u>Y</u> (D)YYY。 【106統測】

( ) **3** 在Windows作業系統中，開啟以htm為副檔名的HTML（HyperText Markup Language）程式，所看到的「資料格式」是一種： (A)點陣圖檔（Bitmap File） (B)文字檔（Text File） (C)壓縮檔（Compressed File） (D)加密檔（Encrypted File）。 【106統測】

( ) **4** 下列哪一項HTML標籤可以用來設定網頁的標題？
(A)＜title＞…＜/title＞
(B)＜table＞…＜/table＞
(C)＜body＞…＜/body＞
(D)＜html＞…＜/html＞。 【105統測】

( ) **5** 下列何者不屬於HTML標籤中的框架表示？ (A)_blank (B)_top (C)_grandparent (D)_self。

( ) **6** 甲：網站測試、乙：資料收集、丙：網站頁面程式化及資料庫製作、丁：架構規劃、戊：網站維護、己：伺服器及網址申請、庚：網站主題、辛：網站正式上線及登錄、壬：網站頁面視覺設計，請排出網站架設正確的流程順序？ (A)丙甲己辛戊庚乙丁壬 (B)辛戊壬丙甲己庚乙丁 (C)甲乙丙丁戊己庚辛壬 (D)庚乙丁壬丙甲己辛戊。

解答 1 (A) 2 (B) 3 (B) 4 (A) 5 (C) 6 (D)

7-3 網頁的趨勢與未來

一、網頁技術介紹

（一）PHP

一種開源的手稿程式語言，適合用於動態網頁開發，可以嵌入HTML中使用。

(二) Java

使用性廣泛的程式語言,具有跨平台及物件導向等特性,常用於企業網站開發及行動裝置應用開發。

(三) JavaScript

直譯式程式語言,支援物件導向,可用於網頁設計,直接在客戶端的瀏覽器即可執行。

(四) ASP

全名為Active Server Pages,由微軟公司開發,使用ActiveX server的技術,讓網頁之間能夠互動,提供使用者畫面的轉換。

(五) ASP.NET

由微軟在.NET Framework框架中所提供的網頁開發平台,繼承ASP的技術,提供動態網頁開發。

(六) CGI

全名為Common Gateway Interface通用閘道器介面,提供動態網頁的一種通訊協定,讓網頁能夠在伺服器的資料庫中,執行查詢動作。

(七) PWS

全名為Personal Web Server,可以將一般個人電腦,轉換成伺服器環境,直接用於個人網頁的儲存空間,讓使用者方便做網頁的資料管理。

(八) IIS

全名為Internet Information Services,由微軟公司提供的網站管理伺服器,比PWS增加了權限管制,讓伺服器更安全。

(九) XML

全名為Extensible Markup Language,一種標記語言,可以讓使用者自行定義標籤,比HTML擴充性高。

(十) XHTML

全名為eXtensible HyperText Markup Language,也是一種標記語言,可相容HTML也比其嚴謹,可以說是具有XML的強大功能,而又具有HTML的簡便性。

二、社群網站介紹

(一) 網誌及部落格

類似於個人網頁，主要用於個人生活紀錄，發布照片及個人資訊，早年互動性較少，近年則加入社群功能增進互動。

(二) 微博及微網誌

微型部落格，用於發表個人意見或發起討論，可接受網友回應互動。

(三) Plurk

一種微型網誌，具有整條時間軸，能顯示好友及自己的留言訊息，2013年開始將總部設置於台北市大安區。

(四) Facebook

由馬克・祖克柏（Mark Zuckerberg）創立，將一般個人網誌增加許多互動功能，提升使用度及黏濁度，下面會介紹一些互動功能。

1. **點讚機制**：可以對朋友或是社群發文進行點讚，之後還推出愛心、笑臉等圖示點擊。
2. **動態消息**：一般首頁皆為朋友或是社群的訊息發布，近年則容易變成新聞傳播及廣告宣傳。
3. **留言**：可在動態消息下面訊息留言或評論，但要注意文字內容，以免觸犯妨礙名譽或誹謗等罪。
4. **社團**：可訂立主題成立社團，邀請有相關興趣的朋友同好加入。
5. **活動**：舉辦活動邀請朋友一同參加，或是邀請朋友一同參加其他朋友辦的活動。
6. **打卡**：記錄生活，可在知名景點或是餐廳進行打卡動作，並且可標註同行友人，亦有店家透過打卡進行宣傳。
7. **粉絲專頁**：藝人或是網紅成立粉絲專頁，邀請自己的粉絲加入，並可以在專頁中跟粉絲聊天或是提供回饋。
8. **Messenger**：傳輸訊息功能，類似早年的MSN，可以進行文字討論，也可以使用語音通話功能進行連絡。
9. **影音**：近年因為生活影片紀錄的興起，所以FB也加入短影片的發布功能。

10. **FB的未來趨勢**：從創立至今已近二十年，廣告的氾濫以及假帳號和假訊息的輿論操弄，甚至作為選舉的操作媒介，也讓許多年輕人漸漸離開FB，轉而使用其他社群平台，FB如何創造正確及乾淨的環境，讓這個社群平台，成為人們得知真實訊息的地方，會是未來FB發展的重要課題。

(五) Twitter

類似FB，可以使用多種媒介進行文字及圖片推播，讓有追蹤的朋友觀看。

(六) IG

以照片為主的推文發布，與其他社群軟體不同之處，在於有限時動態功能，可發布短影片或是照片投票等互動，在2012年被Facebook收購。

(七) PTT

台灣電子布告欄，使用Telnet BBS技術運作，以學術性質為原始目的，提供線上討論空間，至今已近三十年。

(八) Dcard

由當年台大學生創立的社群平台，只開放台灣跟海外部分大學的學生註冊，最大特色是，使用者在午夜12點會收到匿名交友邀請（Dcard），有興趣就可以接受交友邀請，必須在24小時內回覆，錯過則不會再收到彼此的交友邀請。

三、 影音網站

(一) YouTube

影音分享平台，讓使用者能上傳、觀看、分享及評論影片，上傳的影片如果達到一定觀看數量，可以收取廣告分潤，因此近年將拍攝影片上傳YouTube成為一種職業，稱呼從事此工作的人為Youtuber；現在母公司為Google，於2006年收購。

(二) TikTok

中文名稱抖音，短影音發布平台，主要使用者為20歲左右的人群，由於使用人數眾多，時常有某些產品或事件，因抖音的傳播而流行。

(三) Bilibili

在中國內部使用的影音平台,簡稱B站,功能基本跟YouTube相似,唯一不同之處在於彈幕功能,看影片時可將文字評論,直接打在影片屏幕上。

(四) Podcast

一種數位媒體,可將影片、音訊及文字檔用列表形式發布,聽眾可以下載到終端裝置,離線收聽。

(五) Clubhouse

多人線上語音聊天軟體,使用者可在平台內開設公開或私密的聊天室,無法傳送影片及文字,聊天室內有三種權限,決定誰發言的主持人、參與對話的來賓及使用舉手功能提出申請發言的聽眾。

四、 其他網頁技術說明

(一) RSS

全名為Really Simple Syndication,一種訊息來源格式規範,能統整經常發布更新的網站,讓有訂閱的使用者,能在網站發布更新後得到通知。

(二) CSS

全名為Cascading Style Sheets階層式樣式表,類似HTML的語言,可以美化網頁的呈現,讓文字整齊美觀。

(三) RWD

全名為Responsive Web Design響應式網頁設計,一種網頁設計技術,可以在不同的螢幕大小裝置上,瀏覽對應不同的解析度,降低使用者需要自行縮放的操作。

(四) Landing Page

中文名為網站到達頁,指一個網站,訪客進入特定頁面後,在此頁面達成某個網站管理者設定的目標,此頁即稱為Landing Page,例如:購物網站的下訂單頁、會員網站的加入會員頁面等。

小試身手

(　) **1** 下列何者無法進行語音交流？ 　(A)FB的Messenger　(B)LINE (C)Clubhouse　(D)PTT。

(　) **2** 下列名詞中，何者的意涵為將經常變動的內容，如部落格、新聞等 提供給訂閱者的服務？　(A)Internet Service Provider　(B)Personal Area Network　(C)Really Simple Syndication　(D)Unshielded Twisted Pair。 　【101統測】

(　) **3** 下列電腦語言，何者不適合開發動態網頁？　(A)ASP　(B)PHP (C)JSP　(D)Assembly Language。 　【104統測】

(　) **4** 下列何種網頁技術是在客戶端的瀏覽器執行？　(A)JavaScript (B)ASP　(C)PHP　(D)CGI。 　【統測】

(　) **5** 下列何者軟體或技術不適合公眾人物使用？　(A)Twitter　(B) Facebook　(C)Instagram　(D)RWD。

解答　　**1 (D)**　　**2 (C)**　　**3 (D)**　　**4 (A)**　　**5 (D)**

實戰演練

( ) **1** 下列何者最容易使公眾人物在網路上發表自己的動態、活動消息或張貼照片等供大眾分享？ (A)部落格 (B)網路電話 (C)電子信箱 (D)CuteFTP。 【102統測】

( ) **2** 有關HTML標籤（Tag）效果的敘述，下列何者錯誤？
(A)
為換行標籤
(B)<H1>標籤的字體比<H2>標籤的字體小
(C)<HR>為顯示水平線標籤
(D)<P>為換段標籤。 【102統測】

( ) **3** 下列哪一個HTML程式片段，可以在視窗標題列上顯示「品德大學網頁」？ (A)<frame>品德大學網頁</frame> (B)<font>品德大學網頁</font> (C)<top>品德大學網頁</top> (D)<title>品德大學網頁</title>。 【102統測】

( ) **4** HTML是超文件標記語言（Hyper Text Markup Language）的縮寫，請問HTML檔案可用下列哪一種工具來檢視並以網頁呈現？
(A)瀏覽器（Browser） (B)Flash動畫播放器（Flash Player）
(C)視窗媒體播放器（Windows Media Player） (D)網頁伺服器（Web Server）。 【102統測】

( ) **5** 下列哪一種技術可以設定網頁樣式，建立一個風格統一的網站？
(A)VBScript (B)ASP (C)PHP (D)CSS。 【103統測】

( ) **6** 在網頁設計中，有關「影像地圖」的概念，以下何者正確？
(A)網站開發者對於網路相簿的網站，提供網站中有哪些圖片或影像的清單，協助瀏覽者能夠快速找到想要的圖片 (B)網站開發者使用虛擬實境的技術，提供瀏覽者所指定地點周遭的影像，以便協助瀏覽者更容易了解周遭的環境 (C)網頁開發者針對圖片中的區域設定超連結，當瀏覽者點選到特定的區域時，就會連結到指定的網址 (D)網站開發者針對電子地圖網站，提供所需要的影像圖資之技術。 【103統測】

(　　) **7** 以下的HTML語法，總共會產生幾「列」資料的表格？
<table><tr><td></td><td></td></tr> <tr><td></td><td></td></tr> <tr><td></td><td></td></tr><tr><td></td><td></td><td></td><td></td></tr><tr><td></td><td></td><td></td><td></td></tr> </table>
(A)5　(B)4　(C)3　(D)2。　　　　　　　　　　　　【103 統測】

(　　) **8** 設計HTML文件時，以下標籤的使用何者正確？　(A)＜A＞可設定段落，＜B＞可設定粗體字，＜BR＞可換列，＜P＞可設定超連結　(B)＜A＞可設定超連結，＜B＞可換列，＜BR＞可設定粗體字，＜P＞可設定段落　(C)＜A＞可設定超連結，＜B＞可設定粗體字，＜BR＞可換列，＜P＞可設定段落　(D)＜A＞可設定段落，＜B＞可換列，＜BR＞可設定粗體字，＜P＞可設定超連結。　　　　　　　　　　　　【103 統測】

(　　) **9** 下列哪一個HTML程式片段，可以建立一個正確連結到Google網站首頁的超連結？　(A)＜a href="www.google.com"＞ Go to Google! ＜/a＞　(B)＜/a href="www.google.com"＞ Go to Google! ＜a＞　(C)＜a href="Go to Google!"＞www.google.com＜/a＞　(D)＜/a href="Go to Google!"＞www.google.com ＜a＞。　　　　　　　　　　　　【103 統測】

(　　) **10** 執行下列HTML檔案內容，則網頁的輸出結果為何？
<html>
　<table border=" 1 " >
　　<tr> <td>小美</td></tr><tr><td>小明</td></tr>
　</table>
</html>

(A) 小美小明　　　　　　　　　(B)

(C) 小美　小明　　　　　　　　(D) 。　　【104 統測】

( ) **11** 微網誌是一種允許使用者用更簡短的文字，來發表自己的心情與生活事物的訊息。以下何者不是微網誌？ (A)微博（Weibo）(B)Google協作平台（Google Sites） (C)噗浪（Plurk） (D)推特（Twitter）。 【105統測】

( ) **12** 設計一個網頁，需要了解基本的HTML標籤。請問以下的HTML標籤及功能描述何者正確？ (A)＜IP HREF = "連結目標"＞是建立超連結 (B)＜P＞是插入水平分隔線 (C)＜B＞文字＜/ B＞是文字加底線 (D)＜IMG SRC = "檔名"＞是插入圖片。 【105統測】

( ) **13** 下列有關CSS（Cascading Style Sheet）的敘述，何者正確？ (A)CSS樣式只能內嵌於HTML中，無法自行獨立存檔 (B)CSS未被廣泛接受，幾乎沒有瀏覽器支援CSS (C)使用CSS的網頁具有加密的功能 (D)CSS屬純文字形式，可以設定網頁的外觀。 【105統測】

( ) **14** 下列哪一個HTML片段文件經瀏覽器顯示不會包含「106學年統測」字樣？ (A)<p> <! -- 106學年統測-- > </p> (B)<p>！106學年統測 </p> (C)<p> <-- 106學年統測--> </p> (D)<p> <-- 106學年統測！ --> </p>。 【106統測】

( ) **15** 下列何者可針對HTML文件版面格式、文字顏色及背景等設定呈現方式？ (A)表格（Table） (B)層級式樣式表（CSS） (C)網頁框架（Frame） (D)可延伸標記語言（XML）。 【106統測】

( ) **16** 執行下列HTML標籤語法，則網頁輸出的結果為何？
```
<html>
    <table border="1">
        <tr><td><u>金榜</u></td><td>題名</td></tr>
    </table>
</html>
```
(A) (B)

(C) (D) 。 【106統測】

(　　) **17** 在HTML標籤語法中，下列哪一項包含超連結的功能？
　　　　(A)<h1 href="網址">…</h1>
　　　　(B)<a href="網址">…</a><imgsrc="Picture.BMP">
　　　　(C)<font href="網址">…</font>
　　　　(D)<hyperlink href="網址">…</hyperlink>。　　　　【106統測】

(　　) **18** 關於HTML語法，下列敘述何者不正確？
　　　　(A)<I>...</I>為設定網頁項目的標籤
　　　　(B)<P>...</P>為設定網頁分段的標籤
　　　　(C)<U>...</U>為設定網頁文字加底線的標籤
　　　　(D)<B>...</B>為設定網頁文字粗體效果的標籤。　　　【107統測】

(　　) **19** 在HTML文件中，下列何者可在網頁上顯示有效的電子郵件超連結？
　　　　(A)<u>abc123@gmail.com</u>
　　　　(B)<address>abc123@gmail.com</address>
　　　　(C)<img src="abc123@gmail.com">abc123@gmail.com</img>
　　　　(D)<a href="mailto:abc123@gmail.com">abc123@gmail.com</a>。　　　　【107統測】

(　　) **20** 下列哪個HTML片段文件是正確且經瀏覽器顯示時，所呈現之字型為最大？
　　　　(A)<h0>107 計算機概論</h0>
　　　　(B)<h1>107 計算機概論</h1>
　　　　(C)<h6>107 計算機概論</h6>
　　　　(D)<h7>107 計算機概論</h7>。　　　　【107統測】

(　　) **21** 網頁程式中<TITLE>107學年度四技二專</TITLE>標籤，會將「107學年度四技二專」顯示在瀏覽視窗的下列哪一個位置？
　　　　(A)工具列
　　　　(B)標題列
　　　　(C)狀態列
　　　　(D)視窗內文的最上面。　　　　【107統測】

（　）**22** 下列關於部落格的敘述，何者不正確？
(A)部落格是一種讓網友可以隨時更新文章的日記型態網頁
(B)網友可以透過CSS服務訂閱部落格訊息
(C)網友可以在社群網站中建立部落格與其他網友互動
(D)部落格上的網友可以分享與討論彼此的感想。　　【108統測】

（　）**23** 下列何者技術無法運用在網頁開發？　(A)CSS　(B)RSS　(C)CIA　(D)RWD。

（　）**24** 在HTML文件中，下列何者可產生我國教育部網站之文字超連結？
(A)<a href="https://www.edu.tw">教育部</a>
(B)<address href="https://www.edu.tw">教育部</address>
(C)<hrefad dress="https://www.edu">教育部</href>
(D)<href a="https://www.edu.tw">教育部</href>。　　【108統測】

（　）**25** 在HTML文件中，<u>12</u><i>34<u>56</u>78</i>可在網頁上顯示之效果為何？　(A)12*345*678　(B)*12345678*　(C)*123456*78
(D)12*3456*78。　　　　　【108統測】

（　）**26** 下列關於HTML的敘述，何者正確？
(A)<table cellpadding=...>為調整表格的外框尺寸
(B)<table border=...>為調整表格欄位內元素與邊框間的距離
(C)<hr>為加入一條水平線
(D)<body bgcolor=...>為設定表格欄位背景顏色。　　【108統測】

（　）**27** 在設定網頁超連結時，可透過target屬性設定目標網頁顯示的位置，下列敘述何者正確？
(A)target="_self"在超連結的相同頁框（frame）中顯示要連結的目標網頁
(B)target="_blank"在超連結的相同頁框中顯示空白的網頁
(C)target="_parent"開啟另一新視窗以全畫面顯示要連結的網頁
(D)target="_top"回到上一頁網頁。　　　　　【108統測】

實戰演練

(　　) **28** 在HTML的語法中用來製作超連結的標籤是？
(A)COLOR　　　　　　　(B)BODY
(C)HREF　　　　　　　(D)TABLE。

(　　) **29** 下列何者為首頁即每個網站的第一頁之意思？
(A)index　　　　　　　(B)homepage
(C)WWW　　　　　　　(D)HTML。

(　　) **30** 用ＨＴＭＬ標籤來建立一個1列2欄的表格 ，＜ｔａｂｌｅ
border="1">與</table>之間的標籤應為下列何項？
(A)<td><tr>...</tr><tr>...</tr></td>
(B)<tr><td>...</td><td>...</td></tr>
(C)<td><tr>...</tr></td><td><tr>...</tr></td>
(D)<tr><td>...</td></tr><tr><td>...</td></tr>。　　　　【108統測】

單元08 雲端應用

科技的蓬勃發展，雲端應用也在近年逐漸的壯大，尤其是5G無線網路的推出，造就了更多的雲端事務崛起，因此本章會以雲端服務為基礎，介紹各種雲端應用的科技及生活上的應用，考試方面只要了解清楚，基本的雲端內容，要得到此處的分數並不困難。

8-1 雲端服務的發展介紹

一、雲端運算及服務介紹

(一) 雲端運算的概念

雲端運算是一種分散式運算的概念，透過網路上的龐大資源來進行運算處理，就是讓網路變成一台超級電腦，只要是有網路的地方，就可以運用這台超級電腦來協助執行工作，而使用者需要的資料，也可以不用儲存在個人電腦中，只要放在「雲端」上，就可以在有連網的任何地方使用。

(二) 雲端運算的服務類型

雲端之於電子商務已是企業不可或缺的工作，全年無休的網路商店，只要有網路就能創造營收，仰賴的都是雲端運算的服務；由美國國家標準及技術研究院對於雲端運算所定義的三種服務模式：軟體即服務、平台即服務、基礎架構即服務。

1. **軟體即服務**（Software as a service，SaaS）

   指提供應用軟體的服務內容，透過網路提供軟體的使用，讓使用者隨時都可以執行工作，只要向軟體服務供應商訂購或租賃即可，亦或是由供應商免費提供，例如：Yahoo及Google所提供的電子信箱服務、線上的企劃軟體、YouTube及Facebook等都算是SaaS。

2. **平台即服務**（Platform as a Service，PaaS）

   指提供平台為主的服務，讓公司的開發人員，可以在平台上直接進行開發與執行，這樣的好處是提供服務的平台供應商，可以對平台的環境做管控，維持基本該有的品質，例如：Apple Store、Microsoft Azure及Google APP Engine等。

3. **基礎架構即服務**（Infrastructure as a Service，IaaS）
   指提供基礎運算資源的服務，將儲存空間、資訊安全、實體資料中心等設備資源整合，提供給一般企業進行軟體開發，例如：中華電信的HiCloud、Amazon的AWS等。

(三) 雲端運算的部署模型

類型	概述
公有雲	由第三方所建設或提供的雲端設施，能提供給一般大眾或產業聯盟使用。
私有雲	由私人企業或是特定組織所建設的雲端設施，一般由建設方管理。
社群雲	主要因事件而串聯的幾個組織，共同建設或共享的雲端設施，會支持相同理念的特定族群。
混和雲	由多個雲端設備及系統所組合而成的雲端設施，這類雲端系統可以包含公有雲、私有雲等不同團體。

二、 認識群眾募資

透過網路平台，將設計理念或是創意作品進行展示，讓有興趣參與或支持的群眾，可以透過「贊助」或是「眾籌」的方式，讓創作者實現夢想，一般回饋群眾募資的方式有兩種，一種是商品回饋，例如：創作者提出想法，利用募資的錢完成商品製作，而參與的群眾可以獲得商品；另一種是股權，參加群眾是獲得組織或公司的股權，未來營運良好的話，股權價值亦會提升。

三、 區塊鏈、NFT與元宇宙

(一) 區塊鏈

藉由密碼學串接及保護串聯在一起的資料紀錄，每一個區塊皆包含前一個區塊的加密函數、交易訊息及時間，因此紀錄在區塊中的資料具有難以篡改的特性且紀錄永久皆可查驗，此技術目前主要運用於虛擬貨幣。

(二) NFT

全名為非同質化代幣（英文：Non-Fungible Token），是指區塊鏈數位帳本的資料單位，每個代幣都可代表為一個特殊單一的數位資料，用於數位商品或是虛擬商品的所有權電子認證；因為具有不可互換的特性，NFT可以作為數位資產的代表認證，例如：藝術品、影像、遊戲創作等創意作品，只要將作品使用區塊鏈技術紀錄後，就可以在區塊鏈上被完整追蹤，可以有效地提供作品所有權的證明。

(三) 元宇宙

泛指在虛擬世界中所創造的社交環境，主要探討虛擬世界的持久性及去中心化，可以透過擴增實境裝置、手機、電腦及電子遊戲機進入虛擬世界；此技術在房地產、飛行教學、遊戲及商業等領域，都是具有未來的發展潛力；在電影駭客任務中的「母體」，就是元宇宙的典型應用之一。

小試身手

(　　) **1** 下列關於雲端運算以及服務的敘述，何者不適當？　(A)雲端運算是一種分散式運算技術的運用，由多部伺服器進行運算和分析　(B)Gmail是由Google公司提供的一種郵件服務，它會自動將網際網路中的郵件快速儲存到個人電腦中，以提供使用者離線（Off-line）瀏覽所有郵件內容　(C)雲端服務可以提供一些便利的服務，這些服務包含多人可以透過瀏覽器同時進行文書編輯工作　(D)使用智慧型手機在臉書上發佈多媒體訊息時，會使用到雲端服務。　【106統測】

(　　) **2** 對於雲端服務的敘述，下列何者錯誤？　(A)將資料傳送到網路上處理，是未來發展的重點趨勢，透過網路伺服器服務的模式，可視為一種雲端運算　(B)通常都是由廠商透過網路伺服器，提供龐大的運算和儲存的服務資源　(C)雲端伺服器可以提供某些特定的服務，例如網路硬碟、線上轉檔與網路地圖等　(D)目前仍然無法透過雲端服務線上直接編修文件，必須在本地端的電腦上安裝辦公室軟體（Office Software）才能夠編輯。　【106統測】

(　　) **3** 有關雲端運算，下列何者正確？　　(A)雲端運算等同邊緣運算　(B)分為SaaS、PaaS、IaaS 3種佈署模式　(C)有公有雲、私有雲、混和雲等3種服務模式　(D)具On-Demand Self-Service、Broad Network Access、Resource Pooling、Rapid Elasticity與Measured Service 5個特徵。

解答與解析

1 (B)　**2 (D)**

3 (D)。

(1)邊緣運算是一種分散式運算的架構，將應用程式、數據資料與服務的運算，由網路中心節點，移往邊緣節點來處理，和雲端運算的集中式架構相反。

(2)雲端運算有4種佈署模式：公有雲、私有雲、社群雲、混和雲。

(3)雲端運算有3種服務模式：Saas、Paas、IaaS，故選(D)。

8-2 雲端應用說明

一、相關生活應用工具

服務名稱	簡述
Google雲端硬碟	由Google提供免費的儲存空間，整合信箱、文件及相簿共15G的容量，如果不夠也有提供付費方案，最大可達30TB之多。
Google文件	在Google文件中可直接進行文書編輯，甚至有支援使用微軟office的部分功能。
Microsoft的OneNote	具有自由形式的多方用戶共同運作工具，透過電腦或手機連線到此軟體，即可進行訊息的即時記錄。
記事本Evernote	與微軟的OneNote類似，可支援錄音、圖片等多種資料格式。
蘋果的iCloud	蘋果公司提供的線上同步儲存及雲端運算服務，基本容量為5GB，可在其中存放音樂、照片、檔案及應用資料等。

二、雲端影音應用

服務名稱	簡述
Twitch	亞馬遜公司旗下的影音串流平台,提供遊戲玩家直播遊戲過程、螢幕分享,或是比賽直播轉播等功能
Skype Qik	提供使用者以行動裝置作為影片的交流工具,主要服務對象為一般大眾及團體。
Periscope	Twitter旗下的直播軟體,主要運行在手機上,適用於Android及iOS系統。
Facebook Live	Facebook提供的短影片功能,可以在Facebook系統中直接發布,將錄製的影片檔案,可分享給臉書上的朋友觀賞,類似於Instagram上的限時動態。
AWS	由亞馬遜公司所架設的雲端運算平台,提供一般大眾、企業和政府,資訊科技基礎架構及應用服務。
Spotify	專門提供線上音樂串流平台,總部設於瑞典,提供使用者俱有數位版權保護的音樂內容,目前全球最大的音樂串流服務商之一。
Apple Music	蘋果公司提供的線上音樂串流服務,提供蘋果旗下裝置使用,亦整合於Siri之中,可語音控制選擇服務內容。
Steam	線上遊戲平台,提供使用者線上購買遊戲的服務,並可直接下載安裝立即遊玩,開發緣由為提供遊戲管理者,更簡單的方式更新遊戲,並且杜絕盜版遊戲軟體的散佈,以及遊戲當中作弊行為的管控。

三、國內外大型串流平台

服務名稱	簡述
Netflix	中文名:網飛,起源於美國的網路隨選串流影音平台,提供大量影視作品觀賞,近年開始提供原創的電影及影集播放。
Disney+	迪士尼公司推出的線上串流媒體平台,主要提供迪士尼的卡通,以及旗下影業公司的影視作品隨選播放。

服務名稱	簡述
Apple TV+	蘋果公司於2019年推出的隨選播放平台,主要提供原創作品觀賞。
HBO Go（Max）	為美國華納媒體公司旗下,推出的媒體影音平台,在2021年推出,原導演剪輯版之正義聯盟,開創已上映電影的先例。
Amazon Prime Video	亞馬遜公司開發、持有的網路影片點播服務平台,提供亞馬遜工作室原創內容的發行。
Hami Video	由中華電信所營運的串流平台,提供大量運動體育賽事轉播。
MyVideo	由台灣大哥大公司經營,主要提供電影及影集隨選播放服務。
friday影音	遠傳電信公司所提供的串流服務平台,可在上面觀看電影、影集及部分新聞頻道。
KKTV	為日本KDDI集團旗下KKBOX所成立的串流平台,主要提供東亞各個國家的影視作品。
LINE TV	由LINE在泰國及台灣推出的行動影音串流平台,主要提供購買其他公司的節目,作為平台經營的播放主力。

資訊小教室

OTT服務:全名為Over-the-top media services,使用網路來傳送串流媒體服務,觀眾可以直接在電視上連結網路收看,由於網路可以傳輸的資料量較大,因此有別於早年的有線電視業者,OTT服務可以提供高畫質的影片輸出,遊戲體驗以及歌唱服務等功能。

小試身手

(　) **1** 下列何者無法提供高品質的影像及多元服務？
(A)Disney+ 　　　　　　　 (B)早年有線電視業者
(C)Hami Video 　　　　　　(D)HBO Go。

(　) **2** 下列何者與雲端服務不相關？
(A)串流影音平台 　　　　　(B)NAS網路硬碟系統
(C)電子發票兌獎系統 　　　(D)線上訂購餐飲外送服務。

(　) **3** 雲端運算的使用者端軟體介面通常為下列何種？
(A)裝置可以連線的瀏覽器 　(B)專門的雲端平台程式
(C)大型主機 　　　　　　　(D)量子電腦。

(　) **4** 下列對於線上文書編輯器（例如：GoogleDocs）的敘述，下列何者錯誤？
(A)採用Web技術來產生編輯介面
(B)必須使用可連網的電腦才能啟動文書編輯器
(C)必須事先在本機電腦上安裝該編輯器軟體
(D)採用雲端儲存，不需要點選儲存功能即可定期自動存檔。

(　) **5** 下列何種應用不屬於雲端運算？
(A)顯示卡驅動程式 　　　　(B)Evernote記事本
(C)iCloud 　　　　　　　　(D)Google日曆。

解答與解析

1 (B)　2 (D)　3 (A)

4 (C)。線上文書編輯器顧名思義是使用網頁的技術進行文書編輯，所以不需要在本機端安裝編輯軟體，因此需要進行連線才可作業，由於運作時資料是回傳儲存在雲端硬碟，不會有沒存到檔案資料的問題，除非網路斷線，故選(C)。

5 (A)

實戰演練

(　) **1** 近來「雲端運算」（Cloud Computing），是成為科技界熱門的
話題，而下列相關敘述，何者是不正確的？
(A)大規模分散式運算（distributed computing）技術即為「雲端
運算」的概念起源
(B)由「用戶者端」進行運算分析，構成龐大的「雲端」
(C)最簡單的雲端運算技術在網路服務中已經隨處可見，例如搜
尋引擎、網路信箱等，使用者只要輸入簡單指令即能得到大
量資訊
(D)未來如手機、PDA等行動裝置都可以透過雲端運算技術，發
展出更多的應用服務。

(　) **2** 雲端技術是目前最新的網路應用及平台技術，電腦科學家最常將
雲端技術分成三層，請問下列那一層不是在這三層之中？　(A)
DaaS（Data as a Service）—資料即服務　(B)SaaS（Software as
a Service）—軟體即服務　(C)PaaS（Platform as a Service）—
平台即服務　(D)IaaS（Infrastructure as a Service）—基礎設施
即服務。

(　) **3** 下列何者屬於智慧型手機的雲端應用？　(A)Windows 10的軟體
市集　(B)Android手機的Google Play　(C)iPhone手機的Apple
Store　(D)以上皆是。

(　) **4** 生活中會用到的手機App、雲端硬碟、Yahoo Mail等功能，屬於
雲端運算的哪一種服務模式？
(A)基礎設施即服務（Infrastructure as a Service）
(B)軟體即服務（Software as a Service）
(C)物聯網
(D)平台即服務PaaS（Platform as a Service）。

(　) **5** 為維護雲端的安全，下列何種行為需要避免？　(A)使用行動支
付不設定密碼　(B)公司機密文件不上傳雲端　(C)雲端相簿上傳
個人私密照片　(D)避免上傳個人重要資料。

(　　) **6** 下列行為何者無法在雲端硬碟中執行？ 　(A)建立Google電子表單 　(B)記錄行程在Google日曆 　(C)將資料傳送到電子郵件信箱 (D)訂購新買的筆電。

(　　) **7** 使用者可使用下列哪些瀏覽器，操作Google雲端服務？ 　(A)Microsoft Edge 　(B)Google Chrome 　(C)Mozilla Firefox 　(D)以上皆可。

(　　) **8** 瀏覽Google日曆時，下列哪些設定，無法來檢視日曆資訊？ (A)月 　(B)季 　(C)天 　(D)周。

(　　) **9** 下列何種雲端應用適合用於撰寫生活日記？ 　(A)Google Map (B)Google Calendar 　(C)Google Chrome 　(D)Gmail。

(　　)**10** 下列哪一項Google雲端服務整合了與Microsoft Office功能性質相同的服務？ 　(A)Google Drive 　(B)Google Office 　(C)Google Analytics 　(D)Google Calendar。

(　　)**11** 智慧型手機下載安裝應用程式有哪些方式？
(A)透過軟體市集（Market）由線上下載安裝
(B)通過USB線由電腦安裝至手機
(C)透過LINE程式開啟相機鏡頭掃描QRCODE下載安裝程式
(D)以上皆可。

(　　)**12** 下列哪一雲端運算服務模式主要是讓消費者使用應用程式、但不掌控作業系統、硬體或運作的網路基礎架構？ 　(A)IaaS（基礎架構即服務） 　(B)PaaS（平台即服務） 　(C)SaaS（軟體即服務） 　(D)HaaS（硬體即服務）。

(　　)**13** 雲端運算技術最早是由下列哪一家公司所提出的一種軟體技術？ (A)Google 　(B)Apple 　(C)IBM 　(D)Amazon。

(　　)**14** 有關公用雲（Public Cloud）的敘述，下列何者正確？ 　(A)一定是免費的（CAI） 　(B)所有使用者資料可供任何人檢視 　(C)通常會對使用者實施存取控制機制 　(D)特別適合機敏資料處理。

（　） **15** 雲端運算的部署模型，下列敘述何者錯誤？
(A)免費公有雲上的使用者資料不可供任何人隨意檢視
(B)公有雲適合處理一般性資料與機敏資料
(C)混合雲為結合公用雲及私有雲的模式
(D)私有雲對使用者與網路做了特殊限制管理，具有安全性與彈性。

（　） **16** 雲端運算與服務的優點，不包含下列何者？　(A)運算與服務更加快速靈敏　(B)減少資本支出與營運成本　(C)使組織更為扁平化　(D)善用資訊資源提高生產力。

（　） **17** 雲端運算的隱私安全問題，不包括下列何者？
(A)在未經授權的情況下，他人以不正當的方式進行資料侵入，獲得使用者資料
(B)使用者擔心雲端資料遺失，自行於本端硬碟作資料備份
(C)政府部門或其他權利機構為達到目的，對雲端運算平台上的資訊進行檢查，取得相應的資料以達到監管和控制的目的
(D)雲端運算提供商為取得商業利益，對使用者資訊進行收集和處理。

（　） **18** 在雲端運算的各種服務模型中可以讓消費者使用處理能力、儲存空間、網路元件或中介軟體等的運算資源，該服務模型為何？
(A)基礎架構即服務　(B)平台即服務　　(C)軟體即服務　(D)資料即服務。

（　） **19** 大部分的套裝應用（如存貨管理系統，客戶關係管理系統）移植到雲端後，會以下列哪種雲端服務方式提供？　(A)IaaS (Infrastructure-as-a-Service)　(B)PaaS (Platform-as-a-Service) (C)SaaS (Software-as-a-Service)　(D)DaaS (Data as a Service)。

（　） **20** 下列何種雲端運算的部署模型是由單一企業或組織專屬使用的雲端運算資源，可實體位於公司的資料中心？　(A)公有雲　(B)特有雲　(C)私有雲　(D)混合雲。

( ) **21** 下列何者並非雲端運算的特色？ (A)資源虛擬化與共享 (B)資源容易擴充與隨需應變 (C)可以依需求量提供資源與計費 (D)資源閒置。

( ) **22** 企業在建置應用服務的時候，對比雲端運算的三大服務模式與傳統模式，下列敘述何者正確？
(A)企業不需要準備任何軟、硬體即可使用該項雲端服務稱為IaaS服務模式
(B)為符合企業商業邏輯、作業流程需求，該應用軟體由企業自行設計開發，所需硬體與程式執行環境由雲端服務提供商提供，稱之為PaaS服務模式
(C)企業自購或向雲端廠商租用設備，放至雲端資料中心代管，並提供企業使用，此模式稱之為IaaS服務模式
(D)傳統的應用服務系統建置模式，具有高度擴充彈性、較低的花費成本，這也是多數企業仍然使用的主要原因。

( ) **23** 對於雲端運算服務的安全敘述，下列何者錯誤？
(A)企業採用雲端PaaS（Platform as a Service）時，應用系統的使用者權限、資料管理、存取稽核都應該由企業自己負責
(B)雲端運算服務的內容繁多，做好雲端上下游供應鏈管理，也是雲端服務供應商安全的控管要項
(C)企業採用雲端IaaS（Infrastructure as a Service）時，其作業系統與網路存取控制安全都應該由雲端服務提供商負責
(D)雲端安全聯盟（CSA）所提出的雲端控管矩陣（CCM）是基於ISO27001資訊安全管理系統之要求發展而來。

( ) **24** 消費者自己掌控運作的應用程式，由雲端供應商提供應用程式運作時所需的執行環境、作業系統及硬體，是下列何種雲端運算的服務模式？ (A)基礎架構即服務 (B)平台即服務 (C)軟體即服務 (D)資料即服務。

( ) **25** 「一種基於網際網路的運算方式，共享的軟硬體資源和資訊可以按需求提供給電腦和其他裝置」，下列何者最符合以上描述？
(A)大數據 (B)金融科技 (C)雲端運算 (D)區塊鏈。

實戰演練

(　　) **26** 下列何種雲端運算的部署模型是由擁有相近利益、關注相同議題、或是屬於相同產業的企業組織，且多因為有安全性的考量而組成的？
(A)公有雲　　　　　　(B)社群雲
(C)私有雲　　　　　　(D)混合雲。

(　　) **27** 下列何者並非組織採用雲端運算服務的常見考量原因？
(A)成本　　　　　　　(B)速度
(C)隱私　　　　　　　(D)效能。

(　　) **28** 如果想要在串流平台欣賞迪士尼發行的所有影片，需使用下列何種平台服務？
(A)Disney+　　　　　(B)Netflix
(C)friDay影音　　　　(D)MyVideo。

(　　) **29** 下列哪一種服務可以降低客戶端的電腦設備需求？
(A)3A遊戲大作　　　　(B)雲端服務
(C)剪輯影片　　　　　(D)3D繪圖。

(　　) **30** 下列何者與雲端服務沒有關係？
(A)私有雲　　　　　　(B)平台即服務
(C)穿雲箭　　　　　　(D)IaaS。

近年網路購物的興起，帶動了電子商務的蓬勃發展，因此也成為資訊科技相關的新興焦點，這個單元主要就是介紹電子商務，相關領域的知識與內容，以及未來的發展方向，考試重點會著重在電子商務的交易安全等內容，因此這部分必須確實地閱讀了解。

9-1 電子商務的認識

一、認識電子商務

(一) 電子商務的定義

將傳統原有需要實際見面的購買、銷售、產品說明或服務，透過網路空間來完成上述的事務，甚至於行銷的動作都藉由網路來完成；例如：電子報廣告、網路拍賣、線上訂位、網路商城購物等等。

(二) 電子商務的興起

從1970年代電腦科技開始逐漸發展，電子商務就慢慢地進入企業的想像之中，另有一說是從美加地區，當時發展興起的郵購轉變而來，不過真正開始蓬勃發展，也還是需要仰賴電腦網路的廣泛應用及新技術的研發，讓越來越多的人事務與電腦網路連結，進而發展出電子商務的商業模式，帶動整個線上購物的風潮。

二、電子商務的優缺點

優點	缺點
方便的購物環境	個人資料外洩的風險
透過網路達成即時互動	實際商品與照片的落差
降低管銷成本	運送途中可能發生的意外
提升交易效率	存在詐騙的風險
市場不受限某一區域	－

三、跨境電商

顧名思義，就是將商品賣到其他的國家區域，但是過去如果要將商品賣到他國，可能需要在當地找代理商，或是親自在當地設置辦公室，而電子商務的出現，將這一件複雜的事情變簡單許多，由於大型電子商務平台的崛起，這些大公司幫助我們先在當地打好了基礎，從金流、物流甚至連行銷都一併做到位，因此只要商品能夠滿足當地的法規規定，並且商品的確能深受當地人的喜愛，就可以運用電商平台的優勢，將商品賣到其他國家。

小試身手

(　　) **1** 透過網路來進行各種商業交易的活動與下列哪項科技的應用最相關？　(A)電子化企業（E - Bussiness）　(B)電子商務（Electronic Commerce）　(C)行動通訊（Mobile Communication）　(D)辦公室自動化（Office Automation）。　　　　　　　　　【107統測】

(　　) **2** 下列何者不是電子商務的優點？　(A)便利的購物環境　(B)降低管銷成本　(C)市場不受地域限制　(D)存在詐騙的風險。

(　　) **3** 下列何者不是跨境電商的優點？　(A)節省廠商在當地的人事成本　(B)增加商品銷售管道　(C)保證商品一定大賣　(D)提升品牌知名度。

　　解答　　**1** (B)　　**2** (D)　　**3** (C)

9-2　電子商務的概念、架構及經營模式

一、電子商務的4＋3流

電子商務的架構	概述
物流	指實際商品從生產者運送到購買者手中，其中包含將產品從自家倉儲進行包裝後，送至物流公司的倉儲，再由物流公司，將商品配送到消費者指定的地方進行收貨；而數位商品則較簡單，只需在付款後進行下載安裝即可。

電子商務的架構	概述
金流	泛指在電子商務中資金的移轉過程，及移轉過程的安全規範，以下列舉常見的付款方式：1.線上刷卡或轉帳、2.貨到付款、3.第三方支付、4.電子錢包、5.匯款或劃撥、6.ATM轉帳。
商流	指購買行為中，商品所有權的移轉過程及商業策略，其中包含商品的研發、行銷策略、各種進銷存管理等。
資訊流	主要指電子商務中，所有的訊息流通，例如：商品資訊、消費者的購買過程、訂單資訊、商品的物流資料等。
人才流	泛指電子商務中所需的各種人才需求，尤其是跨領域及跨學科的人才。
設計流	對於購物體驗的規劃與習慣建立，包含網站的設計、商品的位置、購物體驗的直覺性等一系列，需要精心規劃設計的事物。
服務流	以消費者的角度來看電子商務，提升顧客的消費滿意度，讓消費者能夠用最簡單的方式，達成購物的需求，包含商品的關聯性、售價的比較、售後服務等。

二、電子商務經營模式

模式類型	概述
B2B	全名：Business-to-Business，企業對企業的商業行為，主要指上下游廠商的材料購買，或是零售商向生產方進貨等等。例如：蘋果公司向台積電購買晶片。
B2C	全名：Business-to-consumer，企業對消費者的電子商務，泛指企業運用網路對消費者進行銷售的行為，例如：網路商城、網路購票、線上專業諮詢等等。
C2B	全名：Consumer-to-Business，消費者對企業的商務行為，由消費者提出需求，之後由企業接單，完成客製化的需求，例如：班級訂購客製化班服、同事團購等等。

模式類型	概述
C2C	全名：Consumer-to-Consumer，消費者之間的商業行為，最典型的就是線上拍賣或是線上跳蚤市場，例如：露天拍賣、蝦皮購物（非蝦皮商城）等等。
O2O	全名：Online to Offline，線上對線下的交易模式，泛指消費者在網路上進行購物，但會在實體店面進行取貨的行為，或是利用線上的優惠進行訂購，之後再到實體店面進行付款，此為一種線上客戶轉換為實體客戶的商業操作，例如：服飾店提供線上下單，之後到店試穿購買或是修改、EZTABLE餐廳訂位等等。

三、 電子化政府

模式類型	概述
G2B&B2G	政府運用網路與企業之間進行交流，可提高效率及公開透明，例如：政府電子採購網、公共工程招標。
G2C	政府運用網路與民眾之間進行交流，達到便民的目標，例如：線上報稅、線上預約辦證。
G2G	政府各單位之間透過網路進行交流，提升行政效率，例如：電子公文、政府e公務網站。

四、 網路行銷概述

網路行銷的定義：將傳統的紙本行銷廣告或是電視廣告，轉換到網路上進行推廣，以數位媒體的型態進行傳播，例如：發送宣傳電子報、入口網站周邊的廣告視窗，亦或是近年流行的某日購物節等等。

小試身手

（　　）**1** 以下何者不屬於電子商務中的流通項目？
(A)金流　　　　　　　　(B)研發流
(C)商流　　　　　　　　(D)資訊流。

(　　) **2** 下列有關電子商務模式的敘述，何者正確？　(A)企業和企業間透過網際網路進行採購交易是一種C2C電子商務模式　(B)網路拍賣是一種C2B電子商務模式　(C)團購是一種C2C電子商務模式　(D)網路書店提供書籍讓消費者購買是一種B2C電子商務模式。　【107統測】

(　　) **3** 對於傳統行銷而言，網路行銷增加了許多便利性，下列哪一項最不相關？　(A)增加人力成本　(B)減少實體行銷物的發行，促進環保　(C)增加宣傳廣度，甚至可推廣到海外　(D)讓對手不易察覺，低調地打贏競爭對手。

(　　) **4** 電子商務類型中，不包含下列哪一種？　(A)B2G（Business-to-Government）　(B)B2B（Business-to-Business）　(C)P2P（Peer-to-Peer）　(D)C2C（Customer-to-Customer）。　【106統測】

(　　) **5** 下列哪一種模式完全沒有政府的任何機關參與其中？　(A)O2O　(B)G2G　(C)B2G　(D)G2C。

解答　　1 (B)　　2 (D)　　3 (A)　　4 (C)　　5 (A)

9-3 電子商務的發展

一、認識行銷

從1960年代開始逐漸進入人們的視野，直到現在大家都能聽聞這個詞彙，但真正知道其內涵的人卻不多，許多人都認為行銷與銷售是同一件事，事實上，銷售只是行銷領域中的其中一項事務，畢竟賣商品，不是只有將商品銷售出去，這一件事而已，或者也可以說，如果公司把產品的企劃、定價、推廣等事務做好，反而銷售會成為一件簡單的事。

二、行銷管理的流程

一般來說，行銷商品的管理有一套大略的流程，首先需要分析市場的機會，分析之後，選擇對自己的產品有利的目標市場進入，進入市場後，就需要對產品進行行銷組合的決定，一般來說行銷組合會包含下列四種，產品（product）、價格（price）、通路（place）及推廣（promotion），組合起來稱之為4P。

三、目標市場與行銷組合

(一) 目標市場STP

1. 市場區隔（Market Segmentation）

指經過數據嚴謹的分析後，以特定的標準，將市場區分為多個不同的區塊，在每個區塊內的顧客，具有很高的同質性，不同區塊的顧客能夠很容易的辨別；一般來說，廠商對於市場會有四種不同的區分方式，無差異策略、差異化策略、目標行銷及客製化行銷。

2. 目標市場選擇（Market Targeting）

在確定好市場區隔之後，根據公司現有資源的評估，選擇想要進入的市場區塊，如果公司可以選擇進入多個區塊，則可以進行無差異行銷策略，反之則可以選擇，單一的目標行銷或是客製化行銷的市場。

3. 產品定位（Product Positioning）

在選擇好要進入的市場區塊後，公司需要進行產品的定位工作，可以在產品方面，選擇兩個或以上的特性，與競爭者的產品做差異比較，分析雙方的優劣，找尋出適合自己公司，產品的發展空間及定位。

(二) 行銷組合

項目	說明
產品（product）	簡言之就是由廠商所提供，可以讓消費者購買使用，並滿足需求的物品，不過因為產業的發展，進而讓產品不限於實質的物品，從服務、概念或構想都可以成為產品的一種形式。
價格（price）	指消費者向廠商購買提供的商品或服務，所支付的報酬，一般而言是以貨幣形式交易；價格的高低會影響產品在市場上的競爭力，亦會決定廠商的收入與利潤，因此訂價的策略，在行銷當中是很重要的一環。
通路（place）	泛指廠商提供產品或服務時，消費者能夠方便獲取的位置，通路的便利與否，影響消費者對於產品的獲取意願至關重要，因此廠商對於通路的設定，需要謹慎評估。
推廣（promotion）	推廣也可以說是行銷溝通，產品或服務不僅止於本身的好壞，訂價是否吸引人或通路方便與否，廠商還需要讓消費者知道，有這樣產品的推出，刺激消費者購買商品，而公司的品牌形象也是推廣的項目之一。

四、 電子商務與企業資源規劃

談到電子商務就離不開企業電子化的經過，從傳統的紙本傳輸，為了加快企業經營的效率，進而引進電子化的轉變，一步步的成就了現今電子商務的樣貌，下面就來述說關於各種電子化系統的運用。

(一) 資訊系統的應用

系統名稱	概述
管理資訊系統	屬於整合性的系統，主要作用在於，改善決策的品質與管理方法，將公司的商品交易得到的資料，進行各部門的整合，進而產生一個經營管理資料庫，這個資料庫就可以提供管理者，進行營運上的決策判斷。
決策支援系統	顧名思義，就是給予管理者做決策的支援系統，它能夠在管理者下決策前，提供不同的案例，讓管理者有不同的決策選擇，進而做出最佳的決策。
專家系統	這是一個集結了各種專家，或是專業案例的豐富知識資料庫，運作時由使用者提出問題內容，專家系統中的推理引擎，會將問題與知識庫進行比對，找出之前的案例，建立一套經驗法則，提供給使用者解決的方案。
策略資訊系統	主要用於支援企業的競爭策略及目標管理，整合企業的產品銷售、市場佔有等指標，提供管理者策略訂定的方向。
主管資訊系統	收集各種資訊並分析績效狀況，結合市場趨勢，提供主管進行精準的決策。

(二) 企業資源規劃（ERP）

全名為：Enterprise Resource Planning，一種專為解決企業營運的資訊軟體，將企業營運時的各種流程化規範，運用資訊化的方式進行管理，其中將主要的生產、銷售、人力資源、研發及財務等各種資源整合，並且能精確地提供企業營運所需的資料，提升企業運作的效率。

(三) ERP系統的導入

對於ERP系統的導入，就字面上而言可以算是一個資訊系統的導入，但是，由於每種ERP系統的架構皆有差異，並且每家企業的營運模式也都不相同，因此在將ERP系統導入時，需要以提升營運效率等決策性導向做思考，什麼樣的ERP系統是企業所需要的，而在導入的過程中，也會面臨各種狀況及問題，因此在經過多年的經驗累積下，會以下面這三種模式進行導入。

1. 全面性導入

最常看見的導入方式即為全面性導入，在固定的時間內，將ERP系統全面取代原有的管理方式或舊有系統，並且在導入的過程中，還會一併改善組織的營運模式及人員編制，這樣的改善優點是可以一次解決既有的問題，得到顯著的成果，但是由於改動的程度很大，也會面臨部門之間銜接上的落差，或是員工難以適應的狀況，因此在導入ERP系統時，必須在事前做好企業上下的溝通。

2. 漸進式導入

顧名思義就是將原本的全面性導入分開，有可能先導入銷售有關的模組，或是將公司某一個部門進行導入，在導入的過程中，可以讓企業漸漸適應ERP系統的運作，並且累積經驗，使其他模組導入時可以較快上手，雖然這樣的導入方式，可以避免企業內部發生適應危機，但要讓整個公司都有完整的ERP系統，卻需要很長一段時間，所以對於原本資訊能力較弱的公司，這會是比較好的導入方式。

3. 快速導入

主要是以企業最需要的部分進行ERP系統的導入，例如：只選擇生產製造模組進行導入，運作上軌道後，在進行其他營運上的評估，是否需要導入其他模組，這樣的好處是，可以導入目前最需要的模組，快速適應其運作，但有可能因為其他部門，或是營運模式的不連貫，導致缺乏整體的規劃及運作，會有見樹不見林的副作用。

五、 電子商務與大數據

電子商務的崛起，也帶動了大數據的發展，對於消費模式的紀錄，購買的數量及時間點，都是可以記錄下來作為行銷的參考資料，因此大數據的發展成為電子商務未來不可或缺的存在。

(一) 大數據的介紹

就字面上的意思來看，大數據就是由網路所產生的大量數據，但是數據資料的形式，並不會只有單一一種，包含聲音、影像都是資料的形式，因此在2010年時，IBM公司提出對於大數據的定義，指在一定的時間內進行大量並且多元性資料的收集、分析及保存的動作；主要的特性包含大量性（Volume）、多元性（Variety）及速率性（Velocity）。

(二) 大數據的應用

大數據的使用範圍非常廣泛，尤其是在電子商務的蓬勃發展開始，大數據的應用，成為每個企業在市場上的競爭關鍵，大數據的精神就在於，將資料做有效的分析及應用，從中找出新的商機或是創新的產品，例如：外國的某零售商，發現在平日的晚上六點過後，尿布與啤酒會是店裡面的銷售主力，因此在商品擺放時，會特意將這兩種商品，放在接近的貨架，創造更多的銷售。

小試身手

( ) **1** 下列何者屬於行銷組合的項目？　(A)價格　(B)推廣　(C)通路　(D)以上皆是。

( ) **2** 廠商想要進入市場時需先經過下列何者評估？　(A)市場區隔　(B)目標市場選擇　(C)產品定位　(D)以上皆是。

( ) **3** 下列何者與商品行銷沒有關係？　(A)通路　(B)產品定位　(C)產品研發人員薪資待遇　(D)訂價策略。

( ) **4** 企業進行社群行銷規劃時，最根本態度是要能懂得換位思考，其主要原因為何？　(A)企業若只是在乎自己，可能會看不見自己的盲點，無法發揮行銷效果　(B)廣告預算與廣告效果是高度相關的，多一些廣告預算，就能達到廣告效果　(C)平面廣告預算較多，網路廣告預算有限，因此必須謹慎　(D)社群是很容易欺騙與操弄的，要努力思考如何控制社群。

( ) **5** 在情境式行銷的建立中，大數據分析的能力，主要是強化分析一般消費者在數位通路間的互動資訊，其中不包含下列哪一項？　(A)網頁點擊資訊　(B)數位通路間的往來路徑　(C)其他企業的銷售狀況　(D)對互動式行銷推薦的回應及非結構化文字的分析。

解答　　**1** (D)　　**2** (D)　　**3** (C)　　**4** (A)　　**5** (C)

9-4 電子商務的安全機制

一、電子商務的付費方式

付費方式	運作說明	範例
信用卡	一般實體信用卡可以直接於線下消費，線上則是使用信用卡的卡號進行支付，雖然不需要帳戶或憑證，但需要注意被盜刷的風險。	郵政Visa金融卡
第三方支付	透過獨立的第三方進行帳款確認，在收到商品後將款項撥付給賣方，好處是可以確保買方免於被賣方詐騙，也可確保賣方可以確實收到帳款。	歐付寶、PChomePay支付連
行動支付	運用手機的無線技術或是綁定信用卡進行付款。	LINE Pay、Apple Pay、Google Pay等

二、電子商務的交易安全

(一) 數位憑證

由具公信力的憑證管理機構，利用公開金鑰技術來核發的資料，用來證明數位憑證的確切身分。

(二) 數位簽章

使用於電子交易當中，可確認訊息發送者的身分及內容是否被竄改過，確保資料不被外洩竊取。

(三) SSL

全名為Secure Sockets Layer（安全通道層），提供客戶端及伺服器端資料傳輸的安全，透過傳送資料時的加密及接收資料時再解密的動作，確保資料在傳送過程不被竊取或竄改；有加入次協定的網站，網址開頭會是https，並且在顯示網址的左邊，會有一個大鎖鎖住的符號。

(四)SET

　1.全名為Secure Electronic Transaction（安全電子交易），由Visa、MasterCard、Microsoft等公司共同制定的安全電子交易機制，用以保護消費者在線上購物，使用信用卡交易時的安全。

　2.加入SET的線上店家，都需要完整公告店家的安全購物機制，從訂單成立、身分認證、付款授權、帳款取得及交易查詢機制，用以保障消費者在線上購物時的安全。

　3.SET的組成架構包含：認證中心、發卡銀行、網路商店、收單銀行及消費者。

(五)OTP及3-D驗證

　1.OTP（One-Time Password，一次性密碼）

　　OTP是用於身份驗證的安全機制，一般由系統產生，只能使用一次，用來確保在特定交易或登入過程中的安全性；使用者在需要身份驗證的情況下，系統生成一組獨特的一次性密碼，通常以簡訊、APP應用程式或電子郵件等方式發送給使用者，使用者在一定時間內必須輸入這組密碼，以完成身份驗證。

　2.3D驗證（3D Secure）

　　3D驗證是用於信用卡交易的安全標準，目的是提高在線交易的安全性，降低信用卡被盜刷的風險；在進行線上交易時，如果店家使用3D驗證，持卡人需要在交易過程中進行額外的身份驗證，通常涉及向發卡銀行發送一次性密碼或需要輸入預先設定的密碼。

資訊小教室

3D驗證是哪3個D：

(1)**電商領域（Merchant Domain）**：是線上商店的範疇，涉及電商網站和支付平台，商店與其支付服務提供者合作，支持3D Secure的交易流程。

(2)**銀行發卡領域（Issuer Domain）**：信用卡持卡人的發卡銀行或金融機構的範疇，當持卡人進行交易時，發卡銀行會驗證持卡人的身份，一般透過簡訊驗證碼、手機應用程式等方式來完成。

(3)**網路架構網域（Interoperability Domain）**：是指連接電商及銀行的範疇，包括3D Secure協議的技術架構和相互操作平台，負責在電商和發卡銀行之間，安全傳輸交易數據和驗證資訊等憑證。

小試身手

(　　) **1** 某個網站的URL開始為https://，這代表該網站使用何種安全機制？
(A)SAT　(B)SAP　(C)SET　(D)SSL。　　　　　　　　【統測】

(　　) **2** 下列何種技術，主要是希望能確保網路上信用卡交易的安全性？
(A)SET　(B)SMTP　(C)VoIP　(D)WAP。　　　　　　【統測】

(　　) **3** 下列何者為常用之網路購物安全防護機制？　(A)SSL　(B)POS
(C)ATM　(D)CAM。　　　　　　　　　　　　　　【統測】

(　　) **4** 下列何者不屬於SET的組成架構？　(A)認證中心　(B)發卡銀行
(C)消費者　(D)消基會。

(　　) **5** 下列何者完全無法保障消費者在線上購物交易時的安全？　(A)
C2C　(B)SET　(C)SSL　(D)數位簽章。

解答　　**1 (D)**　　**2 (A)**　　**3 (A)**　　**4 (D)**　　**5 (A)**

實戰演練

( )　**1** 消費者到博客來網路書店購買書籍,是屬於下列何種電子商務的經營模式?

(A)B2B　　　　　　　　　　(B)C2B

(C)B2C　　　　　　　　　　(D)C2C。　　　　　　【101統測】

( )　**2** 電子商務係指透過網路進行的商業活動,包括商品交易、資訊提供、市場情報、客戶服務等,依對象分類可分企業和消費者二大類群,其中「企業對消費者」為何?

(A)B2C　　　　　　　　　　(B)C2C

(C)B2B　　　　　　　　　　(D)C2B。　　　　　　【101統測】

( )　**3** 在電子商務中,產品因為交易活動,而產生所有權從製造商、物流中心、零售商到消費者的移轉過程,主要屬於何種運作流程?

(A)金流　(B)物流　(C)資訊流　(D)商流。　　　　【101統測】

( )　**4** 小明想要在「GoodBuy」網站刷卡購買一台攝影機,請問下列哪一項技術可以用來提高網站上刷卡交易的安全性?

(A)LTE(Long Term Evolution)

(B)WiMax(Worldwide Interoperability for Microwave Access)

(C)SET(Secure Electronic Transaction)

(D)SRAM(Static RAM)。　　　　　　　　　　【103統測】

( )　**5** 「露天拍賣網站」或「Yahoo!奇摩拍賣網站」是屬於以下哪一種型態的電子商務?

(A)B2C　　　　　　　　　　(B)B2B

(C)C2C　　　　　　　　　　(D)C2B。　　　　　　【103統測】

( )　**6** 政府提供以網路讓民眾可以報稅的服務,使民眾可以省去舟車之苦,這是屬於下列哪一種電子商務的經營模式?

(A)G2C　　　　　　　　　　(B)C2B

(C)G2B　　　　　　　　　　(D)G2G。　　　　　　【103統測】

（　　）**7** 某網站的網址為「https://www.ezuniv.com.tw」，這表示該網站使用了何種網路安全機制？
(A)SET（Secure Electronic Transaction）
(B)SSL（Secure Socket Layer）
(C)SATA（Serial Advanced Technology Attachment）
(D)防火牆（Firewall）。　　　　　　　　　　　【103統測】

（　　）**8** 下列敘述何者錯誤？
(A)SET安全機制需要憑證管理中心驗證憑證
(B)以https開頭的網頁就是有採用SET安全機制的網頁
(C)SSL採用公開金鑰辨識對方的身份
(D)SET的安全性比SSL高。　　　　　　　　　　【104統測】

（　　）**9** 在電子商務的交易流程中，將商品由生產商配送到消費者手上的部分，稱為：
(A)商流　　　　　　　　　(B)資訊流
(C)金流　　　　　　　　　(D)物流。　　　　　　【統測】

（　　）**10** 下列何者是屬於一種B2G電子商務？
(A)消費者透過網路串聯團購美食
(B)學校推動線上遠距學習，使得教學不受時間，空間限制
(C)企業與供應商透過網路建立交易行為
(D)政府建置電子採購網站，以使政府採購電子化。　　【統測】

（　　）**11** 小明的公司從事B2B電子商務，則下列何者最可能是該公司的經營項目？
(A)網路標案，專門競標政府工程
(B)網路賣場，販賣書籍文具給一般使用者
(C)網路上游公司，提供下游企業訂購塑化原料
(D)網路跳蚤市場，提供一般使用者互相交易的場所。

（　　）**12** 電子錢包符合哪一種安全電子交易標準？　(A)SET　(B)RSA　(C)SSL　(D)VPN。

(　) **13** 消費者不必申請個人的數位憑證，便可至網址為「https://www.
myecommerce.com.tw」的網路商店消費，請問該網路商店所提
供的安全機制，不包含下列哪一項？
(A)消費端電腦與伺服器間的相互驗證
(B)消費端電腦需取得伺服器的公開金鑰來加密
(C)提供安全的SET信用卡支付協定
(D)網頁內容的傳輸具有加密保護的機制。

(　) **14** 銀行業之數位行銷的相關敘述，下列何者錯誤？
(A)根據統計，沒有銀行業者利用雲端數位行銷而成長擴增消金
業務量
(B)數位行銷是針對使用個人電腦、智慧型手機、平板電腦等電
子裝置的使用者所操作的行銷
(C)數位行銷讓我們設計及提供給顧客量身訂做的體驗式行銷變
得可行
(D)數位行銷之所以深受銀行業重視，是因為它比實體通路更容
易追蹤與分析顧客的活動軌跡。

(　) **15** 有關電子商務四流的敘述，下列何者錯誤？　(A)金流指的是因
交易而產生的資金流通　(B)電子商務四流包含：金流、物流、
資訊流、商流　(C)物流指的是資訊情報的流通　(D)商流指的是
商品因交易活動而產生「所有權轉移」的過程。

(　) **16** 下列專有名詞說明中，何者錯誤？　(A)G2G：政府電子公文
(B)SET：安全電子交易　(C)IaaS：資訊即服務　(D)POS：商品
結帳系統。

(　) **17** 有關電子安全交易SSL安全通道協定的敘述，下列何者有誤？
(A)SSL是一種256位元傳輸加密的安全機制
(B)消費者的瀏覽器與商家的伺服器都必須支援，才能使用這項
技術
(C)消費者使用時不需經過任何認證程序
(D)無法安全保障資料在傳輸過程中不會被擷取解密。

實戰演練

(　　) **18** 小美在淘寶網購買了一件洋裝，請問一下他可以利用下列哪一種網路服務來完成付款？　(A)電子信箱　(B)人力銀行　(C)網路ATM　(D)電子化政府。

(　　) **19** 現在流行一種電子商務模式，就是透過消費者群聚的力量，要求廠商提供優惠價格，讓消費者進行「團購」請問這是屬於何種類型的電子商務？
(A)B2B　　　　　　　　　　(B)B2C
(C)C2C　　　　　　　　　　(D)C2B。

(　　) **20** 電子商務的發展從一開始的四流，演變至今又增加三流，請問下列哪一項不在電子商務的七流之中？　(A)資訊流　(B)設計流　(C)服務流　(D)細水長流。

(　　) **21** 下列哪些有提供雲端硬碟服務？　(1)Google Drive　(2)DropBox　(3)OneDrive　(4)iCloud　(A)(1)(2)(4)　(B)(1)(3)(4)　(C)(1)(2)　(D)(1)(2)(3)(4)。

(　　) **22** 在電子商務交易行為中，下列何者最不可能為電子商務的交易方式？　(A)行動支付　(B)信用卡　(C)以物易物　(D)貨到付款。

(　　) **23** 下列何者不屬於雲端服務及電子商務領域的範疇？
(A)iCloud
(B)台積電成功研發三奈米製程
(C)分為SaaS、PaaS、IaaS這3種服務模式
(D)線上刷卡需要符合，具有SET及SSL才安全。

(　　) **24** 下列哪些電子商務無牽涉政府機關？　(1)O2O　(2)G2B　(3)B2C　(4)B2B　(5)G2G　(6)C2B？　(A)(1)(3)(4)(6)　(B)(2)(3)(5)(4)　(C)(2)(4)(6)　(D)(1)(3)(5)。

(　　) **25** 下列何者屬於電子商務交易安全領域？
(A)數位憑證及數位簽章　　　(B)DDOS
(C)BIOS　　　　　　　　　(D)防火牆及防毒軟體。

（　）**26** 下列何者屬於網路行銷概念？
(A)發送產品宣傳電子報
(B)找工讀生發傳單
(C)捷運彩繪列車廣告
(D)在蝦皮購物網站購買手機。

（　）**27** 有關第三方支付平台所主導的行動支付營運模式，下列何者不包括在內？
(A)以電子商務平台為基礎
(B)以社群媒體平台為基礎
(C)以產業供應鏈信用支付平台為基礎
(D)以電信平台為基礎。

（　）**28** 跨通路提供個人化的行銷應用，其主要的框架為：
(A)常在公眾媒體曝光，如電視廣告、公車車體廣告，即可達到效果
(B)運用新聞置入報導本公司的品牌，即可達到效果
(C)建立與客戶的對話機會，強化客戶關係與客戶忠誠度及建立客戶終身價值
(D)產品設計的好，客戶就會上門，應強化商品的研發與分支機構的門面，就會有足夠的行銷效果。

（　）**29** 對於第三方支付之敘述，下列何者正確？
(A)第三方支付等於行動支付
(B)提供買賣雙方交易保障服務
(C)第三方支付業者指的就是銀行機構
(D)第三方支付不含電子票證。

（　）**30** 有關大數據分析的應用層次，下列敘述何者正確？
(A)流通業常用的購物籃分析係屬於進階預測
(B)瞭解房貸利率調整對授信業務的影響屬於基礎分析
(C)規範分析能夠依據過去和當前事件的瞭解提供運作建議
(D)透過外部環境評估能夠推估未來會發生什麼事。

實戰演練

單元 10 數位科技與人類社會

單元主題雖然是科技與社會，不過還包含了資訊安全及法律等相關知識，因此內容不少，絕對要有耐心的閱讀，不可偏廢，畢竟近年來眾多的駭客攻擊屢見不鮮，所以在出題方面是一個不小的項目，不少題目都會圍繞在資安上面，把握住這些題目，想要高分就不會是難事。

10-1 個人資料保護與網路內容安全

一、 資訊安全的特性

主要探討資訊安全三要素的重要，分別為機密性、完整性及可用性，其他衍伸出的特性，還包含不可否認性、身分鑑定及權限控制，下面會說明資安三要素的內容。

(一) 機密性（Confidentiality）
資料傳輸的過程中，必須確保不被第三方得知內容，重點在於加密的重要性。

(二) 完整性（Integrity）
保證資料從甲方傳出，而乙方得到的是完整的資料內容，沒有被竄改過，透過數位簽章的方式，保持資料的完整性。

(三) 可用性（Availability）
對於需要資料的使用者，能快速地確認身分，透過身分認證的方式，確保資料不會落入他人之手。

二、 電腦病毒的介紹

(一) 電腦病毒
一般而言，電腦病毒（Computer Virus）是指由圖謀不軌的人所撰寫的特殊程式，主要目的是為了竊取資料、對電腦的運作進行破壞，或是純粹炫耀自己的能力等，因此，為防止電腦不被病毒影響，防範的工作就非常重要。

(二) 電腦病毒的徵兆

電腦在中病毒後一定會有一些徵兆，下面會說明有哪些情況發生時，就要注意並且仔細檢查電腦。

1. 電腦使用時，速度會不正常的變慢，或是檔案的大小及日期紀錄被改變。
2. 跳出不正常的視窗或是錯誤訊息，或是出現不正常的程式及檔案。
3. 電腦無故當機或是發出異常聲音，甚至會出現無法開機的狀況。
4. 記憶體資源無故的被占用，或是明明沒有進行大量資料傳輸，但磁碟卻一直保持著，在傳輸大量資料。

(三) 電腦病毒的種類

病毒名稱	概述
開機型病毒	主要存在於開機軟碟或是硬碟中的「啟動磁區」，在開機時，病毒會在作業系統載入前，就先複製到記憶體中，當其他硬碟或是軟碟，連結使用時，就會被感染其「啟動磁區」，達成傳播的效果。
檔案型病毒	早期主要存在於可執行檔中（.exe／.com），隨著科技及程式語言的發展，連一般的文件檔案也可被感染病毒；當執行有病毒的檔案後，病毒就會侵入作業系統，這時再執行其他檔案時，就會感染其他的執行檔。
混合型病毒	融合了上面兩種病毒的習性，除了感染檔案外，也會感染記憶體及啟動磁區，而程式關閉後，病毒依然會存在記憶體中，當執行其他檔案或連接硬碟時，就會被感染。
巨集病毒	主要的感染對象為，具有巨集指令或功能的軟體及檔案，因此可以透過檔案傳輸、電子郵件的附件檔及網站下載而被感染到。
千面人病毒	跟生物界的病毒類似，每感染一次，就會進行編碼轉換，改變結構，因此防毒軟體是使用病毒碼，對比的方式進行掃毒的話，就會不容易發現此病毒。

病毒名稱	概述
電腦蠕蟲	利用網路作為主要傳播的病毒,具有強大的自我複製能力,被感染到的電腦,內部資源會被蠕蟲癱瘓,甚至佔據網路及Outlook郵件伺服器。
勒索病毒	算是病毒的變化形式,跟一般病毒不同,它不會癱瘓電腦的運作,只是將所有電腦中存放的資料,都加密包裝,讓資料無法讀取及使用,而解決的方法有兩種,第一是付給駭客所提出的贖金,請駭客解密,但這種方法不保證駭客一定會解密,第二種是定期將電腦中的資料,做異地備份或將重要資料自行加密後,存放在雲端空間,以確保中勒索病毒後,重灌電腦能自行將原有資料找回。

三、資料加解密及防火牆

(一) 資料的加密與解密

資料的加解密,其實歷史悠久,從羅馬時期就有記載,將資料加密用於軍事訊息的傳送,加密訊息猶如將重要的物品,放入保險箱中上鎖,運送到目的地後,再持有開鎖的鑰匙(解密金鑰),打開保險箱(解密),下面將說明現有的幾種常見加密系統:

1. 對稱加密系統

對稱性加密法,全名:Symmetrical Key Encryption,使用方式為傳送方及接收方,持有相同的祕密金鑰,傳送方將資料用金鑰加密後送出,接收方收到後用同一個金鑰解密,同時能確定發送者的身分,因為是使用同一個金鑰;對稱性(式)加密法的優點是加解密速度較快,但缺點是祕密金鑰的管理要特別注意,常見的對稱性(式)加密法有IDEA、DES(Data Encryption Standard)及Triple DES。

2. 非對稱加密系統

又稱為「雙鍵加密系統」,普遍使用在金融產業,運作方式為使用兩隻不同的鑰匙,「公開金鑰」及「私密金鑰」,公開金鑰發佈在網路上作為加密自由使用,經過公開金鑰加密後的資料,需使用私密金鑰才能解密,而私密金鑰由私人保管不會公開;例如:某甲想傳送一份資料給某乙，某甲便會使用某乙的公開金鑰進行加密，傳送給某乙後，某乙用自己的私密金鑰進行解密。

目前大部分的「非對稱加密系統」是使用RSA演算法，優點是安全性更高，且對於金鑰的管理更為便捷，缺點是加解密速度較慢，且必須透過「憑證管理中心」來發佈公開金鑰。

3. **數位簽章**

同樣是使用非對稱加密系統，只是原理相反，「簽章」顧名思義就是，確定資料是由發送人所送出；例如：某甲要傳送一份資料給某乙，為了確定資料是由某甲送出，傳送資料前，某甲先用自己的私鑰進行加密，傳送給某乙後，某乙用某甲的公開金鑰解密，這樣就能確定資料一定是由某甲送出。

(二) 防火牆的功用

在建構網路系統環境時，為了防範網際網路的一些危險侵害，而建立的一種過濾機制，主要由主機端、伺服器及路由器等軟硬體設備組建而成，下面會說明兩種常見的防火牆。

1. **代理伺服器防火牆**

類似第三方支付的概念，就是在客戶端及伺服器端，中間有一個第三方伺服器，專門提供檢查，客戶端與伺服器端的資料傳送或連線請求，客戶端提出請求後，中間的代理伺服器會檢查，有無符合規則，核准後代理伺服器會向伺服器端取得資料，再傳送給客戶端。

2. **IP過濾防火牆**

資料在傳輸的過程中，會將其切割為小塊小塊的「封包」進行傳送，依照固定的封包格式傳送，包含來源的IP位址及目的地IP位址，防火牆會過濾來源的IP位址，符合系統管理者制訂規則的封包才會傳送。

四、 天災與人為的防範

(一) 天災對資訊安全的影響

天然災害對於資訊安全的影響是不可忽視的課題，尤其是在台灣這個地方，不僅僅是雷擊、火災、水災及地震，颱風更是防範重點；災害造成的損失，主要集中於硬體設備的毀損，以及資料的被破壞或遺失，因此定期備份資料，並且加強異地備份，都是減少損失的方式。

對於硬體設備的防護方面，電腦主機等設備，應放置於乾燥恆溫且
通風良好的地方，並且機房的空間，需要使用防火絕緣等材料興
建，另外，為了避免臨時停電或是跳電的問題，主機設備可安裝UPS
（Uninterruptible Power Supply，不斷電系統）及穩壓器（Surge
Protector）等設備。

(二) 人為因素對資訊安全的影響

主要是防範人為因素的疏失，造成資料及設備的毀損，除了定期加強人
員的教育訓練，對於門禁管制的加強，在輸出入資料方面，可以增加權
限及密碼的管控，以及印表機、傳真機等輸出設備的使用記錄管理，防
止機密資料的外洩，使傷害降低。

五、 駭客與怪客攻擊的模式及預防

(一) 網路安全的危機意識

在目前的物聯網時代，網路是不可或缺的工具，而確保網路使用的安
全，就是很重要的課題，一個網路安全的環境，必須在正常的使用
下，保障使用者的資料不會被竊取及外流，而硬體設備亦不會遭受侵
害及破壞。

對於網路安全而言，使用者必須具備基礎的危機意識，個人使用方面，
應避免在網路上洩漏個人重要資訊，也不應隨意點擊來路不明的廣告；
而企業的運作，更要預防公司內部的機密外流，以及遭到駭客或是怪客
的入侵，企業對網路安全的意識，需要有更大的警覺，避免無法挽回的
損失。

(二) 駭客與怪客的區別

1. 駭客

一般指對電腦科學具有較高理解的人，從事正當的資訊相關工作，詳
細可區分為黑帽駭客及白帽駭客，黑帽駭客指在未經許可的情況下，
侵入其他公司的網路系統；白帽駭客則是，對網路系統進行偵錯及分
析的資安人員。

2. 怪客

具有惡意的犯罪行為，試圖破解或破壞系統、程式及網路安全的人，
主要目的是竊取資料及破壞網路運作。

(三) 常見的網路攻擊類型

攻擊類型	入侵方式	如何防範
阻斷式服務攻擊／分散式阻斷服務	攻擊目的是癱瘓伺服器或主機系統的運作，在短時間內對特定網站或伺服器，傳送大量封包，使該網站處理大量資料而癱瘓，讓其他使用者無法連結進去，分散式阻斷則是透過殭屍電腦進行上述攻擊。	定期更新作業系統，避免漏洞被攻擊，以及使用防火牆對封包進行過濾。
特洛伊木馬	以E-mail的附件檔為傳播途徑，啟動附件檔後，會在電腦中設置「後門」，此後門會與遠端的伺服器連結，將使用者的資料傳送過去，或是入侵者由此後門進入電腦，來竊取資料並且破壞使用者的電腦。	避免開啟來路不明的檔案，E-mail的附件檔在開啟時先用防毒軟體進行檢查。
零時差攻擊	指應用程式或是系統出現漏洞及危險時，修補程式尚未發布或更新，亦或是工程師還在撰寫補丁的這段空窗時間，所進行惡意攻擊的行為。	工程師隨時監控系統狀態；即時更新軟體及系統；或是在發現危險漏洞時，先暫停系統運作。
邏輯炸彈	程式中加入惡意指令，在一般情況下不會發作，遇到特殊狀況或日期，才會進行資料及檔案的破壞。	使用防火牆進行系統防護，或是對程式進行檢查及監控。
郵件炸彈	在短時間內向同一郵件地址，發送大量電子信件，使該地址的網路或郵件系統被癱瘓。	對收發信件進行過濾。
作業系統或伺服器漏洞	專門針對作業系統的漏洞進行攻擊。	隨時進行系統更新，加裝防毒軟體及防火牆彌補漏洞。
網路釣魚	使用E-mail或是網路廣告，發布假冒的知名網站連結，誘使不知道的使用者進入後，騙取輸入帳號密碼或是信用卡號碼等重要資料。	瀏覽器加裝安全監控，不要點擊來路不明的E-mail附件及網路廣告。

攻擊類型	入侵方式	如何防範
間諜程式	跟木馬有點類似,都是會竊取使用者資料到遠端伺服器,不過間諜程式則會偽裝,讓使用者以為是正常的應用程式,而對該程式放鬆警戒。	避免安裝來路不明的應用程式,使用防毒軟體對程式進行監控。
資料竄改	電腦中的檔案被攻擊者任意竄改,甚至竄改電子商務及銀行等交易紀錄。	使用防火牆進行系統防護,或是將重要資料,存放在無法立即連線的空間。
臘腸術攻擊	每次攻擊都只有一小部分,長久累積造成大規模的侵害。	使用防火牆進行系統防護。
殭屍電腦	被遠端控制程式所挾持的電腦,攻擊者透過殭屍電腦做為跳板,進行其他的攻擊行為,使追查難度增高。	使用防毒軟體加強防護。
社交工程	利用網路上人與人之間的交流,騙取個人重要資料,或是公司內的機密資料。	避免在網路上公開及傳送重要資料,公司定期對員工做教育訓練,對詐騙及話術有所警覺。

小試身手

(　　) **1** 著名的社群通訊軟體Line,加入了行動支付的功能,下列何者不是行動支付交易時必備的技術?　(A)加密與解密技術　(B)網路通訊技術　(C)擴增實境技術　(D)身份識別技術。　　　　【108統測】

(　　) **2** 對於數位簽章的敘述,下列何者錯誤?　(A)傳送前透過雜湊函數演算法,將資料先產生訊息摘要　(B)以傳送方的私鑰將訊息摘要進行加密產生簽章,再將文件與簽章同時傳送　(C)收到資料後,使用接收方的公鑰對數位簽章進行運算,再比對訊息摘要驗證簽章的正確性　(D)加密和解密運算,都是使用非對稱式加密演算法。　　　　【106統測】

(　) **3** 為避免因地震發生大樓倒塌,導致電腦內所有硬碟都一起毀壞而流失重要資料,使用下列哪一種裝置或機制對提升資訊安全最有成效?

  (A)不斷電系統   (B)固態硬碟

  (C)GPS   (D)異地備援。   【105統測】

(　) **4** 下列敘述何者正確?　(A)將電腦電源關閉,電腦病毒即可消失　(B)上網瀏覽不明的網頁可能會感染電腦病毒　(C)安裝最新的防毒軟體,即可保證電腦不會中毒　(D)病毒僅能隱藏於檔案中。

(　) **5** 若A想透過網路傳送重要資料給B,如何使用公開金鑰技術讓此資料只有B能讀取,旁人無法解密?　(A)使用A的公鑰加密,再以B的私鑰解密　(B)使用A的私鑰加密,再以B的私鑰解密　(C)使用B的公鑰加密,再以B的私鑰解密　(D)使用A的私鑰加密,再以A的公鑰解密。

  解答 **1** (C) **2** (C) **3** (D) **4** (B) **5** (C)

10-2 個人資料保護與資訊倫理及社會議題

一、個人資料保護法

(一) 認識個資法的涵義

  現今的網路時代,資訊及資料的獲取,比十多年前容易,但也造成個人資料的外洩及氾濫,因此對於資訊隱私權(Information privacy)的探討逐漸提升,資訊隱私權的意涵,即為每個人都有拒絕或限制他人,蒐集、處理及利用個人資料的權利,而個人資料保護法,就是資訊隱私權的具體實行方式。

(二) 侵害個資法之刑責

觸犯法條	條文說明	刑責
個人資料保護法第41條	意圖為自己或第三人不法之利益或損害他人之利益,而對於個人資料檔案為非法變更、刪除或以其他非法方法,致妨害個人資料檔案之正確而足生損害於他人者。	處五年以下有期徒刑、拘役或併科一百萬元以下罰金。

(三) 隱私權政策

對於個資法的保護有一定程度的提升後，為了在網站的實際使用上，能夠兼顧個資法以及使用的方便，各大網站都會有隱私權政策的宣告，部分是為了尊重個人的資訊隱私權，另外也是保護網站自身的資訊使用規範，讓網際網路能夠保持友善的環境，創造社會的最佳利益。

（資料來源：法務部網站的隱私權政策https://www.moj.gov.tw/2807/2817/33914/）

二、 資訊倫理的養成

在目前科技發展一日千里的數位時代，網路所擁有的資訊極其龐大，而我們如何從這些資訊當中取得有用的資料，就是非常重要的課題，了解資訊的倫理及使用，便可以讓我們在網路世界中，更加地游刃有餘。

(一) 資訊素養

資訊素養是由美國圖書館學會的主席在1974年提出，主要指出擁有尋獲、評估、確認及使用，這四項資訊運用的能力，就代表一個人能夠掌握，並且有效率地利用網路上的各種資源，提升自我的學習能力；在符合倫理道德及法律的規範下，使用資訊能力提升自我的價值，並且對社會做出貢獻，就是擁有良好資訊素養的表現。

(二) 資訊倫理

資訊倫理在1986年被提出研究，主要的方向在資訊財產權（Property）、資訊正確權（Accuracy）、資訊隱私權（Privacy）及資訊存取權（Access）等四大層面，因而被稱為PAPA理論。

1. 資訊財產權

維護資訊軟體創作者的所有權，立法保護不受盜用者的侵害，使資訊軟體創作正向發展，進而有益於社會的進步。

2. 資訊正確權

大量的網路資訊，真假充斥其中，因此資訊的提供者，都需要擔負起正確資訊的責任，杜絕假資訊及假新聞，讓使用者有正確資訊的使用權。

3. 資訊隱私權

主要規範個人在網路上的隱私權，除保護個人隱私外，亦要避免侵犯他人的隱私權，保障任何人在資訊傳播的過程中，隱私權都不受到侵犯。

4. 資訊存取權

保障所有人都可以從合法的管道獲得存取資訊的權利；例如：合法下載Microsoft Office的使用、付費電子書的下載閱讀等。

三、 數位科技社會議題

(一) 網路霸凌

主要利用網路的傳播媒介，進行指責、脅迫及散布他人不雅照等犯罪行為，使被害人身心靈受到傷害，更嚴重會造成被害人出現自殘，甚至自殺等行為；當我們遇到網路霸凌時，一定要即時的處理面對，保存證據，並尋求幫助，最重要的就是報警並且提告，以及要求立即停止霸凌行為，或是刪除不雅照，防止之後又被流出，造成二次傷害。

(二) 網路成癮

指過度沉迷於網路上的一切事務，或是沉迷於網路遊戲及虛擬世界的物件，只要無法上網就會出現，沮喪、焦躁不安及易怒等行為，當出現這樣的症狀，就極有可能是得到網路成癮症，這時就需要尋求專家的幫助，協助走出網路成癮；對於網路成癮的預防，最重要的是要有正確的上網觀念，在使用網路前先訂定使用時間及規範，另外要加強自己的人際關係，多多走向人群，避免過度躲藏於網路之中，並且要培養網路以外的休閒活動及興趣，這樣對於健全的人格發展也會有很好的助益。

小試身手

(　) **1** 對資通安全防護而言，下列何者為不正確的措施？　(A)不管理維護使用頻率很低的伺服器　(B)不連結及登入未經確認的網站　(C)不下載來路不明的免費貼圖　(D)不開啟來路不明的電子郵件及附加檔案。　　　　　　　　　　　　　　　　　　　【108統測】

(　) **2** 下列關於網路交友的敘述，何者最可能避免網路危險？　(A)常收網友致贈的禮物　(B)與網友單獨見面與金錢往來　(C)方便的話就搭網友便車　(D)時時注意個人基本資料保密。　　　【108統測】

(　) **3** 下列何種行為不會遭遇到網路危險？　　(A)在網路上分享自己私密的照片　(B)透過網路轉帳購買來路不明的手機　(C)在網路遊戲中與人組隊共享帳號密碼　(D)確實使用網路安全機制進行加密處理後，才在網路上傳遞檔案或訊息。　　　　　　【107統測】

(　) **4** 知名樂團使用線上販售機制開賣演唱會門票，因而導致大批歌迷蜂擁進入購票網站，購票網站無法同時處理大量需求，因此導致當機，也使之後要進入購票的歌迷無法使用，以上敘述跟何種網路攻擊雷同？　(A)臘腸術攻擊　(B)阻斷式服務攻擊　(C)零時差攻擊　(D)邏輯炸彈。

(　) **5** 在網路上發表騷擾或詆毀他人之言論是屬於下列哪一種行為？
(A)網路詐騙　　　　　　　　　(B)網路霸凌
(C)網路交友　　　　　　　　　(D)網路成癮。　　【105統測】

| 解答 | **1** (A) | **2** (D) | **3** (D) | **4** (B) | **5** (B) |

10-3 數位科技與法規

一、網路犯罪與刑責

(一) 攻擊他人網站

觸犯法條	條文說明	刑責
刑法第358條入侵電腦或其相關設備罪	無故輸入他人帳號密碼、破解使用電腦之保護措施或利用電腦系統之漏洞，而入侵他人之電腦或其相關設備者。	處三年以下有期徒刑、拘役或併科三十萬元以下罰金。
刑法第359條破壞電磁紀錄罪	無故取得、刪除或變更他人電腦或其相關設備之電磁紀錄，致生損害於公眾或他人者。	處五年以下有期徒刑、拘役或併科六十萬以下罰金。

(二) 散播電腦病毒

觸犯法條	條文說明	刑責
刑法第360條干擾電腦或其相關設備罪	無故以電腦程式或其他電磁方式干擾他人電腦或其相關設備，致生損害於公眾或他人者。	處三年以下有期徒刑、拘役或併科三十萬元以下罰金。
刑法第362條製作犯罪電腦程式罪	製作專供犯本章之罪之電腦程式，而供自己或他人犯本章之罪，致生損害於公眾或他人者。	處五年以下有期徒刑、拘役或併科六十萬以下罰金。

(三) 網路詐騙及恐嚇

觸犯法條	條文說明	刑責
刑法第305條恐嚇危害安全罪	以加害生命、身體、自由、名譽、財產之事，恐嚇他人致生危害與安全者。	處二年以下有期徒刑、拘役或九千元以下罰金。
刑法第339條普通詐欺罪	意圖為自己或第三人不法之所有，以詐術使人將本人或第三人之物交付者。	處五年以下有期徒刑、拘役或併科五十萬元以下罰金。

觸犯法條	條文說明	刑責
刑法第339條之3違法製作財產權之處罰	意圖為自己或第三人不法之所有,以不正方法將虛偽資料或不正指令輸入電腦或其相關設備,製作財產權之得喪、變更紀錄,而取得他人財產者。	處七年以下有期徒刑,將併科七十萬元以下罰金。
刑法第346條恐嚇取財得利罪	意圖為自己或第三人不法之所有,以恐嚇使人將本人或第三人之物交付者。	處六個月以上五年以下有期徒刑,得併科三萬元以下罰金。

(四) 網路色情犯罪

觸犯法條	條文說明	刑責
兒童及少年性剝削防制條例第36條	拍攝、製造兒童或少年為性交或猥褻行為之圖畫、照片、影片、影帶、光碟、電子訊號或其他物品。	處一年以上七年以下有期徒刑,得併科新臺幣一百萬元以下罰金。
	招募、引誘、容留、媒介、協助或以他法,使兒童或少年被拍攝、製造性交或猥褻行為之圖畫、照片、影片、影帶、光碟、電子訊號或其他物品。	處三年以上十年以下有期徒刑,得併科新臺幣三百萬元以下罰金。
	以強暴、脅迫、藥劑、詐術、催眠術或其他違反本人意願之方法,使兒童或少年被拍攝、製造性交或猥褻行為之圖畫、照片、影片、影帶、光碟、電子訊號或其他物品者。	處七年以上有期徒刑,得併科新臺幣五百萬元以下罰金。
兒童及少年性剝削防制條例第38條	散布、播送或販賣兒童或少年為性交、猥褻行為之圖畫、照片、影片、影帶、光碟、電子訊號或其他物品,或公然陳列,或以他法供人觀覽、聽聞者。	處一年以上七年以下有期徒刑,得併科新臺幣五百萬元以下罰金。

觸犯法條	條文說明	刑責
兒童及少年性剝削防制條例第38條	意圖散布、播送、販賣或公然陳列而持有前項物品者。	處六月以上五年以下有期徒刑,得併科新臺幣三百萬元以下罰金。
兒童及少年性剝削防制條例第40條	以宣傳品、出版品、廣播、電視、電信、網際網路或其他方法,散布、傳送、刊登或張貼足以引誘、媒介、暗示或其他使兒童或少年有遭受第二條第一項第一款至第三款之虞之訊息者。	處三年以下有期徒刑,得併科新臺幣一百萬元以下罰金。
刑法第234條公然猥褻罪	意圖供人觀覽,公然為猥褻之行為者。	處一年以下有期徒刑、拘役或三千元以下罰金。
刑法第235條散布、販賣猥褻物品及製造持有罪	散布、播送或販賣猥褻之文字、圖畫、聲音、影像或其他物品,或公然陳列,或以他法供人觀覽、聽聞者。	處二年以下有期徒刑、拘役或併科九萬元以下罰金。

(五) 散佈假訊息或不當言論

觸犯法條	條文說明	刑責
社會秩序維護法第63條第1項第5款	散佈謠言,足以影響公共之安寧者。	處三日以下拘留或三萬元以下罰鍰。
傳染病防治法第63條	散播有關傳染病流行疫情之謠言或不實訊息,足生損害於公眾或他人者。	科三百萬元以下罰金。
刑法第309條公然侮辱罪	公然侮辱人者。	處拘役或九千元以下罰金。
刑法第310條誹謗罪	意圖散布於眾,而指摘或傳述足以毀損他人名譽之事者。	處一年以下有期徒刑、拘役或一萬五千元以下罰金。

(六) 網路賭博及販售違禁品

觸犯法條	條文說明	刑責
刑法第268條圖利供給賭場或聚眾賭博罪	意圖營利，供給賭博場所或聚眾賭博者。	處三年以下有期徒刑，得併科九萬元以下罰金。
菸害防制法第17條第1項	供應菸品、指定菸品必要之組合元件予未滿二十歲之人，或以強迫、引誘或其他方式使孕婦或未滿二十歲之人吸菸。	處新臺幣一萬元以上二十五萬元以下罰鍰。
菸酒管理法第18條第1項所定場所或第19條第1項	不得吸菸之場所吸菸者。	處新臺幣二千元以上一萬元以下罰鍰。
動物保護法第22及25之2條	以營利為目的，經營特定寵物之繁殖、買賣或寄養業者，應先向直轄市、縣（市）主管機關申請許可，並依法領得營業證照，始得為之。	處十萬元以上三百萬元以下罰鍰。
藥事法第27及92條	凡申請為藥商者，應申請直轄市或縣（市）衛生主管機關核准登記，繳納執照費，領得許可執照後，方准營業。	處三萬元以上二百萬元以下罰鍰。

(七) 商業機密保護

觸犯法條	條文說明	刑責
營業祕密法第13之1條	意圖為自己或第三人不法之利益，或損害營業秘密所有人之利益。	處五年以下有期徒刑或拘役，得併科新臺幣一百萬元以上一千萬元以下罰金。

(八)電子簽章法

觸犯法條	條文說明	刑責
電子簽章法第 12之1條	憑證實務作業基準未經主管機關許可而提供簽發憑證服務者，主管機關應令其限期改正。	處新臺幣一百萬元以上五百萬元以下罰鍰；屆期未改正者，按次處罰；其情節重大者，並得停止其部分或全部業務。
電子簽章法第 17條	1.未依許可之憑證實務作業基準提供服務；以及2.變更憑證實務作業基準未送許可，而依變更後之內容提供簽發憑證服務。	處新臺幣五萬元以上五十萬元以下罰鍰；屆期未改正者，按次處罰。

10-4 智慧財產權與軟體授權

一、智慧財產權與網路著作權

智慧財產權包含著作權、商標權及專利權等，其中專利的部分，採優先申請主義，即同一專利內容，以先申請者為優先取得專利權。

(一) 著作權法的內容

著作權主要由經濟部智慧財產局所主管，最主要的目的就是保護著作的表達，即為著作的最終形式，著作權保護的類型包含十種，語文、音樂、美術、戲劇舞蹈、攝影、圖形、視聽影像、錄音、建築及電腦程式。

(二) 著作權合理使用範圍

　　著作權雖然保護著作人之權利，但如果過度限制創作的使用範圍，亦有可能造成推廣及傳承的限制，因此在特定的狀況下，對著作權人的權益進行限制及特殊規定，允許社會大眾在教育、學術及個人使用等非營利方面，適當範圍內使用他人之著作，此即為「合理使用」。

　　在對於他人著作合理使用的時候，可以運用下列四種方法進行檢視，避免超出合理使用的範圍，註明資料出處、合理的引用範圍、取得同意權及版權著作標示。

(三) 違反著作權之刑責

觸犯法條	條文說明	刑責
著作權法第91條	擅自以重製之方法侵害他人之著作財產權者。	處三年以下有期徒刑、拘役，或併科七十五萬元以下罰金。
	意圖銷售或出租而擅自以重製之方法侵害他人之著作財產權者。	處六月以上五年以下有期徒刑，得併科二十萬元以上二百萬元以下罰金。
	以重製於光碟之方法犯前項之罪者。	處六月以上五年以下有期徒刑，得併科五十萬元以上五百萬元以下罰金。
著作權法第91之1條	擅自以移轉所有權之方法散布著作原件或其重製物而侵害他人之著作財產。	處三年以下有期徒刑、拘役，或併科五十萬元以下罰金。
	明知係侵害著作財產權之重製物而散布或意圖散布而公開陳列或持有者。	處三年以下有期徒刑，得併科七萬元以上七十五萬元以下罰金。
	犯前項之罪，其重製物為光碟者。	處六月以上三年以下有期徒刑，得併科二十萬元以上二百萬元以下罰金。

10-4 智慧財產權與軟體授權　217

(四) 著作權對軟體的分類

類型	概述
公用軟體 （Public domain software）	不具有著作權，可以免費複製、使用、散布及修改其軟體內容。
自由軟體 （Free softway）	具有著作權，但使用者不需付費，為開放原始碼，可下載複製、修改使用、散布及販售；需要尋求技術支援時，才要付費。
免費軟體 （Freeway）	具有著作權，但使用者不需付費，可以免費複製及使用，但不開放原始碼，也不可重製後販售及修改內容。
共享軟體 （Shareware）	具有著作權，有提供免費試用版給使用者試用，通常試用版有使用期間的限制及部分功能限制，需要付費購買正式版才可使用完整功能。
私有軟體 （Proprietary software）	具有著作權，只能付費取得正式版軟體使用，不可重製、散布及修改其內容。

二、創用CC

(一) 四個授權要素

類型	概述
 姓名標示	您必須按照著作人或授權人所指定的方式，表彰其姓名。
 非商業性	您不得因獲取商業利益或私人金錢報酬為主要目的來利用作品。

類型	概述
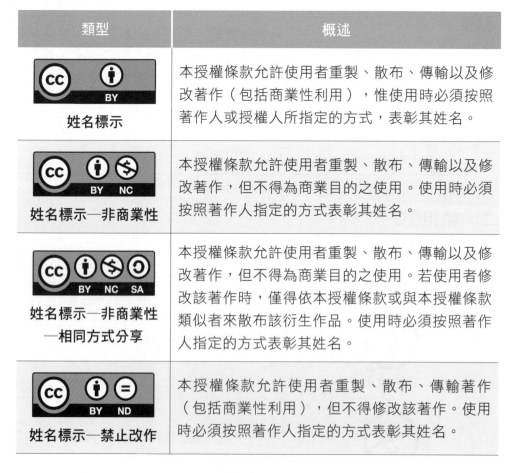 禁止改作	您僅可重製作品不得變更、變形或修改。
相同方式分享	若您變更、變形或修改本著作,則僅能依同樣的授權條款來散布該衍生作品。

(二) 六種授權條款

類型	概述
姓名標示	本授權條款允許使用者重製、散布、傳輸以及修改著作(包括商業性利用),惟使用時必須按照著作人或授權人所指定的方式,表彰其姓名。
姓名標示—非商業性	本授權條款允許使用者重製、散布、傳輸以及修改著作,但不得為商業目的之使用。使用時必須按照著作人指定的方式表彰其姓名。
姓名標示—非商業性—相同方式分享	本授權條款允許使用者重製、散布、傳輸以及修改著作,但不得為商業目的之使用。若使用者修改該著作時,僅得依本授權條款或與本授權條款類似者來散布該衍生作品。使用時必須按照著作人指定的方式表彰其姓名。
姓名標示—禁止改作	本授權條款允許使用者重製、散布、傳輸著作(包括商業性利用),但不得修改該著作。使用時必須按照著作人指定的方式表彰其姓名。

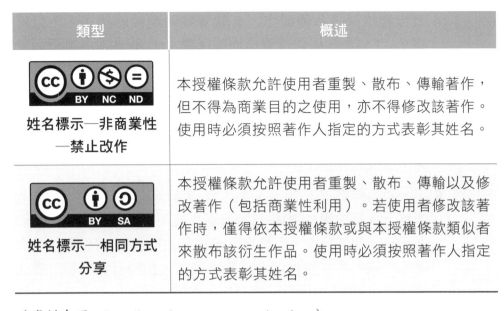

類型	概述
姓名標示—非商業性—禁止改作	本授權條款允許使用者重製、散布、傳輸著作，但不得為商業目的之使用，亦不得修改該著作。使用時必須按照著作人指定的方式表彰其姓名。
姓名標示—相同方式分享	本授權條款允許使用者重製、散布、傳輸以及修改著作（包括商業性利用）。若使用者修改該著作時，僅得依本授權條款或與本授權條款類似者來散布該衍生作品。使用時必須按照著作人指定的方式表彰其姓名。

（資料來源：http://creativecommons.tw/explore）

小試身手

（　）**1** 小美很喜歡電影，下列哪種行為最符合網路素養與倫理？　(A)在部落格推薦好看的電影，分享電影的觀看心得　(B)將院線電影剪輯成5分鐘小段並附上評論，放在YouTube供大家欣賞　(C)透過電子商務平台，販賣國外購買的光碟備份　(D)將電影內容自行改編成小說，讓大家付費觀看。　　　　　　　　　　【108統測】

（　）**2** 下列哪一個授權條款允許使用者重製、散布、傳輸著作（包括商業性利用），但不得修改該著作，使用時必須按照著作人指定的方式表彰其姓名？　(A) 　(B) 　(C) 　(D) 　。　　　【108統測】

（　）**3** 下列關於公共軟體（Public Domain Software）的敘述何者不正確？　(A)使用者不需付費　(B)仍受著作權保護　(C)使用者可以複製　(D)可以同時在多台電腦使用。　　　　　　【101統測】

(　　) **4** 著作權法保護各種創作，有關智慧財產權的敘述，下列何者錯誤？　(A)電腦程式受著作權法保護　(B)程式設計師受雇於某公司，公司為雇用人，程式設計師為受雇人；在無其他契約約定情況下，其於職務上所開發完成的程式，公司為著作人　(C)智慧財產權保障的是人類思想、智慧、創作而產生具有財產價值的產物權利　(D)將從網路下載的圖片加上自已的圖形或文字做成海報，違反著作權法。　　　　　　　　　　　　　　　　　【101統測】

(　　) **5** 下列敘述何者正確？　(A)為了賺取外快，可以將家中的藏酒放在網路上進行拍賣　(B)由於棄養寵物是不好的行為，因此我們可以在網路上找尋買家，販售自己無法飼養的寵物　(C)自己的女友想賺零用錢，所以幫女友在網路上發布，找尋有錢的爸爸提供金錢援助　(D)為了美術設計的方便，在製作時可以在網路上，找尋可用於商業行為的付費圖資使用。

| 解答 | **1** (A) | **2** (A) | **3** (B) | **4** (B) | **5** (D) |

實戰演練

( )**1** 解壓縮軟體WinRAR是下列哪一種軟體？
(A)共享軟體（shareware）
(B)免費軟體（freeware）
(C)自由軟體（open source software）
(D)公用軟體（public domain software）。 【統測】

( )**2** 在教育部創用CC（Creative Commons）資訊網上有一個圖示如
圖 ，其意義除代表姓名標示之外，還代表下列
何者？ (A)非商業性 (B)禁止改作 (C)相同方式分享 (D)允
許改作及商業性。 【100統測】

( )**3** 下列有關著作權的敘述，何者正確？
(A)在部落格中以「超連結」方式連結他人的著作，不會有重製
他人著作的問題
(B)將有版權且未經授權的音樂檔放在部落格播放，只是分享而
非營利，這不是違法行為
(C)在部落格上發表自己撰寫的文章，無法受著作權法的保護
(D)以點對點（Peer-to-Peer）通訊方式交換未經授權的軟體，不
會有侵權問題。 【102統測】

( )**4** 我國兒童及少年性交易防制條例第二十九條規定，在網路上刊
登援交訊息，將會面臨下列哪一項刑責？ (A)沒有刑責 (B)
勞動服務三十天 (C)兩年以下有期徒刑，得併科新臺幣二十萬
元以下罰金 (D)五年以下有期徒刑，得併科新臺幣一百萬元以
下罰金。 【102統測】

( )**5** 下列何種行為不違反著作權法？
(A)蒐集他人部落格文章出書銷售
(B)影印整本原文書
(C)考生下載四技二專聯招考古題閱讀
(D)使用網路上的盜版軟體及序號。 【102統測】

( ) **6** 手機公司Hti的網址為http://www.Hti.com/，小明收到一封促銷新
手機的電子郵件，郵件內的超連結是連結到相似但並不相同的網
址http://www.Htl.com/，讓小明誤信這網址就是該手機公司Hti
的網址，因而被誘騙在該網址的網頁填入個人身分及信用卡等資
料。請問以上情境是哪一種網路攻擊手法？
(A)阻斷服務攻擊　　　　　(B)網路釣魚攻擊
(C)電腦蠕蟲攻擊　　　　　(D)網頁木馬攻擊。　　【102統測】

( ) **7** 下列何者不是為防止來自網際網路的入侵行動而採取的主要作
為？　(A)設置防火牆　(B)安裝入侵偵測系統　(C)限制遠端存
取　(D)加密傳輸資料。　　　　　　　　　　　　【102統測】

( ) **8** 下列哪一類軟體，具有著作權，亦屬於開放原始碼，使用者可以
任意複製、修改或銷售？　(A)公用軟體　(B)免費軟體　(C)共
享軟體　(D)自由軟體。　　　　　　　　　　　　【102統測】

( ) **9** 下列哪一種檔案可以由OpenOffice.org開發的自由軟體Writer開
啟並進行編輯？
(A)Ulead PhotoImpact的*.jpg
(B)Adobe Photoshop的*.ps
(C)Microsoft Word的*.doc
(D)Mozilla Firefox的*.zip。　　　　　　　　　　【103統測】

( )**10** 關於網路上程式軟體的授權，下列敘述何者正確？
(A)免費軟體（Freeware）會提供原始的程式碼（Source Code）
並可未經授權任意修改
(B)依GPL（General Public License）精神，使用者可以自
由使用、複製、散佈與修改的軟體，稱為自由軟體（Free
Software）
(C)共享軟體（Shareware）就是使用者可免費使用但不可以複製
與散佈的軟體
(D)公共財軟體（Public Domain Software）就是政府提供給大眾
使用的軟體。　　　　　　　　　　　　　　　　【103統測】

（　）**11** 在網路交易過程中，有所謂公開金鑰（public key）和私密金鑰（private key），下列有關公開金鑰和私密金鑰的敘述，何者錯誤？　(A)兩者都是由一連串的數字組成　(B)發送方將資料發送給接收方前，先用接收方的公開金鑰將資料加密　(C)在同一演算法下，金鑰越長，加密的強度就越強　(D)公開金鑰和私密金鑰分別打造，彼此沒有配對關係。　　　　　　【103統測】

（　）**12** 下列哪一項不是自由軟體？　(A)FireFox　(B)Linux　(C)OpenOffice.org　(D)Flash。　　　　　　　　　　【103統測】

（　）**13** 下列何種軟體授權必須開放原始碼？　(A)公共財軟體（public domain software）　(B)免費軟體（freeware）　(C)共享軟體（shareware）　(D)自由軟體（free software）。　　【103統測】

（　）**14** 張三收到某網站寄來的電子郵件，上面跟張三說他的帳號疑似遭受到駭客破解，要求張三點擊郵件中所提供的連結至該網站變更密碼，張三至該網站變更密碼後，不久發現自己的帳號遭人盜用，請問張三是遭受到以下哪一種攻擊？　(A)網路釣魚攻擊　(B)阻斷服務攻擊　(C)殭屍病毒攻擊　(D)零時差攻擊。　　　　【103統測】

（　）**15** 下列對自由軟體（Free Software）及免費軟體（Freeware）的敘述何者正確？　(A)自由軟體原始碼不公開　(B)免費軟體原始碼公開　(C)自由軟體可以任意修改　(D)免費軟體可以任意修改。

【105統測】

（　）**16** 下列關於自由軟體（Free Software）的敘述，何者正確？　(A)允許使用者自由下載、複製與散佈　(B)因為自由，所以不可以買賣　(C)與免費軟體（Freeware）相同，一定都是免費的　(D)自由軟體中的「自由」指的是沒有著作權。　　【103統測】

（　）**17** 某人在網路相簿分享了一張自己拍攝的日出照片，請問該作者何時可以擁有該照片的著作權？　(A)上傳的相片核准刊登時　(B)作者在網路相簿標註「版權所有」的時候　(C)跟智慧財產局申請時　(D)作者拍攝完這張照片的時候。　　　　【103統測】

實戰演練

( ) **18** 如圖 所示的創用CC授權條款，所代表的授權內容是下列哪一種？　(A)姓名標示－非商業性－相同方式分享　(B)姓名標示－非商業性－禁止改作　(C)姓名標示－商業性－相同方式分享　(D)姓名標示－商業性－禁止改作。　【103統測】

( ) **19** 所謂殭屍網路（BotNet）攻擊，是指下列何種對電腦的入侵？　(A)程式中加上特殊的設定，使程式在特定的時間與條件下自動執行而引發破壞性的動作　(B)建立與合法網站極為類似的網頁，誘騙使用者在網站中輸入自己的帳號密碼　(C)利用軟體本身在安全漏洞修復前進行攻擊　(D)散佈具有遠端遙控功能的惡意軟體，並且集結大量受到感染的電腦進行攻擊。　【104統測】

( ) **20** 下列何者軟體與著作權有關？　(A)資料庫軟體　(B)共享軟體　(C)應用軟體　(D)驅動程式軟體。

( ) **21** 下列哪種電腦病毒是隱藏於Office軟體的各種文件檔中所夾帶的程式碼？　(A)電腦蠕蟲　(B)開機型病毒　(C)巨集型病毒　(D)特洛伊木馬。　【104統測】

( ) **22** 小芬接到一通自稱是公司網管部門的電話，宣稱將在下班時間幫員工整理電子郵件信箱，請她先提供個人的帳號與密碼。小芬有可能碰到哪一類型的資安問題？　(A)社交工程　(B)阻斷服務　(C)電腦病毒　(D)字典攻擊。　【104統測】

( ) **23** 會自行複製自己並傳播，可能會在特定情況下造成網路壅塞的程式為：　(A)流氓軟體　(B)廣告軟體　(C)電腦蠕蟲　(D)特洛伊木馬。　【104統測】

( ) **24** 設計與某知名網站仿真的假網站，讓使用者誤以為是真正的該知名網站，進而詐取個資或公司機密的犯罪手法稱為：　(A)網路釣魚（phishing）　(B)網路蠕蟲（worm）　(C)間諜軟體（spyware）　(D)阻斷服務（denial of service）。　【104統測】

（　）**25** 網路霸凌（Cyberbullying）是利用網路社群、討論區等現代網路技術，欺凌他人的行為。由此，則下列何者不屬於常見之網路霸凌行為？　(A)發佈令人難堪的網路留言　(B)上傳欺凌受害者的影片　(C)傳送電子郵件散佈不實訊息，使受害者或受害者身邊的親友不勝其擾　(D)入侵他人電腦竊取資料。　　　【105統測】

（　）**26** 下列哪一類軟體，使用者可在試用期間內對它免費使用及複製，但有使用期限或功能限制？　(A)公用軟體（public domain software）　(B)共享軟體（shareware）　(C)免費軟體（freeware）　(D)自由軟體（free software）。　　　【100統測】

（　）**27** 下列何者不是資訊安全的目的？　(A)完整性　(B)可否認性　(C)隱密性　(D)鑑別性。

（　）**28** 下列何者不是防毒軟體？　(A)kaspersky Anti-Virus　(B)Avira Antivirus　(C)Nero Antivirus　(D)ESET NOD32 Antivirus。

（　）**29** 為了保護網路上的資訊安全通常我們都利用何種方式來達成？　(A)將傳輸的速度加快　(B)將傳輸的距離縮短　(C)將傳輸的資料加密　(D)將傳輸的資料壓縮。

（　）**30** 網路資料取得容易，下列何種方式無法阻止個人資料遭到外洩？　(A)學校公布榜單時，應避免公布完整姓名　(B)只要是網站申請會員有需要，我們都可以將身分證影本上傳　(C)經營網站時，必須遵守隱私權政策　(D)工程師在建置有資料庫的網站時，應避免將會員本名及身分證字號，與會員帳號密碼存放在同一個區域。

實戰演練

商業文書應用

這裡主要說明文書軟體的使用及操作方法，也是很常出題的重點，畢竟文書處理，基本上在未來的工作上面，很可能天天都會碰到，因此了解本單元的內容不僅在考試上可以有拿高分，在未來的工作上也會非常有幫助。

11-1 商業文書軟體的認識與基本操作

一、鍵盤架構

(一)功能鍵　　　　　　　　　　　　　　　　　　　　(五)燈號區

(二)打字輸入鍵　　　　(三)特殊功能與編輯鍵　　　(四)數字鍵

（圖片來源：華碩官網）

(一) 功能鍵。

(二) **打字輸入鍵**

按鍵名	說明
Esc	取消鍵，跳出或是離開的功能按鍵。
Tab	在文書編輯時提供插入定位點。
Caps Lock	點擊一次後，在燈號區的大小寫燈會亮起，表示目前輸入的英文字皆為大寫，再次點擊後燈號會熄滅，並改為小寫。
Shift	可用來切換中英輸入法，Shift+英文字母，小寫時能輸入大寫字母，大寫時能輸入小寫字母。

按鍵名	說明
Ctrl	快捷鍵的基礎按鍵，Ctrl＋Shift可以用來切換不同輸入法。
Alt	「Alt＋Ctrl＋，」可以叫出標點符號輸入視窗，Alt＋Ctrl＋Delete可以開啟Windows工作管理員。
微軟符號鍵	點擊此按鍵，可以直接開啟或關閉Windows的開始功能表。
Backspace	點擊此按鍵可以將插入點向左逐字刪除。
Enter	一般用於確認或輸入按鍵，在WORD中可用來換行輸入。
	點擊此按鍵可以叫出滑鼠右鍵點擊的功能列表。

(三) 特殊功能與編輯鍵

按鍵名	說明
Print Screen	螢幕擷取按鍵，點下時可直接截取目前螢幕畫面。
Scroll Lock	捲動鎖定案件。
Pause Break	執行程序的暫停或繼續按鍵。
Insert	取代插入鍵，取代時，輸入的文字會直接取代原有文字，插入時則是將文字插入在兩字之間。
Home	點此按鍵可以將插入點移至最左邊。
Delete	刪除插入點右邊的文字。
End	點此按鍵可以將插入點移至最右邊。
PageUp	點擊此按鍵可將插入點移至上一頁。
PageDown	點擊此按鍵可將插入點移至下一頁。

(四) 數字鍵

按鍵名	說明
NumLock	切換數字鍵盤的鎖定與解除。

(五) 燈號區

燈號名稱	說明
數字燈	亮起時表示數字鍵盤區被鎖定無法輸入數字。
大小寫燈	燈亮時表示輸入大寫英文字不亮則為小寫。
捲軸鎖定燈	此燈不亮時表示捲軸捲動功能被關閉。

二、 鍵盤指法

(一) 手指定位

　　打字時,手指放在鍵盤由下往上數的第三排上,右手食指放在「J」鍵上,左手食指放在「F」鍵上,這兩按鍵都有凸點或是底部凸線,拇指皆放在空白鍵上,右手四指放在「JKL;」上,左手四指放在「ASDF」上。

(二) 手指專責區域

　　在記住按鍵位置後,就會將按鍵分配給手指的專責區域。

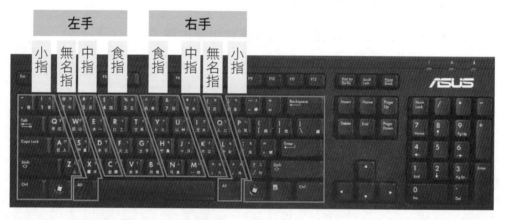

　　藍線框格就是手指的專責區域。

(三) 中文輸入法介紹

　　中文輸入法類型

　　中文輸入法主要分為3種:拼音法、拆字法及筆順法,下面會介紹這三種方法的特性跟優缺點:

1. **拼音法**：常用的是注音或是新注音，優點是只要學過注音，就會使用，不太需要特別學習。缺點是如果遇到不知道讀音的字，會無法輸入，並且同音字多，輸入時需要選字，增加打字時間。
2. **拆字法**：常用的拆字輸入法，為倉頡、嘸蝦米及大易，優點是輸入時不太需要選字，速度上會比拼音法較快。缺點是使用前須接受專業訓練及練習適應。
3. **筆順法**：主要是使用行列科技公司所推出的產品，使用一些口訣跟數字座標，來進行輸入，優點是不容易按錯，並且每字的按鍵平均數較少。缺點是需要選字，並且重複的字機率較高。

三、 WORD軟體介紹

(一) WORD工作環境介紹

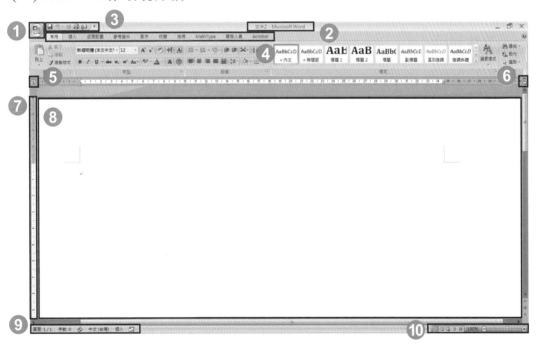

❶ 控制按鈕。	❷ 文件名稱列及標題列。
❸ 快速選取工具列。	❹ 群組工具標籤列。
❺ 定位點。	❻ 尺規開關鍵。
❼ 尺規。	❽ 文件編輯區。
❾ 狀態列。	❿ 檢視模式與比例尺。

(二) 檔案管理

功能名稱	說明
開啟新檔	開啟一個新的word檔案使用。
開啟舊檔	開啟之前存檔過的就有檔案進行編輯使用。
儲存檔案	進行檔案儲存。
另存新檔	儲存成另外一個新的資料檔案,需要設定新的檔案名稱。
Word選項	可以進行自訂使用習慣的設定,例如:自動存檔時間或是標記的使用方式。
傳送	用於製作成其他檔案格式,或是郵件的傳送,例如:PDF檔案的製作。

(三) 文件列印

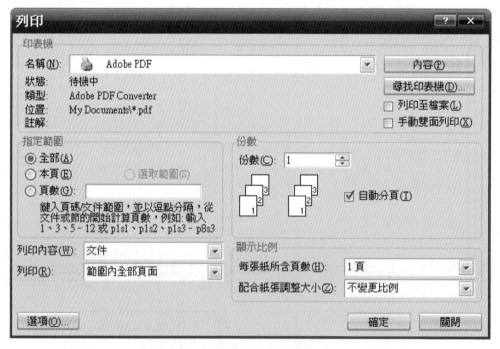

1. **內容**:可以對於印表機,在列印時的一些設定進行更改,例如:列印品質,列印格式的設定。

2. **尋找印表機**：在電腦連接不只有一台印表機的情況下，或是尋找設定之前尚未連結過的印表機。

3. **指定範圍**：主要是對於列印時Word檔案頁數的選取，連續的頁面使用橫線，跳頁則使用頓號。

(四) 基本操作

操作方式	鍵盤按鍵	滑鼠操作
整列	插入點在整列最左邊點Shift＋End。	滑鼠移到想要選取整列的左邊，當遊標變成向左傾斜時點擊左鍵即可。
選取數列	點擊Shift＋向下鍵。	插入點點擊左鍵向右或向下拖曳移動。
選取數個字	點擊Shift＋向左或向右鍵。	插入點點擊左鍵向左右移動。
選取整段	插入點在整段開頭點擊Shift＋向下鍵。	插入點在整列開頭，遊標移到插入點左側變成向左傾斜時，點擊左鍵兩下或在該段內點擊滑鼠左鍵3下。

(五) 尋找與取代

尋找及取代	? ✕
尋找(D) 取代(P) 到(G)	
尋找目標(N):	
選項: 全半形須相符	
更多(M) >> 閱讀醒目提示(R) ▾ 尋找(I) ▾ 尋找下一筆(F) 取消	

「尋找」就是找尋Word檔中所要尋找的字串；「取代」則是將尋找到的字串用另外一組輸入的字串代替；「到」是將插入點移到指定的字串位置。

(六) 文件檢視

模式名稱	說明
整頁模式	一般我們在編輯Word，都是在整頁模式進行編輯輸入，列印出的樣貌也是以整頁模式的形式呈現，並且包含文字、圖片、頁首頁尾及邊界。
閱讀版面配置	閱讀版面比較類似於書本翻開的樣式，以左右兩頁或單頁及全螢幕顯示的方式呈現，編輯者可在旁邊加入註解，這個模式下不會顯示尺規。
web版面配置	將word編輯的內容以網頁的形式進行呈現，如果在其中加入網頁的背景、圖片或其他功能，就可以將檔案使用.html檔案儲存，便可直接用瀏覽器開啟。
大綱模式	主要編輯的資料量龐大時，可以使用大綱模式進行文件的階層調整。
草稿	主要是用來可以快速的編輯文字內容，這個模式下不會顯示分頁，以及頁首頁尾等資料。

(七) 常用快捷鍵

快捷鍵	功能說明	快捷鍵	功能說明
Ctrl＋C	複製	Ctrl＋S	存檔
Ctrl＋V	貼上	Ctrl＋O	開啟舊檔
Ctrl＋X	剪下	Ctrl＋P	列印
Ctrl＋B	粗體	Ctrl＋W	關閉檔案
Ctrl＋D	字型設定	Ctrl＋Shift＋=	上標
Ctrl＋I	斜體	Ctrl＋=	下標
Ctrl＋U	底線	Ctrl＋Shift＋>	字體放大
Ctrl＋F	尋找	Ctrl＋Shift＋<	字體縮小
Ctrl＋H	取代	Ctrl＋Home	文件最上方
Ctrl＋G	到	Ctrl＋End	文件最下方

快捷鍵	功能說明	快捷鍵	功能說明
Ctrl＋J	左右對齊	Ctrl＋Shift+J	左右分散對齊
Ctrl＋L	靠左對齊	Shift＋Enter	分列不分段
Ctrl＋R	靠右對齊	Ctrl＋Shift	切換輸入法
Ctrl＋E	置中	Shift	中英文切換
Ctrl＋Y	取消復原	Shift＋Space	切換全形半形
Ctrl＋Z	復原	Ctrl＋Shift＋，	輸入標點符號
Ctrl＋A	全選	Ctrl＋Shift＋Enter	分割表格
Ctrl＋K	超連結	Ctrl＋Enter	強制分頁
Ctrl＋N	建立新檔案	Ctrl＋F1	群組工作列

小試身手

(　) **1** 為了方便簡式word長篇文件，可以開啟文件引導模式，將文件區分成左右兩個窗格，左邊窗格為導覽視窗，其所顯示的內容為何？(A)內文　(B)註腳　(C)索引　(D)標題。

(　) **2** word文件編輯時，最適合檢視頁面中文字、圖片和其他物件的位置，編輯頁首及頁尾的模式為？　(A)整頁　(B)WEB版面配置　(C)標準　(D)大綱。

(　) **3** 在Microsoft Office系列軟體中，按鈕 ✓ 的功能為何？　(A)清除內容　(B)塗上顏色　(C)美工效果　(D)複製格式。

(　) **4** 下列何者是鍵盤輸入時，左右手一開始放置的按鍵？　(A)QWER／UIOP　(B)ZXCV／BUM<　(C)WASD／IJKL　(D)ASDF／JKL；。

(　) **5** 小櫻欲寫一篇電腦處理的作文，下列應用軟體，何者較適合？(A)Word　(B)Excel　(C)PowerPoint　(D)Access。

解答	**1 (D)**	**2 (A)**	**3 (D)**	**4 (D)**	**5 (A)**

11-2 ╱ 商業文書排版之應用

一、 格式設定

(一) 字體

字體分類分為兩種，中文字型與英文字型，中文字型大部分使用，新細明體、標楷體等，英文字形常用Arial或Times New Roman，字體大小則依個人偏好為主，最小為8號字，最大為72號字，共分為16個階級。

(二) 字型

字型主要有分為粗體、斜體、底線、字元框線、網底、大小寫、全形半形、字體色彩、注音標示、刪除線等功能。

(三) 符號及編號

主要用於撰寫條列式文章時，使用的開頭符號或是編號模式，另外如果要製作有目錄的文件，則需使用到標題的功能。

(四) 對齊方式

對齊方式分為左右對齊、靠左對齊、置中、靠右對齊及向左右兩邊的分散對齊。

(五) 橫書及直書

主要用於文字排成橫式書寫或是直式書寫，但只有全形文字才能轉成直式書寫，半形英文及符號都無法使用直書；在同一「分節」內只能選擇一種書寫方式，不能同時使用直書與橫書，但如果是表格的型式，則可以選擇這一格使用直書，旁邊的儲存格選擇橫書，或是使用文字方塊也可以同時使用橫書與直書的功能。

二、 排版技巧－段落

(一) 段落操作

主要分為首行縮排、首行凸排、右邊縮排、左邊縮排等4種，實際的使用方式，透過尺規、縮排按鈕及「段落」對話框來操作編輯。

(二) **尺規**

設置在編輯區的上方及左邊的數字格式，可以用來進行縮排操作，點擊上面的縮排鈕，進行拖曳即可進行縮排設定。

(三) **段落：一般**

設定對齊的方式以及大綱階層。

(四) **段落：縮排**

設定左右縮排或是指定凸排。

(五) **段落間距**

設定段落跟段落之間的間距以及行跟行之間的間距。

三、 插入表格及圖片

(一) **建立表格**

可以在「插入／表格」中直接選擇要建立表格的欄列數目，或是叫出插入表格視窗，進行表格建立的設定。

(二) **表格快捷鍵**

按鍵組合	說明
Shift＋Tab	插入點往前移一個儲存格，如果儲存格內有資料，則會直接選取儲存格的內容。
Ctrl＋Tab	在儲存格內，將插入點移動到下一個定位點。
Tab	將插入點往後移動一個儲存格，如果儲存格內有資料，則會直接選取儲存格的內容。
Alt＋PageUp	插入點移到表格最上方那一列。
Alt＋PageDown	插入點移到表格最下方那一列。
Ctrl＋Shift＋Enter	分割表格快捷鍵，能將一個表格分成兩格或是在表格上方插入空白列位。

(三)**插入及刪除表格**

刪除表格分為很多種方式,選取表格後按delete是刪除表格內的內容,而選取表格後按「剪下」按鈕,則會刪除整個表格包含內容,抑或是出現刪除儲存格的視窗,點選要刪除的表格位置。

插入表格可以在表格上點擊滑鼠右鍵,其中的插入功能,可以選擇要在儲存格的哪個方位增加表格。

(四)**文字與表格互換**

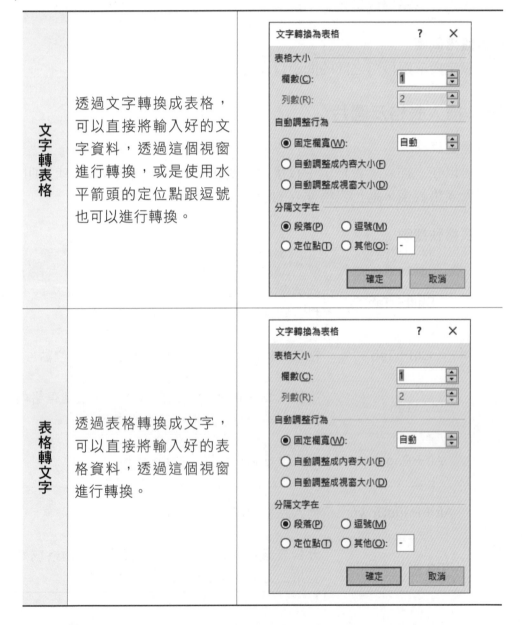

| 文字轉表格 | 透過文字轉換成表格,可以直接將輸入好的文字資料,透過這個視窗進行轉換,或是使用水平箭頭的定位點跟逗號也可以進行轉換。 |
| 表格轉文字 | 透過表格轉換成文字,可以直接將輸入好的表格資料,透過這個視窗進行轉換。 |

(五) 表格運算及排序

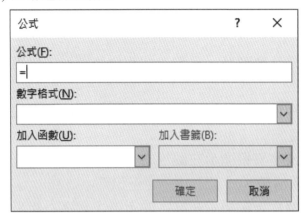

使用上面視窗可以在公式欄位輸入函數進行表格的運算或排序。

函數名稱	說明
=AVERAGE	算出平均值
=COUNT	算出儲存格內的個數
=MAX	求儲存格內數值的最大值
=MIN	求儲存格內數值的最小值
=PRODUCT	求儲存格內的相乘積
=SUM	求儲存格的總和

(六) 圖片呈現方式

1. 圖片檔案型式

以檔案來說，例如：.jpg、.png、.bmp、.gif等檔案，或是照相機所拍的數位照片，以及使用繪圖軟體所製作的圖片，都可以使用插入圖片進行圖片的放置與編輯。

2. 美工圖案

此種圖片為Word內建的素材圖片檔案。

3. SmartArt圖形

這是Word提供的圖形製作，例如：流程圖、階層圖、關聯圖等簡報圖的應用。

4. 圖表

這部分是指可以在word當中嵌入Excel的表格，或是使用Excel的橫條圖、直條圖、雷達圖等功能。

5. 文繞圖

主要是指圖片與文字的互動關係，在文件編排上使文字與圖片能夠有更好的呈現方式。

(1) **矩形**：指不管圖形是什麼形狀，呈現方式都會將圖形，以矩形方式嵌入在文字當中。

(2) **緊密**：指文字與圖片會緊密的結合，不管圖片的形狀如何，文字都會緊貼在圖片旁邊。

(3) **文字在前**：就是將文字直接顯示在圖片的上方，圖片看起來會因為被文字擋住而不太清楚。

(4) **文字在後**：就是將圖片直接顯示在文字的上方，文字看起來會因為被圖片擋住而無法清楚呈現。

(5) **上及下**：文字只會出現在圖片的上方或是下方。

(6) **與文字排列**：圖片會依照文字的位置進行編排。

小試身手

(　　) **1** 下列何者圖片的呈現方式會導致檔案的文字無法看清楚？　(A)緊密　(B)矩形　(C)文字在前　(D)文字在後。

(　　) **2** 此按鈕 U 代表在word的文字編輯中呈現何種效果？　(A)斜體　(B)底線　(C)粗體　(D)字元框線。

(　　) **3** 下列何者行距的選擇，會導致每一行的文字看不清楚？　(A)多行，行高小於1　(B)單行間距　(C)1.5倍行高　(D)2倍行高。

(　　) **4** 如果要分割儲存格請問何種方法使用正確？　(A)插入表格欄位　(B)選取表格後按delete鍵　(C)在表格中打上「=sum」　(D)以上皆非。

(　　) **5** 下列敘述何者錯誤？　(A)WORD當中的表格可以使用函數做計算　(B)可以利用插入的功能將YouTube的影片嵌入在word檔案中　(C)可以在word檔中放入長條圖和雷達圖等圖表　(D)可以使用word檔中的功能進行pdf檔的製作。

解答　　1 (D)　　2 (B)　　3 (A)　　4 (D)　　5 (B)

11-3 　商業文書應用實務

一、版面配置

(一) 設定版面

可以在版面設定當中，進行紙張方向的設定，例如：橫向或直向，以及紙張大小，另外奇偶數頁不同的頁首頁尾也可以在這進行設定。

(二) 浮水印

在製作文件時，為了防止遭到盜印，有時會使用浮水印的方式，進行版權的宣誓，浮水印一般都是使用圖片或文字，進行半透明的呈現，預設會在文件的中央位置。

(三) 分節

將不同段落的文字，使用分節符號進行隔開，這樣稱為一節，分節是為了要將不同的節分開編輯，節內的資料可以使用各自的分欄方式及直書或橫書的方式進行編輯。

(四) 分欄

可以將分好節的文件，在其中將文件進行欄位的區隔，其中可以設定欄位的數量，以及欄位的間距。

(五) 分頁

主要是用在讓大的圖片，或是段落文章，有方便閱讀的完整性，因此會使用強制分頁的方式，來進行文件的編輯，最簡單的做法就是使用ctrl＋enter的快捷鍵，不想分頁的話，直接按Delete鍵就可以恢復原狀。

二、目錄設定

(一) 插入目錄

如果要製作有自動更新目錄功能的word文件，就會需要用到插入目錄的技巧，首先每個大標題或是中標題，在編輯時使用「樣式」當中的標題功能，設定好後會在標題左邊有一個黑點，等全部目錄文件都編輯完後，再使用插入目錄的功能，就會將所有標題左邊有黑點的項目，放入目錄當中。

(二) 插入圖表目錄

使用時在「參考資料」中的「插入標號」進行標籤的紀錄,記錄好後在標籤上方或下方加入圖片或表格,之後再使用「參考資料」中的「插入圖表目錄」即可製作完成插入圖表目錄的功能。

三、 頁首頁尾

主要就是用來標示文件的頁碼,以及文件名稱的標頭,或是文件製作人的背景資料等訊息,可以在當中放置圖片或一般文字。

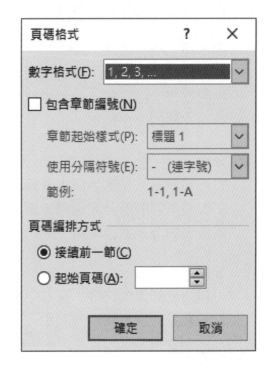

四、 書籤設定

使用在大量文件中的一個功能,在重要的地方設定搜尋點,作為書籤,之後可以快速的尋找,跳到書籤定義的位置,在「尋找與取代」當中的「到」可以設定。

五、 超連結

將文件中的圖片和文字,進行網址的串接,之後點擊圖片和文字,就可直接連結到相關的網頁,或是E-mail地址,在「插入／超連結」當中可以進行設定。

六、 合併列印

將製作好的文件跟其他的檔案資料,進行合併到主文件中列印,可以合併的檔案,例如:.docx、.xlsx、.dbf及.txt檔。

合併列印的執行流程為,在「合併列印／逐步合併列印精靈」中進行操作,1.選取文件類型→2.開始文件→3.選擇收件者→4.安排標籤→5.預覽標籤→6.完成合併。

七、 檔案型態及通用

在Word檔的使用上，早年的附檔為.doc檔，之後2007年版本的副檔名為.docx檔，這兩種檔案不完全相容，新版的可以向下支援.doc檔，但如果是舊版的Word就無法支援新的副檔名。

另外，就是近年崛起的開源文書軟體，例如：OpenOffice.org的Writer文書處理器，使用上與Microsoft Word的文字處理器大同小異，因此這兩種軟體所存的檔案，也都有部分的互相支援；OpenOffice.org的Writer所存的副檔名為.odt檔。

小試身手

（　　）**1** 在word的「頁碼格式」設定視窗中可以完成下列哪種效果？ (A)縮排與行距的設定　(B)文字輸入法的設定　(C)頁首頁尾的設定 (D)版面的設定。

（　　）**2** 在Microsoft Word中，可利用「定位點」來調整文字的排列位置，當定位點設定好了之後，插入點要移到下一個定位點所在的位置，要按下列何鍵？ (A)ctrl鍵　(B)alt鍵　(C)Shift鍵　(D) Tab鍵。

（　　）**3** 在設定插入目錄時，下列哪個步驟是必須執行？ (A)將標題設定為「樣式」標題　(B)標題文字必須為藍色　(C)標題要有章節數字 (D)標題文字不能過小。

（　　）**4** 下列哪兩個副檔名可以共同使用word開啟並互相支援？ (A).exe ／.doc　(B).odt／.docx　(C).avi／.docx　(D).com／.doc。

（　　）**5** 如果想將文件內的文字連結到某一個網站需使用下列何種功能？ (A)頁首頁尾　(B)插入圖片　(C)文字在前　(D)超連結。

解答　　**1** (C)　　**2** (D)　　**3** (A)　　**4** (B)　　**5** (D)

實戰演練

( ) **1** 一般個人電腦鍵盤上有兩個基準鍵,其鍵面分別有個小凸點,方便使用者打字時可以不用看鍵盤,請問這兩個基準鍵是下列何者?
(A)F及H鍵　(B)F及J鍵　(C)G及H鍵　(D)G及J鍵。　　　【統測】

( ) **2** 有一份Microsoft Word文件,其排版結果如下圖,請問由左至右的三個定位點的對齊方式分別為:

→	3.14	→	3.14	→	3.14↵
→	wwww	→	wwww	→	wwww↵
→	8.8	→	8.8	→	8.8↵

(A)置中、靠右、小數點　(B)置中、小數點、靠左　(C)靠左、置中、小數點　(D)置中、靠右、靠左。　　　【統測】

( ) **3** 在Microsoft Word中,下列哪一種檔案格式不能成為合併列印的資料來源檔案?　(A).doc　(B).mdb　(C).ppt　(D).xls。　　【統測】

( ) **4** 在Microsoft Word中,欲在一個完整段落的文字中插入一個圖片並排成如下圖,則該圖片的文繞圖方式應如何設定?

同一段落同一段落同一段落同一段
落同一段落同　　　一段落同一段
落同一段落　　　　同一段落同
一段落同一　　　　段落同一段
落同一段落同一段落同一段

(A)文字在前　(B)緊密　(C)矩形　(D)與文字排列。　　　【統測】

( ) **5** 在Microsoft Word中,欲將一個完整段落的文字排成下圖,則該段落應如何設定?

同一段落同一段落同一段落同一段落同一段落同
一段落同一段落同一段落同一段落同一段落
同一段落同一段落同一段落同一段落同一段
落同一段落

(A)「首行縮排」及「靠右對齊」　(B)「首行凸排」及「左右對齊」　(C)「首行凸排」及「置中對齊」　(D)「首行凸排」及「靠右對齊」。　【統測】

(　　) **6** 在Word多段落文件中，如果設定其中一個段落為獨特的多欄格式，則系統會自動為該段落前後插入何種分隔符號？　(A)分頁　(B)分節　(C)分區　(D)分行。　【統測】

(　　) **7** 下列有關Word表格功能的敘述，何者正確？　(A)表格內的資料可以進行排序與運算　(B)合併儲存格可以合併不相鄰的儲存格　(C)非巢狀的同一表格內可以插入多個多對角線儲存格　(D)選取整個表格後按下Delete鍵可以刪除整個表格。　【統測】

(　　) **8** 為了方便檢視Word長篇文件，可以開啟文件引導模式，將文件區分成左右兩個窗格，左邊窗格為導覽視窗，其所顯示的內容為何？　(A)內文　(B)註腳　(C)索引　(D)標題。　【統測】

(　　) **9** 使用Microsoft Word進行合併列印，如何區別主文件的功能變數和其它文字？　(A)功能變數永遠是粗體字　(B)功能變數永遠是斜體字　(C)功能變數有加框線　(D)功能變數會以山形符號(<<>>)包圍。　【統測】

(　　) **10** 在Microsoft Word中，在尚未結束段落之前，使用下列哪一種按鍵組合可以強迫換行而不產生段落？　(A)Shift+Enter　(B)Alt+Enter　(C)Ctrl+Enter　(D)Space+Enter。　【統測】

(　　) **11** 下列何者不是Microsoft Word可設定文繞圖的方式？　(A)左及右　(B)文字在前　(C)緊密　(D)矩形。　【統測】

(　　) **12** 在Microsoft Word中，如果要將其他圖片檔案加入本文中，要從下面哪一個功能表中選取圖片？　(A)編輯　(B)格式　(C)插入　(D)檢視。　【統測】

(　　) **13** 使用Microsoft Word編輯表格時，可以完成以下幾種操作？(1)合併相鄰的儲存格，(2)將一儲存格水平或垂直分割為兩個儲存格，(3)將一儲存格加入對角線，(4)設定單一儲存格的網底，(5)在儲存格加入圖片。　(A)2種　(B)3種　(C)4種　(D)5種。　【統測】

( ) **14** 在Microsoft Word中，選取下圖所示之二行文字內容後，以「文字轉表格」的功能轉為表格，且分隔文字選項選取「逗號」，請問轉換後所得表格可為下列何者？

(A)

1	2	3	4
5	6	7	8

```
1,  2   3   4
5   6   7   8
```

(B)

1		2	3	4
5	6	7	8	

(C)

1		2	3	4
5	6	7	8	

(D)

1	2	3	4	2
5	6	7		8

【統測】

( ) **15** 在Microsoft Word中，新編輯一個頁數共7頁的文件檔，先勾選有關頁首及頁尾功能的「奇偶頁不同」及「第一頁不同」二個核取方塊後，在第2頁的頁首中插入「頁碼」，在第3頁的頁首中插入「頁數」，則下列有關該文件檔的頁首敘述，何者錯誤？
(A)第1頁的頁首資訊為「7」
(B)第4頁的頁首資訊為「4」
(C)第5頁的頁首資訊為「7」
(D)第6頁的頁首資訊為「6」。 【統測】

( ) **16** 在Microsoft Word中執行合併列印的操作，當做完「插入合併欄位」後，所插入的欄位變數名稱(例如：姓名)會被某種括號框起來，其結果顯示為： (A)《姓名》 (B){姓名} (C)[姓名] (D)〈姓名〉。 【統測】

( ) **17** 在Microsoft Word中，若要取消文件的兩欄設定，應如何操作？ (A)在文件的最後插入空白頁 (B)在文件的最後插入分頁符號 (C)版面配置中方向設為橫向 (D)將文件的欄設定改設為一欄。 【統測】

( ) **18** 在Microsoft Word中，可利用「定位點」來調整文字的排列位置，當定位點設定好了之後，插入點要移到下一個定位點所在的位置，要按下列何鍵？ (A)「Ctrl」鍵 (B)「Alt」鍵 (C)「Shift」鍵 (D)「Tab」鍵。 【103統測】

( ) **19** Microsoft Word提供下列哪一種定位點的對齊方式？ (A)左右 (B)小數點 (C)分離線 (D)分散。 【統測】

( ) **20** 若用Microsoft Word軟體編輯一份文件時，希望第1頁之頁面方向採直向，而其之後的頁面方向都採橫向。應該在第1頁末尾插入什麼符號，再設定前後頁的直向／橫向？ (A)分行符號 (B)分節符號 (C)分頁符號 (D)分欄符號。

( ) **21** 下列敘述何者錯誤？ (A)Microsoft Word合併列印的資料來源可以是Microsoft Word資料檔 (B)Microsoft Word合併列印的資料來源可以是Microsoft Excel資料檔 (C).odt是Microsoft Word預設的範本格式 (D)Microsoft Word文件可以另存新檔成rtf格式。 【統測】

( ) **22** 在Microsoft Word中，下列何者與 按鈕的功用最相關？ (A)清除 (B)文繞圖 (C)色彩填充 (D)複製格式。 【統測】

( ) **23** 阿諾老師在Microsoft Word中想要把右圖考卷的右邊（第二頁）的題目，移到考卷左邊（第一頁）的右側空白處，何種設定最能幫助阿諾老師？ (A)文件檢視模式設定 (B)多欄式文件設定 (C)定位點設定 (D)段落設定。

【統測】

實戰演練

(　　) **24** 在Microsoft Word中執行下列哪一項動作,與按Ctrl+V
快速鍵具有相同的效果? 　(A)剪下　(B)貼上　(C)複製
(D)全選。　　　　　　　　　　　　　　　　【統測】

(　　) **25** 以Microsoft Word對齊段落時,如欲使段落中的文字,不論是否
為最末一行,在呈現上均是同時對齊左右邊界,則應選擇下列何
種對齊方式? 　(A)靠左對齊　(B)置中對齊　(C)左右對齊　(D)
分散對齊。　　　　　　　　　　　　　　　　【統測】

(　　) **26** 在Microsoft Word的定位點可設定對齊方式,請問在下列哪項元
件上點選可直接新增定位點? 　(A)捲軸　(B)尺規　(C)標題列
(D)狀態列。　　　　　　　　　　　　　　　　【統測】

(　　) **27** 下列何種開放文件格式主要用於文書處理? 　(A).odt　(B).odp
(C).odb　(D).odg。　　　　　　　　　　　　　【統測】

(　　) **28** 在Microsoft Word中,插
入圖片後發現文字被圖片
蓋住如右圖所示,下列何
者是讓圖片及文字不會重
疊的最佳方法? 　(A)輸入
空白鍵把圖片和文字分開
(B)選取圖片後將它移至最下層　(C)使用「文繞圖」設定　(D)
選取文字後將它移至最上層。　　　　　　　　　　【統測】

(　　) **29** 已經準備好考生的姓名、成績和地址等欄位的資料清單,如果要
製作每一位同學個別的成績通知單,並且套印信封標籤,最適合
採用Microsoft Word文書處理軟體的哪一項功能? 　(A)表格建
立　(B)合併列印　(C)追蹤修訂　(D)表單設計。　　【統測】

(　　) **30** 下列何者不屬於文書處理軟體Microsoft Word表格工具的功能?
(A)合併或分割儲存格　(B)依照設定的條件,進行資料篩選
(C)將表格的資料內容,依照某一個欄位排序　(D)在某一儲存格
中加入公式,計算平均值。　　　　　　　　　　　【統測】

商業簡報應用

「商業簡報應用」重要的考題主要集中在：
1. 母片的各種觀念。
2. 檔案輸出及列印的方式。
3. 播放投影片時，動畫的使用。
其中第一項較為重要，幾乎都會有一題出現，因此你需要學會這個部分。

12-1 商業簡報軟體的認識與基本操作

一、製作簡報的方向

(一) 企劃

首先需要了解簡報的主題方向，以及閱聽人的對象為何，主題與閱聽人的背景是會互相呼應，並且會決定簡報的深度與廣度，另外就是要思考簡報的最終目的為何，是否有需要達成的目標，例如：產品提案或社團成果發表等方向。

(二) 資料準備

決定好主題及了解閱聽人的背景後，就會進行資料的收集，以及選取適當的軟體工具來製作簡報，而為了要對閱聽人有吸引力，在製作時可加適當加入一些圖片或表格，來加強簡報的豐富程度並且增加說服力。

(三) 簡報預演

在製作完成簡報後，可以找鏡子預演或邀請同事好友作為觀眾，聽取簡報並適時請對方提供意見，在預演的過程中也可以注意時間的掌控程度，避免過長不必要的報告，造成聽眾的疲乏，並且需要預留時間，給聽眾思考及提問。

(四) 報告展示

在簡報時為了跟聽眾有較強的連結與互動，在報告時可適時的與聽眾有眼神上的交流，說話時語調要有抑揚頓挫，並且可在報告中增加一些幽默的話題，這樣可以讓聽眾保持專注力，最後也可多多邀請聽眾提問，或是提供問卷作為當次報告的一個參考。

二、PowerPoint的認識

(一) PowerPoint製作空間

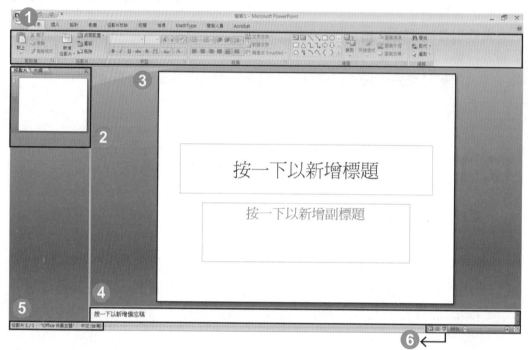

❶ 工具列。	❷ 預覽模式及投影片內容預覽區。
❸ 投影片編輯區。	❹ 備忘稿編輯區。
❺ 狀態列及背景主題。	❻ 檢視模式及比例尺。

(二) PowerPoint具有的功能

　1. 簡報檢視功能

功能名稱	說明
標準模式	可在內容預覽區看到投影片及大綱兩種選擇，選擇大綱，可以直接調整投影片的前後順序，而在投影片的顯示下，則可以直接在其中作內容的編輯。
瀏覽模式	能在中間的區域以大圖的方式顯示所有的投影片內容，在這個模式下，可以對投影片進行新增、刪除、複製等功能的調整，並且可以對個別頁數的投影片進行特效置入的編輯。
放映模式	直接進行投影片的播放觀看，點擊Esc鍵可以終止播放。
黑白模式	以黑白的方式呈現投影片，可以預覽使用黑白列印後的結果樣貌。

2.使用母片的設計功能，可以方便的將投影片做一致性完整的更改作業，提升製作效率。

3.對於單一投影片的內容物件，可以編輯使用不同的動畫功能，或是讓物件在不同的時間產生動畫效果，達到吸引閱聽人的注意。

4.在投影片檢視模式中，可以進行新增、修改、刪除投影片的編輯動作。

5.簡報製作時可以使用網頁存取的功能，進行存檔或是使用E-mail傳送功能，方便將簡報提供給閱聽人觀看參考。

6.在投影片中的物件文字，以及按鈕都可以設定動畫、按鈕動作、超連結等功能，方便在簡報時直接引用外部資料。

(三) **製作PowerPoint簡報的方法**

1.**新增投影片－版面配置**

在製作投影片時，可以透過版面配置的範本，找尋相近的版面進行修改，或是直接使用空白版面進行投影片編輯。

2.**PowerPoint常用快速鍵**

按鍵名	說明	按鍵名	說明
Ctrl＋A	使投影片播放時顯示滑鼠遊標。	F5	放映投影片。
Ctrl＋D	複製投影片。	Shift＋F5	從目前編輯的投影片開始播放。

按鍵名	說明	按鍵名	說明
Ctrl＋E	播放投影片時將滑鼠遊標改為橡皮擦。	Alt＋P	暫停播放及播放視訊檔。
Ctrl＋H	播放投影片時不要顯示滑鼠遊標。	Alt＋Q	停止所有播放視訊檔。
Ctrl＋M	新增投影片／播放時隱藏或顯示畫筆標記。	**數字＋Enter**	播放投影片時指定到某頁的投影片。
Ctrl＋P	播放投影片時將滑鼠遊標改為畫筆。	E	播放投影片時刪除所有的畫筆標記。
Ctrl＋Q	關閉整個PowerPoint軟體。	Esc	結束播放投影片。
Ctrl＋S	播放投影片時顯示「所有投影片」的對話視窗。	Home	播放投影片時跳回到第一張。
Ctrl＋T	播放投影片時顯示工作列。	PageUp	播放時回到上一張。
B	播放投影片時畫面呈現黑色。	PageDown	播放時跳下一張。
W	播放投影片時畫面呈現白色。		

3. 版面設定

透過版面設定，可以設置投影片的橫向或直向，以及投影片的寬、高等設定。

(四) PowerPoint的母片

1. 母片的類型

母片共分為4種,有標題母片、講義母片、投影片母片及備忘稿母片。

2. 母片的用途

母片最主要的功用,在於可以同時設定所有投影片的背景圖案、色彩、字型及頁首頁尾等通用設定,製作時可以節省每頁修改的時間,提升製作簡報的效率。

3. 存檔母片

可以將母片存檔為.potx的設計範本檔,未來製作簡報時可直接套用。

(五) PowerPoint的插入功能

1. 插入表格

可以利用PowerPoint插入表格的按鍵,直接設定表格的儲存格數量。

2. 插入圖片

可以在PowerPoint當中的插入圖片,選取電腦中的圖片進行嵌入,或是使用美工圖案,將設計好的圖檔嵌入簡報當中。

3. 插入SmartArt圖

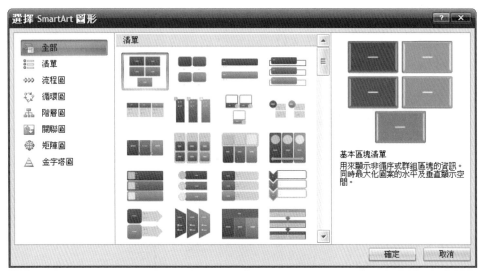

透過這些範例圖的使用,增加簡報的豐富程度。

4. 插入圖表

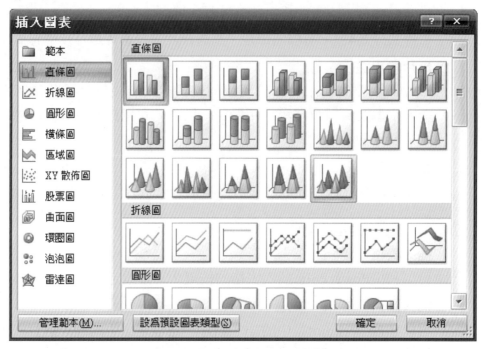

在簡報當中加入這些圖表，可以使閱聽人更輕易的了解簡報內容。

5. 插入影片及聲音

PowerPoint也可以在插入當中，選擇聲音及影片使用，支援的音檔有.wma、.wav、.mp3及.au等檔案，影片檔的支援有.wmv、.mpeg、.mp4及.avi等檔案，製作簡報時都可以進行播放的設定。

6. 插入頁首頁尾

可以在頁首頁尾當中設定時間播放編號等功能。

7.插入超連結

在PowerPoint當中可以將文字及圖片，設定內部連結，連到另外一頁的某個定點，或是使用外部連結，在簡報時直接連到外部的網頁進行補充說明。

8.動作設定

在動作設定中，可以設定在簡報播放時的行為動作，方便報告者進行說明。

小試身手

( ) **1** 在Powerpoint中，要使得每一張投影片都有共同的設定，請問是要利用下列哪一項功能？

(A)母片   (B)投影片切換

(C)黑白   (D)插入。

( ) **2** 在PowerPoint可以利用下列的哪一個功能來設定播放時間的長度？

(A)播放   (B)投影片切換

(C)排練時間   (D)預設動畫。

( ) **3** 下列哪一個快捷鍵可以使播放投影片時顯示畫筆的標記？

(A)Ctrl＋L   (B)Ctrl＋M

(C)Ctrl＋N   (D)Ctrl＋O。

( ) **4** 在Powerpoint中，背景所提供的填滿效果，不包括下面的哪一項？

(A)漸層   (B)材質

(C)圖樣及圖片   (D)動畫配置。

(　　　) **5** 下列敘述何者錯誤？
　　　　(A)Powerpoint可以插入影片及聲音進行播放
　　　　(B)Powerpoint當中無法插入外部連結
　　　　(C)利用動作按鈕可以設定投影片的連結位置
　　　　(D)使用母片存檔可以方便日後的套用。

解答	1 (A)	2 (C)	3 (B)	4 (D)	5 (B)

12-2 商業簡報實務應用

一、PowerPoint投影片的特效及切換

PowerPoint在播放投影片時，動畫的設定使用在每一頁投影片的換頁，或是文字及圖片等資料出現的時候，投影片切換時的特效如下圖。

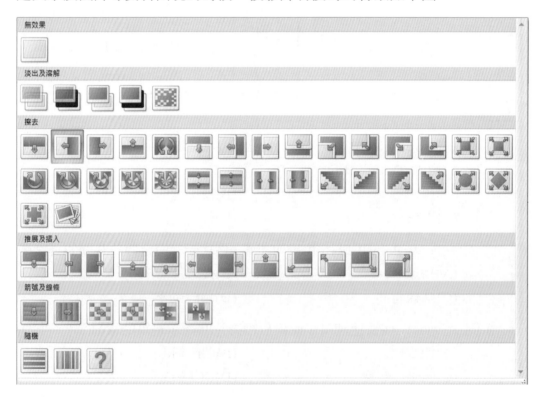

投影片的換頁，可設定滑鼠點擊或是設定時間秒數自動換頁，特效的設定共分為3種，投影片切換特效、動畫配置及自訂動畫。

二、PowerPoint播放投影片簡報

(一) 放映方式

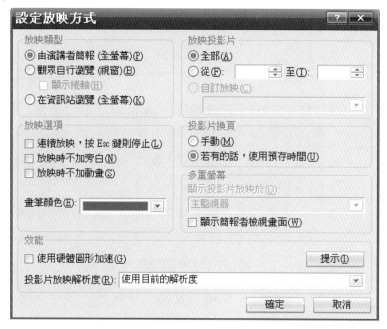

這個視窗從「投影片放映」點擊「設定放映方式」就會出現,在這個視窗,可以進行投影片放映的設定,例如:放映從多少頁到多少頁,放映時是否播放動畫,以及是否需要固定時間進行換頁等。

(二) 隱藏投影片

投影片及大綱的區域,在投影片上點擊右鍵,會顯示工作欄,最下方有「隱藏投影片」隱藏後,在投影片播放時便不會播放這一頁。

三、 PowerPoint檔案輸出及資料列印

(一) PowerPoint的檔名類型

檔案類型	說明
.ppt及.pptx	簡報檔，2007年之後的版本為.pptx，需要使用Powerpoint軟體才能開啟。
.pps及.ppsx	播放檔，2007年之後的版本為.ppsx，可直接進行播放不需要開啟Powerpoint軟體，除非是需要進行編輯。
.pot及.potx	範本檔，2007年之後的版本為.potx，需要使用Powerpoint軟體才能開啟。
.odp	開源的文書處理軟體，當中的Impress類似PowerPoint的功能，所儲存的檔案。
.htm及.html	網頁檔，可直接使用瀏覽器開啟瀏覽。
.jpg及.png等	PowerPoint有支援的圖片檔，可以另外儲存成圖片格式的檔案。

(二) 投影片列印

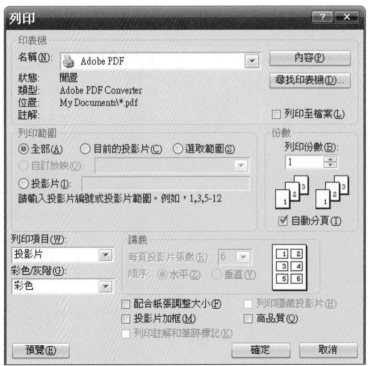

列印模式與文書處理類似，不過PowerPoint有特殊的列印項目選擇，例如：為投影片、講義、備忘稿、大綱等4種，投影片模式為一張紙印一頁投影片，講義模式為一張紙列印多張投影片，備忘稿為投影片旁邊留有書寫空間，大綱則只列印大綱文字。

小試身手

(　　) **1** 在Powerpoint中關於投影片放映的敘述下列何者錯誤？　(A)可以隱藏某些投影片不放映　(B)一旦使用自動播放每一張的投影片時間必須要一樣　(C)可以設定播放投影片時的動畫　(D)可加入聲音旁白。

(　　) **2** 下列有關簡報軟體Powerpoint所提供的功能何者錯誤？　(A)變更投影片的版面配置可快速的改變文字方向　(B)變更投影片的版面設定可快速的改變投影片的方向　(C)letter紙張35mm幻燈片都不是Powerpoint所提供的投影片尺寸　(D)web簡報黑白投影片是Powerpoint可輸出的方式。

(　　) **3** 在Powerpoint中如果簡報需要使用WEB畫面，下列哪一項副檔名正確？　(A).pps　(B).pdf　(C).doc　(D).htm。

(　　) **4** 請問在講義母片中，一頁講義最多可列印多少張投影片？　(A)9張　(B)12張　(C)15張　(D)18張。

(　　) **5** 如果在簡報當中，想要讓下一張原本被隱藏的投影片顯示出來，請問可以按哪一個按鍵？　(A)G鍵　(B)H鍵　(C)I鍵　(D)J鍵。

解答　1 (B)　2 (C)　3 (D)　4 (A)　5 (B)

實戰演練

(　) **1** 有一份100頁的Microsoft PowerPoint投影片,想要列印其中的第5頁到第18頁,以及第34頁。請問在列印對話方塊中,該如何設定列印範圍方能把指定的15頁投影片列印出來? (A)5~18 and 34 (B)pp. 5 to 18+34 (C)5~18&34 (D)5 - 18, 34。 【統測】

(　) **2** 使用Microsoft PowerPoint簡報軟體,先在「母片」中設定標題文字置中,然後在第5張投影片中設定標題文字靠左對齊,並在第7張投影片中設定標題文字靠右對齊,則下列敘述何者錯誤? (A)第4張投影片標題文字置中 (B)第5張投影片標題文字靠左對齊 (C)第6張投影片標題文字靠左對齊 (D)第7張投影片標題文字靠右對齊。 【統測】

(　) **3** 在Microsoft PowerPoint簡報軟體的檢視模式及播放列中,點選 ⊞ 按鈕會進入下列哪一種模式? (A)標準模式 (B)母片模式 (C)投影片放映 (D)投影片瀏覽。 【統測】

(　) **4** 下列有關PowerPoint中插入音訊物件的說明,何者不正確? (A)可以插入的聲音檔案格式包括wav、mp3等 (B)可以設定自動或按一下時播放 (C)插入單張投影片的聲音物件,無法設定為循環播放 (D)連結的聲音檔案如果變更路徑將無法正常播放。 【統測】

(　) **5** Microsoft PowerPoint對投影片內物件所指定動畫的銜接,以下哪一項設定無法完成? (A)按一下 (B)與前動畫同時 (C)接續前動畫 (D)跳過動畫不播放。 【統測】

(　) **6** 以下何者不是Microsoft PowerPoint「自訂動畫」的功能? (A)可以設定投影片切換時的顯示效果 (B)可以針對投影片中指定物件設定顯示效果 (C)可以設定與其他投影片的連結 (D)可以設定動畫的播放順序。 【統測】

( ) **7** 下列何者為Microsoft PowerPoint「播放檔」的副檔名？ (A)pps (B)ppt (C)pdf (D)pfx。 【統測】

( ) **8** 在Microsoft PowerPoint中，如果要將聲音檔作為背景音樂持續播放，最簡單的方式透過以下何種功能？ (A)超連結 (B)加入動作按鈕 (C)自訂動畫 (D)巨集。 【統測】

( ) **9** Microsoft PowerPoint的母片是投影片的格式樣版，母片的編輯無法做以下哪一項設定？ (A)列印模式 (B)套用版面配置 (C)頁首與頁尾 (D)字型樣式。 【統測】

( ) **10** 下列有關Microsoft PowerPoint的敘述，何者正確？ (A)PowerPoint提供的母片有投影片母片、備忘稿母片以及大綱母片三種 (B)我們先設定某些投影片後，接著再修改投影片母片的設定，則投影片母片的新設定都會套用到所有的投影片上 (C).pps是一種PowerPoint範本檔的格式 (D)PowerPoint檔案可以存成.jpg或.png圖片檔。 【統測】

( ) **11** 用Microsoft PowerPoint製作簡報，可用下列何項功能來連結到外部的檔案或網頁？ (A)插入超連結 (B)進行段落設定 (C)設定自訂動畫 (D)設定投影片放映。 【103統測】

( ) **12** OpenOffice.org中的簡報設計軟體稱為： (A)OpenOffice.org PowerPoint (B)OpenOffice.org Draw (C)OpenOffice.org Impress (D)OpenOffice.org Basc。 【統測】

( ) **13** Microsoft PowerPoint提供的列印模式中，若要設定每頁列印多張投影片，則需用下列何種模式？ (A)投影片模式 (B)講義模式 (C)備忘稿模式 (D)大綱模式。 【統測】

( ) **14** 使用Microsoft PowerPoint簡報軟體，若在投影片母片中設定標題文字為紅色，接著在第5張投影片中設定標題文字為白色，最後又在投影片母片中設定標題文字為黑色，完成以上設定後的第5張投影片中標題文字為哪種顏色？ (A)紅色 (B)白色 (C)黑色 (D)灰色。 【統測】

實戰演練

(　　) **15** 關於套裝軟體之功能，下列敘述何者錯誤？　(A)以Microsoft Word排版的檔案，可以另外儲存成HTML格式的網頁檔案　(B)在Microsoft PowerPoint中，可以插入超連結（Hyperlink），以利連結到YouTube網站中的影片　(C)使用PhotoImpact調整照片的整體亮度時，常常使用焦距變焦的編修工具來進行調整　(D)使用Microsoft Movie Maker可以匯入JPEG格式的靜態圖片檔作為素材。　　　　　　　　　　　　　　　　　　　　【統測】

(　　) **16** 下列何者不是Microsoft PowerPoint簡報資料的列印模式？
(A)標準模式　　　　　　　　　(B)大綱模式
(C)講義模式　　　　　　　　　(D)備忘稿模式。　　　【統測】

(　　) **17** 在Microsoft PowerPoint的「標準模式」下，下列哪一種按鍵可以從「目前投影片」開始播放投影片？
(A)「F5」鍵　　　　　　　　　(B)「Alt＋F5」鍵
(C)「Ctrl＋F5」鍵　　　　　　(D)「Shift＋F5」鍵。　【統測】

(　　) **18** 用Microsoft PowerPoint做簡報的時候，通常都會點選「投影片放映」模式進行簡報。在PowerPoint投影片放映模式時，請問以下敘述何者正確？　(A)回到上一頁可以按一下「→」鍵　(B)可以按「Esc」鍵結束放映　(C)回到上一頁可以按一下滑鼠右鍵　(D)播放下一頁可以按一下「PageUp」鍵。　　　　　【統測】

(　　) **19** Microsoft PowerPoint播放簡報時，可將滑鼠指標變成畫筆，進行標註。在簡報結束時，PowerPoint會如何處理筆跡標註？
(A)自動儲存為註解　(B)自動儲存為備忘稿　(C)簡報者可選擇是否保留筆跡　(D)自動儲存成JPG檔。　　　　　　　　【統測】

(　　) **20** 下列何者為簡報檔的開放格式？　(A).odt　(B).ods　(C).odp (D).odg。

(　　) **21** 在Microsoft PowerPoint中，下列哪一種檢視模式會顯示所有投影片的縮圖，以方便調整投影片的順序？　(A)投影片瀏覽　(B)大綱模式　(C)投影片放映　(D)備忘稿。　　　　　　　　【統測】

( ) **22** Microsoft PowerPoint的輸出模式中，下列哪一種列印模式不會顯示投影片中的圖片或圖案？ (A)講義模式 (B)大綱模式 (C)投影片模式 (D)備忘稿模式。 【統測】

( ) **23** 下列何者不是Microsoft PowerPoint提供的母片？ (A)投影片母片 (B)講義母片 (C)動畫母片 (D)備忘稿母片。 【統測】

( ) **24** 在Microsoft PowerPoint的「列印」設定中，哪一種「列印項目」不會將投影片上的圖片列印出來？
(A)講義（每頁3張投影片）
(B)講義（每頁9張投影片）
(C)備忘稿
(D)大綱模式。 【統測】

( ) **25** 下列何者不屬於Microsoft PowerPoint投影片動畫設定之效果類型？ (A)投影片切換 (B)進入 (C)結束 (D)強調。 【統測】

( ) **26** 在Microsoft PowerPoint中，為了掌握簡報時間與速度，在正式簡報前，使用者可以使用下列哪項功能進行預演？ (A)轉場功能 (B)母片設計功能 (C)預存時間功能 (D)排練計時功能。 【統測】

( ) **27** 若要將具有20張投影片的Microsoft PowerPoint檔案中的所有投影片均設定相同的自訂背景圖，使用下列哪項方式的操作步驟最少？ (A)在每張投影片當中直接插入背景圖 (B)在「頁首及頁尾」功能中設定背景圖 (C)在「新增投影片」功能套用含圖片的版面配置 (D)使用「投影片母片」功能並在其中設定背景圖。

( ) **28** 有關Microsoft PowerPoint簡報軟體的操作，下列敘述何者錯誤？ (A)在Microsoft Word中進行字串複製後，可以直接在Microsoft PowerPoint中貼上 (B)每張投影片可以設定不同的自動播放時間 (C)簡報時必須依投影片順序來播放 (D)簡報中的圖片可以設定超連結。

實戰演練

（　　）**29** 小明在某家電子公司擔任工程師設計一顆邏輯IC，當他要向主管
報告這個IC的提案說明書時，請問他最好使用下列什麼工具進
行編輯？
(A)SQL（Structured Query Language）
(B)C Complier
(C)Assembler
(D)Microsoft PowerPoint。

（　　）**30** 假設目前Microsoft PowerPoint的預設投影片標題字是「黑色，
細明體」。依序操作下列甲→乙→丙的編輯步驟，步驟甲所新增
的投影片，其標題字的顏色與字體為下列何者？
甲、新增一頁「標題及物件」的投影片，並停留在這一頁。
乙、在標題區輸入文字，並改變標題文字字體為「標楷體」。
丙、編輯投影片母片，將整份投影片的標題字改為「紅色，微軟
　　正黑體」，並離開母片編輯模式。
(A)紅色，微軟正黑體　　　(B)黑色，細明體
(C)黑色，標楷體　　　　　(D)紅色，標楷體。

試算表的考試方向，主要著重在函數的使用，以及表格的使用和資料分析，所以在函數的學習上面，要非常的專注，另外近年樞紐分析也稍微浮出水面，因此這部分也要稍微注意。

13-1 商業試算表軟體的認識與基本操作

一、Excel操作環境

(一) Excel工作視窗

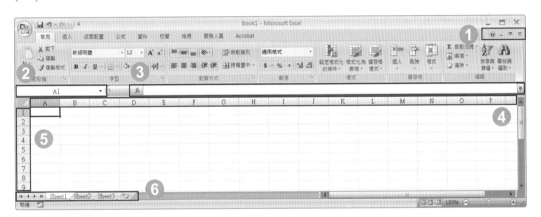

❶ 工作視窗列。	❷ 名稱方塊。
❸ 資料編輯列。	❹ 欄名。
❺ 列名。	❻ 標籤卷軸、工作表標籤及新增工作表（左至右）。

(二) Excel的特有功能

　　1. Excel的快捷鍵

快捷鍵	說明	快捷鍵	說明
Ctrl＋0	快速隱藏欄	Shift＋Enter	向上移動一個儲存格
Ctrl＋1	顯示「儲存格格式」的視窗	Shift＋F2	編輯儲存格註解

快捷鍵	說明	快捷鍵	說明
Ctrl＋9	快速隱藏列	Shift＋F3	顯示「插入函數」視窗
Ctrl＋L	顯示「建立表格」視窗	Shift＋Tab	向左移動一個儲存格
Ctrl＋Shift＋:;	輸入目前時間	Alt＋$^+_=$	自動加總
Ctrl＋Shift＋2	套用時間的格式	Alt＋Enter	在編輯儲存格時換行
Ctrl＋Shift＋3	套用年月日的日期格式	Alt＋Shift＋F1	插入新工作表
Ctrl＋Shift＋4	套用貨幣格式	Tab	向右移動一個儲存格
Ctrl＋Shift＋5	套用百分比格式	Enter	向下移動一個儲存格
Ctrl＋N	建立新的空白活頁簿	F4	設定公式的相對及絕對位置切換
Ctrl＋F6	切換活頁簿視窗	Ctrl＋:;	輸入今天日期

2.**格式化的條件**

　　用來將資料的內容，給予特殊的規定及呈現方式，例如：全班的身高體重記錄，將體重超過80公斤，設定為底線紅字；可以在「設定格式化的條件規則管理員」視窗中進行編輯。

3.**凍結欄位**

　　主要用途是將需要經常參照的欄位，進行凍結固定，被凍結的欄位不會隨著卷軸移動，方便使用者在輸入資料和分析資料時，方便參考之用；在「檢視／凍結窗格」中可以進行設定。

(三) 儲存格的應用

1. **資料的對齊方式**

對齊方式主要分為水平以及垂直方式，水平方式，有向左、向右、置中對齊、填滿及跨欄置中等；垂直對齊方式則是靠上、靠下或是置中等對齊方式。

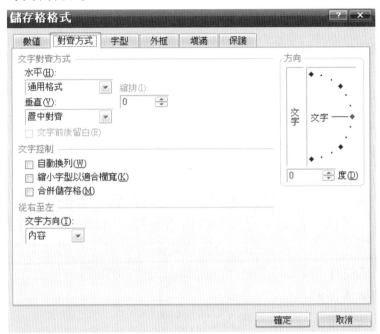

2. **資料的方向**

在方向的位置，可以直接設定資料輸入後，文字的方向型態。

3. **資料換列**

資料輸入過多超過固定儲存格長度時，就會影響旁邊的儲存格，因此會需要設定儲存格的寬度，以及資料換列等方法，換列的方式，有自動換列、強迫換列、縮小字型及合併儲存格等方法。

4. **資料的選取**

選取方式	說明
單一儲存格	直接在儲存格上點擊滑鼠左鍵即可。
不連續儲存格	使用鍵盤Ctrl鍵，再將欲選取的儲存格用左鍵點選。

選取方式	說明
連續儲存格	直接使用滑鼠左鍵拖曳，選取連續的儲存格。
連續欄位	滑鼠遊標移到上方，出現垂直箭頭的符號時，點選滑鼠左鍵拖曳，即可選擇數個欄位。
連續列位	滑鼠遊標移到左側，出現水平箭頭的符號時，點選滑鼠左鍵拖曳，即可選擇數個列位。
完整工作表	在儲存格左上角，A的左側空間，點選滑鼠左鍵，即可選擇完整的工作表。

5. **資料編輯**

資料編輯時，選取儲存格後，直接在格內輸入資料即可；如果需要修改資料，可使用F2按鍵進入修改，或是選擇儲存格後，在編輯列修改儲存格；清除的部分，分為內容清除及格式清除，按Delete鍵可直接清除內容，但格式會留存，清除格式則需要到「常用／編輯／清除／清除格式」中進行設定。

6. **儲存格的插入及刪除**

在儲存格點選滑鼠右鍵「插入」就會看到，現有儲存格右移、現有儲存格下移、整列及整欄的插入方式，刪除儲存格也是，在儲存格上點選滑鼠右鍵「刪除」，同樣也會出現，右側儲存格左移、下方儲存格上移、整列及整欄的刪除方式。

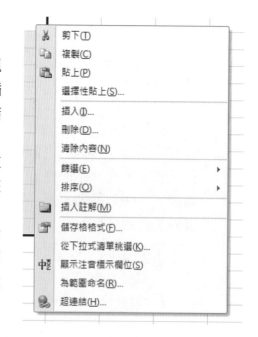

想要插入一欄或一列，以及刪除一列或一欄，都可以在上方的欄號及左方的列號，點選滑鼠右鍵使用插入或刪除即可。

7. **儲存格的隱藏及取消**

欄與列的隱藏，只要在欄名或列名，選取要隱藏的欄和列名，點選滑鼠右鍵，選擇隱藏就會將其隱藏整列或整欄，取消時是在隱藏的地方，同樣點選右鍵取消隱藏即可。

(四) 儲存格的資料

1. 資料的型態

資料的型態,分為文字以及數值,文字可以是中文、英文及數字字元,開頭數字是0不會被自動消失,並且靠左對齊;如果是數值則會靠右對齊,並且開頭的數字如果是0則會自動消失。

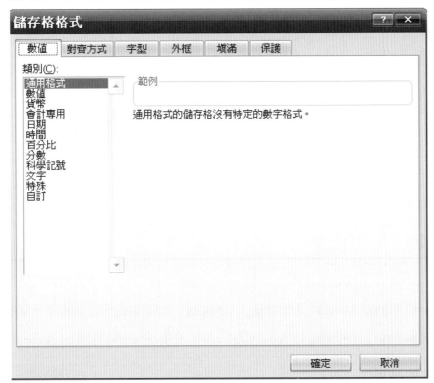

2. 資料的格式

資料的格式分為多種,例如:數質、百分比、分數、科學記號、貨幣、時間、日期及自訂字元等等

3. 資料的內容

Excel的資料輸入有一個方便的模式,就是自動填滿儲存格,有以下幾種方法,如果是相同資料,在一個儲存格中輸入文字資料後,將滑鼠移到右下角出現十字符號點擊拖曳往下,即可將儲存格填滿相同內容。

如果是要填入數列資料時,則分為兩種,文字及數字混合,可直接用前述的方法,如果是遞增的數字資料,則需按住Ctrl鍵進行拖曳;遞減資料則需要將，至少前兩個儲存格的數值資料填入，讓Excel知道遞減的規則，之後在按住Ctrl鍵進行拖曳。

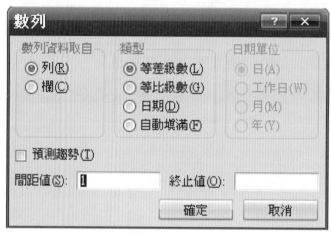

在數列的設定視窗中，有等差級數及等比級數的設定編輯，只要設定好間距值，就可以將儲存格執行數值的填寫。

(五) 相對座標及絕對座標

在相對座標的狀況下，複製儲存格時，儲存格內原有的運算式會跟著到不同的位址，進行自動調整。

在絕對座標的狀況下，運算式永遠都會在同一個儲存格內，不會因為位址的變動而有所調整；標示的方法為，在儲存格編號前加入 $ 符號。

(六) 函數的應用

1.在Excel中的運算要先輸入「＝」之後，再輸入運算的公式，一切的運算公式，都須由等號作為開始。

下面會介紹各種運算符號跟比較符號，以及各種錯誤訊息的意思。

運算符號 (優先順序 由上到下)	說明	比較 符號	說明	錯誤訊息	說明	其他 符號	說明
( )	括號	＝	等於	#NULL!	運算子或參照 公式錯誤。	&	連接符號
－	負號	＜	小於	#REF!	儲存格尋找不 到參照。	：	範圍在兩 個儲存格 之間

運算符號 (優先順序 由上到下)	說明	比較 符號	說明	錯誤訊息	說明	其他 符號	說明
%	百分比	>	大於	#VALUE!	儲存格內的資料錯誤。	『,』	將不同的引數分隔
^	次方	<=	小於等於	#DIV/0!	運算式中的除法，分母是0。	—	—
*	乘號	>=	大於等於	#NAME?	儲存格的名稱錯誤。	—	—
/	除號	<>	不等於	#N/A	使用的運算式或函數具有無效的值。	—	—
+	加號	—	—	—	—	—	—
-	減號	—	—	—	—	—	—

2. **常用函數**

函數名稱	說明
SUM	儲存格的加總。
MAX	找出儲存格中內容最大的數值。
MIN	找出儲存格中內容最小的數值。
AVERAGE	計算儲存格的平均值。
COUNT	計算儲存格之間有多少個數字。
COUNTBLANK	計算儲存格之間有多少個空白儲存格。

函數名稱	說明
IF	假設某儲存格為「1」，顯示通過，不為「1」則顯示不通過。
COUNTIF	計算儲存格之間，大於某個數值的儲存格有多少個。
RANK	計算儲存格之間的排序。
ROUND	將儲存格取小數點多少位，其後四捨五入。
ROUNDUP	將儲存格取小數點多少位，其後無條件進位。
ROUNDDOWN	將儲存格取小數點多少位，其後無條件捨去。

二、 Excel的資料應用

(一) 資料排序

將儲存格的資料，按照遞增或遞減的方式做排序，內部預設的排序，首先是數值的大小，之後分別為英文字母及中文筆畫數，其他還有特殊排序的規則，例如：星期、天干、地支等，如果要進行排序的設定，可以在排序的視窗當中進行編輯。

(二) 合併工作表運算

將兩個不同的工作表，但儲存格的內容性質相同，合併成另外一個新的工作表進行合併運算。

(三) 資料篩選

將儲存格中的資料，透過設定的特殊條件挑選出資料，其他不符合條件的資料則隱藏。

(四) 資料驗證

對於儲存格設定輸入內容的驗證條件，避免在需要輸入數值的儲存格內，填寫成文字，反之亦然。

(五) 樞紐分析

透過儲存格的欄位，將每個欄位的資料，做有組織的統計分析，讓分析結果可以簡單明瞭的閱讀，另外也可設定特殊的需求，顯示或隱藏某些特定的資料，最後結果的資料表，可以保存日後作資料的排序及篩選，也可以將資料進行圖表製作。

小試身手

(　) **1** 下列哪一項功能不是試算表應用軟體的主要功能？　(A)會計試算表　(B)繪製統計圖表　(C)製作簡報　(D)資料排序。

(　) **2** 在Excel中，並沒有下列哪一個函數？　(A)ROUND（）　(B)SUM（）　(C)COUNT（）　(D)DEL（）。

(　) **3** 在Excel中，下列有關「函數中引數」的敘述何者有誤？　(A)引數可以是一段儲存格的範圍　(B)引數可以是一個邏輯值　(C)引數可以是另外一個函數　(D)引數可以是一個巨集。

(　) **4** 在Excel當中，下列何者可以用來表示絕對座標的符號？　(A)＆　(B)@　(C)$　(D)%。

(　) **5** 如果要計算A1+B1+C1+D1＝？，可簡單的直接利用下列哪一個函數來計算？　(A)COUNT（A1：D1）　(B)SUM（A1：D1）　(C)COUNT（A1：D4）　(D)SUM（A1：A4）。

解答	1 (C)	2 (D)	3 (D)	4 (C)	5 (B)

13-2　商業試算表實務製作

一、統計表的認識

(一) 統計表的類型

直條圖	直條圖可以分為兩種，群組直條圖及堆疊直條圖，用來比較不同的類別中但相同項目，或是比較不同群組所佔的比重。

橫條圖	功能與直條圖類似但呈現方式為橫式。
折線圖	呈現一個數列的各類別或時間上的變化趨勢。
圓形圖	表示各種項目對於總和的比例。
XY散佈圖	呈現資料兩兩成對的狀況。
區域圖	呈現一個數列在各類別或時間上的比例趨勢。
環圈圖	與圓形圖類似，但環圈圖可呈現多個數列資料。
雷達圖	呈現每種資料與中心點的偏離狀況。
股票圖	呈現股票的走勢變化圖，一般稱為K線圖。
泡泡圖	用來呈現多組資料，對於某問題的比例或佔比。
曲面圖	用兩個不同維度的圖來呈現資料的趨勢曲線。

(二)統計表的製作

圖表的製作都可以在資料範圍選取後，利用「插入／圖表」的方式進行快速繪製。

二、文件格式與列印

(一)Excel的通用檔名介紹

1.附檔名介紹

2007年版本前的附檔名都是.xls，2007年版本後的副檔名都是.xlsx；開源辦公室軟體OpenOffice.org的試算表名稱為Calc，所存的檔名為.ods，另外，儲存時也可以使用網頁的.htm及.html，或是.pdf來存檔。

2. 檔案保護

為了資料的保護，試算表可以設定密碼，進行權限的控管，在「檔案 ／資訊」的「權限」中可以進行密碼設定。

(二) Excel的列印方式

在使用Excel 2010年版本列印時，可以透過「檔案／列印」顯示列印視 窗，在視窗中可以設定列印份數、列印的頁數、變更比例及版面設定。

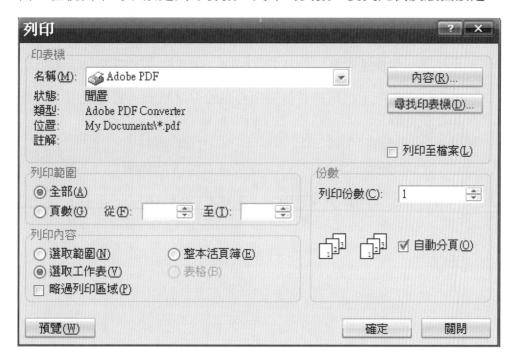

小試身手

(　) **1** 在Excel中關於「列印」的敘述何者有誤？

(A)可在版面設定中的工作表標籤來設定列印的範圍

(B)選取一段要列印的儲存格範圍後，可在列印中選取「選定範 圍」來列印出所需要的範圍

(C)選取一個圖表後按列印即可列印該圖表

(D)選取一段儲存格範圍後按一下列印即可列印出該範圍。

( ) **2** 在Excel中設定工作表的保護範圍不包含下列哪一項？ (A)內容 (B)顯示比例 (C)分析藍本 (D)物件。

( ) **3** 在Excel中關於「保護活頁簿」的敘述何者有誤？
(A)可以讓活頁簿無法插入新的工作表
(B)可以保護活頁簿視窗無法改變大小
(C)活頁簿中的各個工作表內儲存格的值無法修改
(D)密碼可以設定為空的字元。

( ) **4** 在Excel中要切換相對座標、絕對座標及混合座標時需要使用下列哪一個快速鍵？ (A)F2 (B)F4 (C)F6 (D)F12。

( ) **5** 如果要顯示出數據資料與中心點的偏離狀態，需要使用下列哪一種統計圖？
(A)泡泡圖　　　　　　　　　(B)雷達圖
(C)環圈圖　　　　　　　　　(D)XY散佈圖。

解答　　**1 (D)**　　**2 (B)**　　**3 (C)**　　**4 (B)**　　**5 (B)**

實戰演練

( ) **1** 在下列應用軟體中，何者具有資料分析、計算、排序、統計與製作圖表等功能？　(A)小畫家　(B)Photoshop　(C)記事本　(D)Excel。　　　　　　　　　　　　　　　　　　　　　【統測】

( ) **2** 下列有關Excel資料小計功能的敘述，何者不正確？　(A)分組小計前必須先排序才能得到正確的結果　(B)小計對話方塊的「新增小計位置」，可以設定要進行小計的欄位　(C)在小計對話方塊中勾選「取代目前小計」，可以建立巢狀層級小計　(D)執行小計功能後，可以自動建立大綱結構便利逐層檢視資料。　　　　　　【統測】

( ) **3** 下列何種Excel統計圖表，資料數值從中心點擴散，距離中心點越遠代表數值越高，最適合顯示某學生不同學科成績的相對表現？　(A)折線圖　(B)區域圖　(C)雷達圖　(D)散佈圖。　　　　【統測】

( ) **4** 在Excel中，儲存格A1、A2、A3、A4、A5內的存放數值分別為-5、-3、2、5、8，則下列函數運算結果，何者的數值最大？　(A)=COUNTIF（A1:A5,"＞－5"）　(B)=IF（A2>A3,A1,A4）　(C)=RANK（A2,$A$1 :$A$5）　(D)=ROUND（SUM（A1:A5）/2,0）。　　　　　　　　　　　　　　　【統測】

( ) **5** 下列何種Excel功能，最適合快速合併與比較大量資料、靈活調整欄列分析項目與資料摘要方式、方便查看來源資料的不同彙總結果、與建立不同分析角度的報表與圖表？　(A)合併彙算　(B)樞紐分析　(C)資料剖析　(D)資料驗證。　　　　　　　　【統測】

( ) **6** 在Microsoft Excel中，先將儲存格A1的內容輸入為「23.449」，再將儲存格A1的數值格式代碼自行設定為「000.0」後，則下列何者為儲存格A1的顯示內容？　(A)23.4　(B)023.4　(C)23.45　(D)023.5。　　　　　　　　　　　　　　　　　　　　　【統測】

( ) **7** 在Microsoft Excel中，給如下圖所示之儲存格內容，若在儲存格C1輸入公式「= $A1+ A$2 * $B$2」，此時儲存格C1公式的計算值為9；接著，先選定儲存格C1進行「複製」動作，再選定儲存格D2進行「貼上」動作後，請問儲存格D2公式的計算值為何？

C1			f_x	=$A1+A$2*$B$2	
	A	B	C	D	E	F
1	1	3	9			
2	2	4				

(A)2　(B)9　(C)11　(D)18。　　　　　　　　　　　　【統測】

(　　) **8** 在Microsoft Excel中，給如下圖所示之儲存格內容，若在儲存格E1輸入的公式為「=COUNTIF(A1:D2,"<0")」，則該公式的計算值為多少？

	A	B	C	D	E
1	4	-3	2	1	
2	-1	2	-3	-4	

(A)-11　(B)-2　(C)4　(D)9。　　　　　　　　　　　　【統測】

(　　) **9** 下列關於軟體使用功能的敘述，何者正確？　(A)Word軟體可以用於編輯動畫　(B)FrontPage軟體常用於文書處理　(C)若在PowerPoint軟體中把簡報檔存成.pps，就可用來直接播放該簡報檔　(D)Dreamweaver軟體常用於影像處理。　　　　　　【統測】

(　　) **10** 在右表的Microsoft Excel表格中，我們在選取A1:B4後，將排序條件設定如下：首要的排序方式為「依照欄B的值由最小到最大排序」，次要的排序方式設為「依照欄A的值由

	A	B
1	30	20
2	60	10
3	40	20
4	5	30

最大到最小排序」，則在排序後的結果中，下列敘述何者正確？(A)A1的值為60　(B)A2的值為30　(C)A3的值為5　(D)B3的值為30。　　　　　　　　　　　　　　　　　　　　　　　【統測】

(　) **11** 在下表的Microsoft Excel表格中，如果儲存格C1中存放公式「=MIN(SUM(A1:A2),AVERAGE(A2:B2))」，則儲存格C1的公式計算值為何？

	A	B	C
1	12	30	
2	18	72	

　(A)30　(B)45　(C)51　(D)75。　　　　　【統測】

(　) **12** 在Microsoft Excel表格中，A1儲存格內的數值為25，B2儲存格內的公式為「=IF(MOD(A1,3)=1,10,20)」，B2的運算結果為何？　(A)1　(B)10　(C)20　(D)30。　　　　【統測】

(　) **13** 在右表的Microsoft Excel工作表中，若清除儲存格A4的內容並輸入公式「=$A1+A$2−$A$3」，繼而複製儲存格A4，將公式貼到儲存格B4，則儲存格B4的公式計算值為何？
(A)−10　(B)20　(C)30　(D)60。

	A	B
1	20	50
2	30	70
3	60	100
4		

【統測】

(　) **14** 在Microsoft Excel裡，下列何者最適合用來將單欄中的資料，利用分隔符號或固定寬度，切割至多個欄位中？　(A)資料剖析　(B)自動篩選　(C)資料驗證　(D)取消群組。　　　【統測】

(　) **15** 「QuickOffice、CloudOn、Microsoft Excel、Dreamweaver」四個軟體中，有幾個具有試算表功能的軟體？　(A)1　(B)2　(C)3　(D)4。

(　) **16** 使用Microsoft Excel時，在A1儲存格內輸入公式「=SUM（B4：C5，D2，E1：E3）」，請問A1共加總幾個儲存格的資料值？　(A)5　(B)6　(C)7　(D)8。　　　【統測】

(　) **17** 在Microsoft Excel中，下列哪一項正確？　(A)公式「=5−7*3」的結果為−6　(B)公式「=5*3<−10」的結果為FALSE

(C)公式「= 4 ^ 3 <= 12」的結果為TRUE　(D)公式「= 123 & 456」的結果為579。　【統測】

(　　) **18** 在Microsoft Excel試算表中的A1、B1、A2和B2四個儲存格中，分別輸入5、4、3、2的數值，然後在C1儲存格中輸入「= $A$1 * B1」的公式，再將C1的內容複製並且貼上到C1：D2範圍的儲存格中，那麼D2儲存格呈現的值為何？　(A)12　(B)20　(C)50　(D)100。　【統測】

(　　) **19** 在Microsoft Excel中，儲存格A1、A2、A3、A4、A5中的數值分別為5、6、7、8、9，若在A6儲存格中輸入公式「=SUM(A$2:A$4,MAX($A$1:$A$5))」，則下列何者為A6儲存格呈現的結果？　(A)23　(B)28　(C)30　(D)#VALUE!。　【統測】

(　　) **20** 在Microsoft Excel中，A1儲存格的數值為50，若在A2儲存格中輸入公式「=IF(A1>80,A1/2,IF(A1/2>30,A1*2,A1/2))」，則下列何者為A2儲存格呈現的結果？　(A)25　(B)50　(C)80　(D)100。　【統測】

(　　) **21** 在Microsoft Excel中，A3儲存格為「電子」、A4儲存格為「試算表」、A5儲存格為「軟體」，要使A1儲存格顯示「電子試算表軟體」，則A1儲存格的輸入公式必須為下列何項？　(A)=A3&A4&A5　(B)=A3:A4:A5　(C)=A3+A4+A5　(D)=A3#A4#A5。　【統測】

(　　) **22** 在Microsoft Excel中，當我們要使用資料小計時，必須先將要分組的欄位進行下列何種處理？　(A)存檔　(B)搜尋　(C)加總　(D)排序。　【統測】

(　　) **23** 下列關於Google Docs的敘述，何者最不正確？　(A)編輯的檔案透過網路就可以存取　(B)只要上網就可以更新所編輯之文件內容　(C)可以多人協同合作編輯文件　(D)只能純文字編輯，不能插入圖片。　【統測】

(　) **24** 下列關於OpenOffice.org軟體的敘述，何者不正確？　(A)Base是資料庫管理軟體　(B)Calc是試算表軟體　(C)Draw是簡報設計軟體　(D)Writer是文書處理軟體。　　　　　【統測】

(　) **25** 下列關於應用軟體的敘述，何者不正確？　(A)辦公室應用軟體讓使用者可以製作報告、試算表與簡報，例如Microsoft Office與OpenOffice.org　(B)網頁瀏覽軟體可以讓使用者存取各項網路資源，例如Skype與MSN Messenger　(C)影音播放軟體可以讓使用者播放影音檔案，例如Windows Media Player與PowerDVD　(D)影像編輯軟體可以檢視影像檔案內容與進行編輯工作，例如PhotoImpact與Photoshop。　　　　　【統測】

(　) **26** 若要在"活頁簿1"中的A1儲存格設定參照"活頁簿3工作表3"中的B3儲存格，則下列何者為A1儲存格內的正確格式？　(A)=活頁簿3.xlsx@工作表3&B3　(B)=[活頁簿3.xlsx]工作表3!B3　(C)=(活頁簿3.xlsx)工作表3#B3　(D)={活頁簿3.xlsx}工作表3@B3。　　　　　【統測】

(　) **27** Microsoft Excel中，在E2儲存格輸入=B2+C2&"元"，而B2及C2儲存格的內容分別為20及30，則E2儲存格顯示為何？　(A)50元　(B)2030元　(C)#REF!　(D)#VALUE!。　　　　　【統測】

(　) **28** 若在MicrosoftExcel的A1儲存格中輸入=AND(6<7,NOT(FALSE))，則A1儲存格呈現的結果為下列何者？　(A)TRUE　(B)FALS　(C)TRUE,FALSE　(D)FALSE,TRUE。

(　) **29** 將Microsoft Excel儲存成開放文件格式（ODF）的檔案，其副檔名為下列何者？　(A).odxl　(B).odx　(C).ods　(D).odt。

(　) **30** 在Excel中，如果在儲存格中輸入一個數字，請問其數字在儲存格所顯示的位置會？　(A)向左對齊　(B)向右對齊　(C)向中對齊　(D)自動轉換成座標。

此處內容主要介紹平面視覺，以及動態的影音處理軟體的使用，相關檔案的格式也會一併作介紹，而考試的主要方向，在平面及影片軟體應用，檔案名相關的題目偶有為之，因此將軟體應用及檔案的部分，稍微了解注意，那要拿到分數就不會太困難。

14-1 數位影像、色彩原理及影像格式

一、數位影像分類

色彩類型	說明
黑白（1位元）	單色光，黑白二色，用於compact Macintoshes。
灰階（2位元）	4種顏色，CGA，用於gray-scale早期的NeXTstation及color Macintoshes。
8種顏色（3位元）	用於大部分早期的電腦顯示器。
16種顏色（4位元）	用於EGA及更高解析度的VGA標準，color Macintoshes。
32種顏色（5位元）	用於Original Amiga chipset。
64種顏色（6位元）	用於Original Amiga chipset。
128種顏色（7位元）	--
256種顏色（8位元）	用於最早期的彩色Unix工作站，低解析度的VGA，Super VGA，AGA，color Macintoshes。其中紅色和綠色各佔3位元，藍色佔2位元。
512種顏色（9位元）	--
1024種顏色（10位元）	--

色彩類型	說明
（12位元）	用於部分矽谷圖形系統，Neo Geo，彩色NeXTstation及Amiga系統於HAM mode。
高彩（16位元）	用於部分color Macintoshes（紅色佔5個位元、藍色佔5個位元、綠色佔6個位元，所以紅色、藍色、綠色各有32、32、64種明暗度的變化總共可以組合出64K種顏色）。
RGB全彩影像（24位元）	真彩色，能提供比肉眼能識別更多的顏色，用於顯示照片；彩色圖像，就是常說的24位元真彩，約為1677萬色。
全彩（32位元）	基於24位元而生，增加8個位元的透明通道。
全彩（48位元）	RGB三原色的每一顏色，都以16個位元來表示，因此共有2^{48}個顏色；適用於高階掃描器，Photoshop軟體可以支援編輯處理。

（以上資料取自維基百科。）

二、色彩原理

(一) **光的三原色（R：紅色、G：綠色、B：藍色）**

適用於一般螢幕顯示器，及光學掃描器。

一般使用8位元來表示顏色，共256色，將三原色以0～255來表示調色比例，使用色加法，例如：（0,0,0）表示黑色、（255,255,255）表示白色、（255,0,0）表示紅色、（0,0,255）表示藍色、（0,255,0）表示綠色。

(二) **印刷四原色YMCK**

適用於出版印刷及一般彩色印表機。

四種顏色分別為，Y（Yellow）=黃色、M（Magenta）=洋紅色、C（Cyan）=青色、K（blacK）=黑色，使用0～100%來表示調色比例，使用色減法，例如：（100,100,100,100）表示黑色、（0,0,0,0）表示白色。

(三) HSB色彩

由傳統色彩學中的三種元素組成，分別是色相（Hue）、彩度（Saturation）及明亮度（Brightness）；色相表示色彩的分類，例如：紅、黃、藍等顏色；彩度表示色彩的飽和度或顏色的濃淡，主要是以灰色的含量多寡來呈現；明亮度指色彩的明暗程度，最亮為白色，反之最暗為黑色。

三、 解析度介紹

我們所稱數位影像的最小單位為像素，也可稱為畫素，而像素的多寡取決於水平像素及垂直像素的乘積，乘積的結果也會稱為解析度。

(一) Dpi指每英吋的點數（dot per inch）

ppi指每英吋的像素數量（pixel per inch）。

(二) 解析度

解析度以dpi或ppi作為單位的表示，一般我們所使用的數位相機或攝影機會以ppi為表示，而印表機所能列印，或是掃描器能夠感測的影像都會用dpi來表示。

(三) 解析度的計算

螢幕解析度=1920（水平dpi）*1080（垂直dpi）=200萬畫素。
數位相機的照片解析度＝5184（水平ppi）*3456（垂直ppi）＝1800萬畫素。

(四) 解析度與記憶體容量的計算

解析度越大，自然所儲存的記憶體空間也會越大，下面會說明如何計算，一張照片所需要記憶體容量的大小。

假設有一張全彩照片解析度為5184（水平ppi）*3456（垂直ppi），要計算出需要的儲存空間是多少MB？

$\Rightarrow$（5184*3456*3）$/10^6$ =53.74MB

四、聲音的介紹

(一) 聲音三要素

1. 音量

代表一般我們所能聽到的聲音大小，由聲波的振幅所影響，又可稱為響度，單位用分貝（db）來表示，一般我們說話的聲音大小為50到60分貝。

2. 音調

代表聲音的高低，由發音體的震動頻率所影響，單位用頻率（Hz）來表示，震動頻率越高則音調越高，反之亦然。

3. 音色

又可稱為音質，代表每種聲音的獨特性，由發音體所產生的波形，來形成不同的音色，可用來辨識發聲的對象。

(二) 聲音的類比訊號與數位訊號

類比聲音訊號是指自然界所產生的聲音，是一種連續的聲音訊號，傳輸時使用聲波的震動與電位高低訊號的轉換，將聲音進行放大及儲存；數位聲音訊號是將原本的類比聲音訊號，使用0跟1來表示，在儲存數位聲音訊號時，是利用各種音訊的編碼進行儲存，可以使用電腦來進行儲存與編輯。

(三) 聲音數位化原理

把原本的類比聲音轉換成數位聲音訊號，即可成為聲音的數位化；將原本類比聲音訊號進行取樣後，透過量化技術轉換成數位聲音訊號。

音檔的容量換算：

音檔容量＝頻率（Hz）*樣本大小（bits）*聲道數*時間（秒／s）

五、影像原理

我們所看到的動態影像或電影，主要是利用人眼的視覺停留所導致，依據研究顯示，視覺停留的時間為24分之1秒以上，也就是說，如果將連續的圖片在1秒鐘之內播放24張以上，就會讓觀看者以為影像是連續的動作，並且不會察覺到有中斷的感覺。

六、影像數位化

影像的數位化包含下列三種要素，影像的解析度、影像的色彩度以及播放率。

(一) 影像解析度

就如同照片的計算一樣，由於動態影片就是由至少24張的圖片所構成，因此每張圖片的解析度大小，就會構成影像的解析度。

(二) 影像的色彩度

色彩度也與照片的計算類似，計算影像使用的色彩程度，使用位元為單位，例如：使用24位元的全彩，可有多達2^{24}種顏色。

(三) 播放率

是指每秒鐘播放的圖像數量，單位為幀率（fps），根據不同的播放管道，所用的幀率不同，例如電影一般為每秒24格，傳統電視為每秒25格或30格，而近年的720p電視出現後，則使用每秒50格或60格的幀率播放；如果電影超過每秒30格，即可稱為高影格率電影，例如：李安導演的電影「雙子殺手」，使用每秒120格的高影格率拍攝，是目前世界上所使用的最高規格。

七、影片檔容量計算

影片檔容量（bits）＝解析度*色彩彩度（bits）*幀率*時間（秒／s）。

小試身手

（　　）**1** 以電腦錄單聲道的聲音5秒鐘，若取樣頻率設為8000赫茲（Hz），每次取樣位元數為16位元（bits），共取得未壓縮資料約多少位元組（Bytes）？
(A)40,000　　　　　　　　　(B)80,000
(C)640,000　　　　　　　　(D)1,280,000。

（　）**2** 通常我們以每英吋中所含的像素數量為影像解析度的單位以下何者
為其單位？
(A)dpi 　　　　　　　　　(B)ppi
(C)PPT 　　　　　　　　　(D)png。

（　）**3** 欲將一張4*6英吋的彩色照片，掃描為2,160,000像素的影像檔，則
掃描器應設定的解析度為何？
(A)100dpi 　　　　　　　　(B)300dpi
(C)600dpi 　　　　　　　　(D)900dpi。

（　）**4** 以解析度100dpi列印一張4*6（高4吋，寬6吋）的照片，至少需要
多少畫素？
(A)24 　　　　　　　　　　(B)2400
(C)240000 　　　　　　　　(D)2400000。

（　）**5** 下列哪一種設備通常使用「色減法」（YMCK）來輸出或輸入
顏色？
(A)顯示器 　　　　　　　　(B)掃描器
(C)光學投影機 　　　　　　(D)油墨印刷機。

解答與解析

1 (B)。音檔容量=頻率*樣本大小*聲道數*時間，8000*16*1*5=640000bits=>6
40000/8=80000Bytes。

2 (B)

3 (B)。4X*6X=2160000=>X^2=2160000/24=>X=300dpi。

4 (C)。（4*100）*（6*100）=240000。

5 (D)

14-2 影像處理軟體的認識與基本操作

一、影像軟體介紹

常用的平面視覺編輯軟體，有PhotoImpact、Adobe Photoshop及Illustrator等軟體。

二、PhotoImpact環境介紹

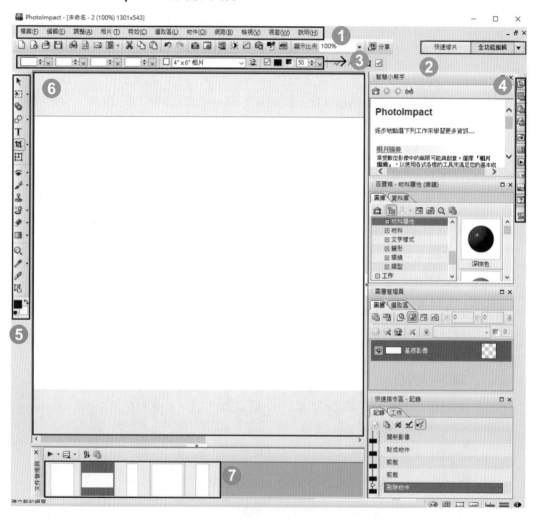

❶ 功能表。	❷ 模式選擇。
❸ 屬性功能表。	❹ 面板管理員。
❺ 工具箱。	❻ 影像編輯區。
❼ 文件管理員。	

三、 選取工具的應用

工具名稱	說明
標準選取	最簡單的選取工具，主要用來建立固定形狀的選取區域，例如：圓形、橢圓形、矩形等。
套索	專門用來選取不規則的圖形或形狀，使用方式為在圖片的邊緣，逐步點下錨點，最終形成一個閉鎖區域。
魔術棒	專門用來選取色彩類似的區域。
貝茲選取	透過貝茲曲線來建立選取區，特別適合選取非線性的圖片區域。

四、 剪輯軟體介紹

(一) 音訊編輯

經常使用的聲音編輯軟體為GoldWave、Adobe Audition、WavePack等。

(二) 動態影片編輯軟體

影片編輯軟體經常使用的有Windows Movie Maker、Adobe premiere、威力導演及繪聲繪影等。

五、威力導演環境介紹

❶ 功能表。	❷ 素材選取區。
❸ 素材暫存區。	❹ 影片預覽區。
❺ 腳本編輯區。	

六、剪輯軟體操作介紹

工作項目	說明
擷取	透過軟體內部提供的功能，能夠直接錄取外部聲音，或是透過攝影機連結，直接錄取影片檔案。
編輯	將已經錄製好的影片檔，或是其他素材，在編輯區進行影片的編輯。
輸出檔案	將編輯好的影片檔案進行輸出，方法有兩種，其一是指輸出編輯好的影片，另外一種是將整個編輯的過程，全部進行存檔，包含未剪輯過的影片，以及使用的素材一併進行存檔。
製作光碟	將編輯好的影片直接燒錄成光碟。

小試身手

(　) **1** 下列有關解析度的敘述何者有誤？　(A)印表機解析度是指一張
A4紙中可噴入幾個墨點　(B)如圖片解析度與桌面解析度一樣會
剛好填滿整個桌面　(C)dpi代表每英吋中有幾個像素點　(D)解析
度越低就代表這張圖片每英吋內的像素點數目越少所能呈現的顏
色也就越少。

(　) **2** 在聲音錄製的過程中，想要使得錄製的電子檔越近似於原音，應該
要提高何者？　(A)聲音音量　(B)記憶體大小　(C)硬碟大小　(D)
取樣率。

(　) **3** 下列何者為多媒體編輯軟體？　(A)Excel　(B)Director　(C)SPSS
(D)Word。

解答　　**1 (A)**　　**2 (D)**　　**3 (B)**

14-3 影像輸出格式及列印之應用

一、平面視覺檔案介紹

圖檔名稱	說明
.jpg／.jpeg	圖片的壓縮率高，呈現的品質較差，但壓縮速度快，適合網頁傳輸，屬於破壞性壓縮的檔案格式，可以顯示24位元全彩。
.png	作為去背圖片的常用檔案，可以顯示24位元全彩，屬於非破壞性壓縮的檔案格式。
.gif	可以用做去背檔案，也屬於非破壞性壓縮的檔案格式，並且支援動態的顯示效果，最多只支援256色。
.tif／.tiff	適用於印刷輸出品質較佳，屬於非破壞性壓縮，並且支援48位元全彩，但檔案較大不適用於網頁呈現。
.bmp	由微軟公司所發展的點陣圖格式，無法壓縮並且容量大，也不適用於網頁傳輸。

圖檔名稱	說明
.ufo	是PhotoImpact編輯中的檔案格式，儲存後，依然可以在PhotoImpact中編輯。
.ai	Illustrator繪圖軟體使用的向量式檔案格式。
.wmf	在Windows系統中的物件導向向量圖檔案格式，主要用於作業系統及應用程式的資料交換。
.raw	由數位相機直接拍攝的數位圖檔，屬於尚未處理過的真實照片檔案。

二、 PhotoImpact的列印方式

列印方式	說明
預覽列印	透過預覽列印，可以在視窗中選擇印表機、水平列印、垂直列印、紙張大小以及列印的圖案位置等設定。
列印版面配置	在同一張紙上，列印單一圖片，或是在同張紙上列印不同的圖片，另外也可設定列印光碟標籤。
列印海報	可以透過「分割列印」的方式，將大張的海報，使用較小的A4紙張進行列印，之後再將列印出來的A4紙，拼成大張的海報即可。

三、影音檔案介紹

音檔名稱	說明
.mp3	屬於破壞性壓縮的檔案格式，壓縮比率高，但音質尚可，適用於網路傳輸，大多播放軟體皆有支援。
.wma	支援破壞性壓縮及非破壞性壓縮，壓縮比率最高可達18分之1，並且支援串流播放。
.ra	屬於破壞性壓縮的檔案格式，早年用於線上串流音樂，但是音質較差。
.ogg	屬於破壞性壓縮的檔案格式，提供開放格式使用，音質上比MP3格式較好。
.tta	屬於非破壞性壓縮的檔案格式，是一種基於自適應預測過濾的無損音頻壓縮，與目前主要的其他格式相比，能有相同或更好的壓縮效果。
.ape	屬於非破壞性壓縮的檔案格式，可以保留原本音檔的聲音品質。
.wav	微軟與IBM公司所開發，此音訊格式不經過壓縮，所以在音質方面不會出現失真的情況，因此在眾多音訊格式中都屬於較大的檔案格式。
.au	為UNIX系統開發的一種音樂格式，與WAV類似，都屬於無壓縮檔案。
.aiff	由蘋果公司所開發的音檔格式，專用於Mac OS，也是屬於無壓縮的檔案。

四、影片檔案介紹

檔案名稱	說明
.mp4	經常用於手機拍攝的影片檔案，MP4使用的是MPEG-4壓縮的多媒體檔案格式。
.wmv	全名：Windows Media video，由微軟開發的影片檔案格式，適合用於串流檔案的使用。

檔案名稱	說明
.avi	全名：Audio Video Interleave，由微軟在1992年11月推出的一種多媒體檔案格式，用於對抗蘋果Quicktime的技術；由於檔案不會經過壓縮，因此檔案容量較大，不適用於網路傳輸。
.mov	有蘋果公司所開發的影音播放格式，支援串流的技術，同時可搭配Quicktime Player軟體進行播放。
.flv	全名：Flash video，主要用於網路的視訊格式，並且有支援串流技術，目前常用於YouTube影片、網路新聞等線上影音播放。
.asf	由微軟公司所開發的檔案格式，透過MPEG-4進行檔案壓縮，可直接使用於線上影音播放進行觀看。
.rm／.rmvb	全名：RealMedia Variable Bitrate，由RealNetworks開發的RealMedia多媒體封裝格式的一種，常用於網路影音串流，RMVB是最新版本格式。

五、串流技術說明

(一) 串流

一種能夠邊下載邊觀看的影音資料技術，在使用者端可以同時下載，並觀看影片內容，網路線上觀看，更可以解決盜版影片下載的問題，因此因應近年無線網路的發展，串流影音平台逐漸蓬勃壯大。

(二) 串流技術

由使用者端向伺服器傳送需求，伺服器收到需求後，會將影片檔分成小封包進行傳送，使用者端收到封包後會利用程式，將封包重組並播放影片，在這一系列的過程中，電腦會建立緩衝區，來暫時存放下載或播放的資料。

(三) 支援串流的影音檔案格式

WMV、WMA、RAM、MWX、RMVB、FLV、ASF、DivX、MOV等檔案格式。

(四) 串流通訊協定

MMS（Microsoft Media Server protocol）、RTP（Real-Time Transport Protocol）及RTSP（Real-Time Streaming Protocol）。

（　）**1** 請問一下列何者聲音檔的檔案格式是由Microsoft所制定？　(A) WAVE　(B)MP3　(C)MIDI　(D)RA。

（　）**2** 在PhotoImpact中沒有辦法輸出下列哪一個檔案的副檔名？　(A). jpg　(B).wmv　(C).wmf　(D).gif。

（　）**3** 使用Windows Movie Maker來編輯影片檔案，可以將影片檔案存成下列哪一個副檔名？　(A).pdf　(B).wmv　(C).ppt　(D).pcx。

（　）**4** 小英在外面拍了很多照片，他想要將照片放到FB上給朋友瀏覽，但想要修圖讓照片更好看，請問下列哪一個軟體適合使用？　(A) Adobe Photoshop　(B)PhotoImpact　(C)Adobe illustrator　(D)以上皆可。

（　）**5** 請問下列何者聲音檔的檔案格式敘述有誤？　(A)wave檔的副檔名為.wav　(B)MP3檔是利用破壞性壓縮的聲音檔　(C)midi檔是存放樂器的相關資訊如音符或節拍故檔案較小　(D)ra檔不需要使用特殊軟體播放，一般多媒體軟體即可播放。

（　）**6** 在使用手機觀看影片時會使用到下列何種技術應用？　(A)類比訊號與數位訊號的轉換　(B)6G無線網路傳輸　(C)串流技術　(D)人工智慧AI互動。

（　）**7** 請問下列哪一個圖片檔案，是利用破壞性壓縮來達到儲存的目的，且壓縮後的圖像與原圖略有不同？　(A).bmp　(B).gif　(C).jpeg (D).tif。

（　）**8** 請問下列哪一項的副檔名是PhotoImpact的檔案？　(A).ufo　(B). pdf　(C).ppt　(D).pcx。

解答	**1 (A)**	**2 (B)**	**3 (B)**	**4 (D)**	**5 (D)**	**6 (C)**
	7 (C)	**8 (A)**				

實戰演練

( )　**1** 在Windows Movie Maker中，要在兩個視訊間加入心狀的轉場效果，可以使用下列哪一個功能？　(A)檢視視訊效果　(B)檢視視訊轉換　(C)檢視轉場服務　(D)檢視心狀切換。　【統測】

( )　**2** 下列哪一種檔案格式是Windows Movie Maker的專案檔格式？　(A).avi　(B).mswmm　(C).mwsmm　(D).wmv。　【統測】

( )　**3** 在PhotoImpact軟體中，下列哪一項選取工具提供使用者以滑鼠逐一點選圖片中某一圖案邊緣的方式來選取不規則形狀的區域？　(A)魔術棒工具　(B)套索工具　(C)標準選取工具　(D)橢圓選取工具。　【統測】

( )　**4** 下列哪一種圖檔格式可支援RGB全彩，並可支援透明的背景？　(A).bmp　(B).gif　(C).jpg　(D).png。　【統測】

( )　**5** Windows Movie Maker軟體不提供下列哪一種功能？　(A)影片修剪　(B)在影片上加字幕　(C)將影片轉換為互動式網頁　(D)為影片錄製旁白。　【統測】

( )　**6** 下列敘述何者正確？　(A).jpg是一種點陣圖的圖檔格式　(B)Windows中的小畫家可編輯向量圖檔　(C)點陣圖放大後不會產生鋸齒狀失真　(D)向量圖是由一個一個的像素（Pixel）排列組合而成。　【統測】

( )　**7** PhotoImpact軟體不提供下列哪一種功能？　(A)為圖片加入背景音樂　(B)去除圖片中人物的紅眼　(C)將人物照與風景照進行影像合成　(D)在圖片上加入說明文字。　【統測】

( )　**8** 某一張旅遊的紀念照片中，不小心拍到了一根電線桿，如果要把這張照片中的電線桿去除，請問下列哪一個應用軟體可以協助完成這項工作？　(A)Microsoft Excel　(B)PhotoImpact　(C)Windows Internet Explorer　(D)WinRAR。　【統測】

(　　) **9** 下列何者為常見的MPEG-4編碼器？　(A)AU　(B)DivX　(C) RA　(D)WMV。　　　　　　　　　　　　　　　　【統測】

(　　) **10** 下列何種檔案格式不是HTML標籤（Tag）可讀入的影像檔格 式？　(A).gif　(B).jpg　(C).png　(D).ufo。　　　　【統測】

(　　) **11** 下列哪一種聲音檔格式係採非破壞性壓縮？　(A)AAC　(B) FLAC　(C)MP3　(D)WMA。　　　　　　　　　　　　【統測】

(　　) **12** 下列何種圖檔格式，能以非破壞性壓縮方式，儲存支援256種 階層透明程度之全彩點陣影像？　(A)AI（Adobe Illustrator） (B)GIF（Graphics Interchange Format）　(C)JPEG（Joint Photographic Experts Group）　(D)PNG（Portable Network Graphics）。　　　　　　　　　　　　　　　　　【統測】

(　　) **13** 一張數位影像圖片寬為2270點，高為1800點，該圖片大約有多 少像素點？　(A)400萬像素　(B)500萬像素　(C)600萬像素 (D)800萬像素。　　　　　　　　　　　　　　　　　【統測】

(　　) **14** 在Movie Maker中，下列哪一個是編輯視訊素材的區域？ (A)集合窗格　　　　　　　　　(B)內容窗格 (C)預覽窗格　　　　　　　　　(D)腳本/時間表窗格。　【統測】

(　　) **15** 以下哪一種類型的檔案無法儲存視訊？　(A)mp3　(B)avi　(C) mpg　(D)wmv。　　　　　　　　　　　　　　　　　【統測】

(　　) **16** 使用PhotoImpact進行影像處理時常會使用的魔術棒工具，其功 能是為了要：　(A)將魔術棒所點選的影像物件自動進行去背處 理　(B)選取魔術棒點取位置具有相似顏色的區域　(C)將魔術 棒所點選的影像物件自動複製到另一個開啟的圖形編輯視窗中 (D)將魔術棒所點選的圖形自動做亮度及對比的調整。　【統測】

(　　) **17** 錄音時，希望以無失真方式儲存取樣資料，則應存為何種檔案格 式？　(A).mp3　(B).rm　(C).wav　(D).aac。　　　　【統測】

實戰演練

(　　) **18** 電話聽筒數位化聲音的取樣頻率為11,025Hz，每個取樣以8bits表示，取樣時間為2秒，則總取樣資料量約為多少KB？　(A)88KB　(B)11KB　(C)176KB　(D)22KB。　　　　　　　　　【統測】

(　　) **19** 在PhotoImpact中，如果要列印的作品超過印表機所能列印的最大尺寸，則我們可以使用下列哪一項功能來確保該作品以原尺寸輸出？　(A)併版列印　(B)列印名片　(C)列印海報　(D)列印標籤。　　　　　　　　　　　　　　　　　　　　　【統測】

(　　) **20** 下列有關電腦處理影像圖形的敘述，何者錯誤？　(A)數位影像的格式主要分為點陣影像與向量影像　(B)向量影像放大後，邊緣會出現鋸齒狀的現象　(C)向量影像是透過數學運算，來描述影像的大小、位置、方向及色彩等屬性　(D)PhotoImpact影像處理軟體可以存檔成向量圖。

(　　) **21** PhotoImpact軟體的功能之一是處理下列哪一類副檔名的檔案？　(A).ppt　(B).doc　(C).xls　(D).jpg。　　　　　　　　　　【統測】

(　　) **22** 下面哪一項不是視訊資料檔的附檔名，該類型檔案被設計來儲存音訊資料？　(A).avi　(B).mp4　(C).mov　(D).mp3。　【統測】

(　　) **23** 下列何者是印刷出版使用的向量圖檔格式，可同時包含向量、文字與點陣圖形資訊？
(A).bmp　　　　　　　　　　(B).eps
(C).gif　　　　　　　　　　(D).jpg。　　　　　　　【統測】

(　　) **24** 下列關於圖檔格式的說明，何者不正確？　(A)TIF格式只支援256種顏色，能提供破壞性壓縮　(B)JPG格式採破壞性壓縮，可呈現於網頁上　(C)GIF格式支援動畫，能提供背景透明　(D)BMP格式無壓縮，其檔案容量較大。　　　　　　　　　　【統測】

(　　) **25** 下列何種多媒體軟體，可用來將輸入的視訊（video）信號加以編輯、配音，並儲存成影片檔？
(A)Windows Movie Maker　(B)GIF Animator
(C)Adobe Reader　　　　　(D)Windows Wordpad。　【統測】

( ) **26** 在聲音的類比訊號轉換成數位訊號的過程中，下列敘述何者錯誤？

(A)取樣的頻率愈高，則取樣次數越多

(B)取樣的頻率愈高，則取樣所得的檔案越大

(C)取樣的頻率愈高，則取樣所得的聲音品質越好

(D)取樣的頻率愈高，則取樣的壓縮比越大。　　　　【統測】

( ) **27** 關於影像、影片、或者聲音檔案格式，下列何者錯誤？　(A)MPEG-1, MPEG-2, MPEG-4都是動態影像的壓縮標準，其壓縮率以MPEG-4最高　(B)以mp4為副檔名的音樂檔案遵循MPEG所制定的MPEG-4影音格式來進行編碼，可以用QuickTime播放　(C)以mp3為副檔名的音樂檔案遵循MPEG所制定的MPEG-3影音格式來進行編碼，可以做到無失真壓縮　(D)影片檔案壓縮時，若採用失真的壓縮格式並不一定會導致播放影片時的影像解析度降低。　　　　【統測】

( ) **28** 影像處理軟體中常有消除「紅眼」的功能，下列何者是產生「紅眼」的主要原因？

(A)拍照時相機晃動

(B)拍照時色彩飽和度不夠

(C)拍照時使用閃光燈

(D)拍照時解析度設定太低。　　　　【統測】

( ) **29** 彩色圖片以下列哪一種檔案格式儲存，能節省較多空間且呈現較完整的色彩資訊？

(A)BMP　　　　　　　　　(B)JPG

(C)GIF　　　　　　　　　(D)MOV。　　　　【統測】

( ) **30** 數位影像依資料儲存及處理方式不同，可以分為點陣圖及向量圖，點陣圖適用於相片，向量圖適用於美工圖形。以下敘述何者錯誤　(A)點陣圖是由一個一個像素排列組合而成　(B).bmp及.gif檔是點陣圖格式　(C)點陣圖放大後，品質不會失真　(D).ai及.cdr檔是向量圖格式。

( ) **1** 老師讓學生戴上特殊眼鏡，學生就能透過眼鏡如臨現場般地欣賞羅浮宮的藝術品。上述情境屬於何種技術的應用？ (A)資訊家電 (B)虛擬實境 (C)電子商務 (D)電子身份辨識。

( ) **2** 下列關於CPU中「程式計數器（Program Counter, PC）」的敘述，何者正確？
(A)PC是一個快取記憶體，用來暫時存放指令執行的資料
(B)PC是一個時間計數器，存放目前CPU運作的時間
(C)PC用來記錄程式運作的總數，用以調整匯流排的速度
(D)PC用來暫存下一個要執行指令的位址。

( ) **3** 有一種振興券的領取方式，是透過便利商店的處理機臺，以輸入身份證字號等個人資料，然後列印領取單至超商櫃臺領取振興券。這個處理機臺的運作方式，若以常見資料處理型態來分類，下列哪一個選項最為適切？ (A)分散式處理 (B)批次處理＋分散式處理 (C)交談式處理＋即時處理 (D)批次處理。

( ) **4** 到租書店租閱書籍時，店員輸入會員編號，租書系統即會列出會員的名稱、電話、住址、租閱紀錄等資料。此租書系統可使用下列哪一種應用軟體來完成？ (A)多媒體設計軟體 (B)簡報軟體 (C)檔案傳輸軟體 (D)資料庫軟體。

( ) **5** 在TCP／IP通訊協定中，哪一層將訊息（Messages）分割成符合網際網路傳輸大小的區塊？ (A)Internet層 (B)Transport層 (C)Session層 (D)Application層。

( ) **6** 下列敘述何者正確？ (A)透過網路電話聊天是一種半雙工的資料傳輸方式 (B)互動電視是一種半雙工的資料傳輸方式 (C)AM／FM廣播是一種全雙工的資料傳輸方式 (D)市話是一種全雙工的資料傳輸方式。

( ) **7** 關於以IEEE 802.11為基礎的無線區域網路（Wireless Local Area Network, WLAN），下列敘述何者正確？
(A)其通訊協定又可分為802.11 a／802.11 b／802.11 g／802.11 n，其中以802.11 a的「最大傳輸速度」的數值是最大的
(B)在應用時，常使用無線基地臺（Access Point, AP）這類的設備連上網際網路
(C)3G、4G或5G網路也是使用微波通訊，與IEEE 802.11屬於同一種通訊協定，只是主導發展的國家不同而已
(D)只要看到Wi-Fi標章，代表該店家提供免費且安全的上網熱點。

( ) **8** 下列哪一個ＨＴＭＬ敘述，可以在網頁內使用串接式表單（Cascading Style Sheets, CSS）？
(A)＜style type ＝ "text／css"＞＜/style＞
(B)＜css style ＝ "text／sheet"＞＜/css＞
(C)＜cascading style ＝"sheet.css"＞＜/cascading＞
(D)＜script type ＝ "style／css"＞＜/script＞。

( ) **9** 執行以下網頁程式後，何者有誤？
＜html＞＜body＞
　　＜p align ＝ "center"＞
　　　＜font size ＝ 7＞防疫觀念＜/font＞
　　＜/p＞
　　1.勤洗手　2.戴口罩
　　3.不轉傳假消息
＜/body＞＜/html＞
單元七
(A)"防疫觀念"四字較其它文字大
(B)網頁中，所有字均置中對齊
(C)"2.戴口罩"與"3.不轉傳假消息"會顯示在同一橫列上
(D)<body>與</body>間放置文件主體。

( ) **10** 在嚴重特殊傳染性肺炎（COVID-19）影響下，美食外送平台蓬勃發展，餐廳透過美食外送平台提供消費者享受餐廳美食，這是屬於哪一種電子商務的方式？ (A)B2C2C (B)B2B2B (C)C2B2C (D)B2B2C。

( ) **11** 下列何者可確保系統在受攻擊後，可以回復到系統未受損的狀態？ (A)檢查可疑的超連結 (B)設定瀏覽器的安全性等級 (C)防止無線網路被人盜連 (D)系統的備份與還原。

( ) **12** 使用文書處理軟體（Word），假設我們有一個檔案包含以下的內容"ABCDEF"，我們先把插入點放在"C"之前，接著按Delete鍵兩次，再按Backspace鍵一次，再用Insert鍵將鍵盤切換到「取代」模式，接著輸入"X"則結果為下列何者？ (A)AXF (B)AXEF (C)ABX (D)ABXF。

( ) **13** 在文書處理軟體（ Word ），欲進行圖案等比例縮放，可先用滑鼠選取圖案後，將滑鼠移動到圖案的右下角控點上，再使用下列哪個按鍵並拖曳控點？ (A)Ctrl (B)PrintScreen (C)Shift (D)Alt。

( ) **14** 在文書處理軟體（Word）中，要完成如下圖所示的文件，該使用下列何項工具？

恭喜 林小綺小朋友 王小明大朋友 二重唱 榮獲金嗓獎

(A)橫向文字 (B)並列文字 (C)組排文字 (D)堆疊文字。

( ) **15** 下列關於簡報軟體（PowerPoint ）的敘述，何者錯誤？
(A)在PowerPoint中可以將簡報儲存成PNG圖檔
(B)在列印投影片時，可以選擇講義模式列印
(C)在PowerPoint中可以設定投影片切換時的聲音
(D)在設定物件動畫時，無法進行動畫速度快慢的設定。

( ) **16** 使用電子試算表軟體（Excel），儲存格A1、A2、B1、B2內的存放字串值分別為" Hello "、" OK "、" Fine "、" Best "，若在儲存格A3鍵入一個公式「＝$A$1 $ A2」，然後將此儲存格複製後貼到儲存格B3，下列何者是儲存格B3的公式計算結果？ (A)"FineBest" (B)"FineOK" (C)"HelloBest" (D)"HelloFine"。

( ) **17** 使用電子試算表軟體（Excel），A1、A2、B1、B2儲存格內存放之數值分別為40、60、80、10，若我們先將欄A的數值由大到小排序，再將欄B的數值由小到大排序，則排序後儲存格B2的值為何？ (A)10 (B)40 (C)60 (D)80。

( ) **18** 使用電子試算表軟體（Excel），工作表中AA欄的下一欄位為何？ (A)AAA (B)AB (C)BB (D)BA。

( ) **19** 下列有關印刷四原色CMYK之敘述，何者錯誤？
(A)K是指黑色
(B)該混色模式是屬於減色法
(C)CMYK中每種原色有101種變化
(D)以（100%,100%,100%,0%）比例混合所得顏色為白色。

( ) **20** 下列有關類比訊號與數位訊號的比較，何者正確？ (A)數位訊號較容易受到電磁干擾 (B)數位訊號較不適合進行資料壓縮(C)類比訊號較適合進行資料加密 (D)類比訊號在長距離傳輸時較容易失真。

( ) **21** 請問Dim A%代表該變數可用來存放何種類型的資料？ (A)字串 (B)整數 (C)任意型態 (D)單精度浮點數。

( ) **22** 執行下列Visual Basic程式片段後，變數Z的結果為何？
Dim X, Y, Z As String
Dim K As Integer
Z =""
X =" 我 "
Y =" 愛 "

```
For K = 1 To 3
    Z = Y & X
    X = Y
    Y = Z
Next K
```
(A)我愛愛我愛　　　　　(B)愛我愛愛我
(C)愛我愛我愛　　　　　(D)愛愛我愛我。

( ) **23** 執行下面Visual Basic程式片段後，sum的值為何？
```
Dim i, j, k, sum As Integer
sum = 0
i = 0 : j = 0 : k = 0
For i = 1 To 2
    For j = 1 To 2
        For k = 1 To j
            sum = sum + 1
        Next k
    Next j
Next i
```
(A)2　(B)4　(C)6　(D)8。

( ) **24** 執行下列Visual Basic程式片段後，變數C的值為何？
```
Dim A, B, C As Integer
C = 0
For A = 1 To 5 Step 2
    For B = 1 To 4 Step A
        C = C + 1
    Next B
Next A
```
(A)5　(B)6　(C)7　(D)12。

(　　) **25** 有一個物流分揀系統，系統會自動讀取收貨地址並進行地址判斷，只要收貨地在臺中以北，就會自動將貨品送往北部倉庫；否則就送往南部倉庫。目前系統狀態，有10件等待分揀的貨品，其運作流程圖可描繪如圖。關於圖中的虛線方框甲與虛線方框乙所該放入的流程圖元件，下列哪個配對是正確的？

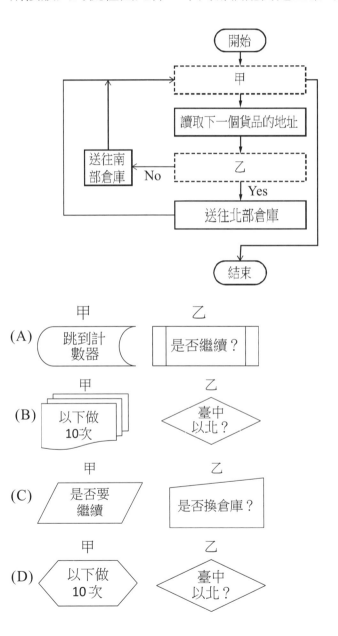

111年 統測試題

閱讀下文，回答第1－3題

美國記憶體大廠美光於2017年指控臺灣聯電公司協助中國晉華竊取美光營業秘密，於是在美國與臺灣兩地提出訴訟。2020年除3名涉嫌員工被判刑外，聯電也遭判罰1億元罰金，隨後聯電又提起上訴。纏訟超過4年，美光與聯電於日前宣布達成全球和解協議，雙方各自撤回向對方提出之訴訟，同時聯電將支付美光和解金，化干戈為玉帛，以共創未來合作商機。

美光為記憶體的業界先驅，擁有4萬多件的全球專利，積極投入先進研發與製程；聯電為半導體大廠，提供高品質的晶圓代工服務。由於聯電擁有成熟製程與產能，正是美光出貨給客戶最需要的合作對象，雙方從互告到和解，預計應有更密切的業務夥伴關係。

( )　1 依據上述合作案例之「現代商業特質」與「結盟型態」，下列何者正確？
　　　(A)技術專業化、技術研發結盟
　　　(B)技術專業化、生產製造結盟
　　　(C)業際整合化、技術研發結盟
　　　(D)業際整合化、生產製造結盟。

( )　2 關於營業秘密，下列何者錯誤？
　　　(A)營業秘密受到侵害有求償期限
　　　(B)營業秘密的訴訟是屬於公訴罪
　　　(C)營業秘密不需要提出註冊申請
　　　(D)營業秘密可以轉讓也可以繼承。

( )　3 關於智慧財產權，下列何者正確？
　　　(A)專利侵權糾紛屬於刑事訴訟
　　　(B)著作財產權並無存續之期限
　　　(C)智慧創作專用權受永久保護
　　　(D)原創性是商標權成立的要件。

(　) **4** 下列哪一項資料處理的操作方式不是即時處理，而且也不是交談式處理？
(A)網路訂票　　　　　　(B)統測閱卷
(C)ATM自動櫃員機　　　(D)圖書館藏查詢。

(　) **5** Google Map地圖服務屬於下列何種雲端服務模式？
(A)IaaS　　　　　　　　(B)MaaS
(C)PaaS　　　　　　　　(D)SaaS。

(　) **6** 下列哪一種軟體類型為免費且不具有著作權？
(A)免費軟體（Freeware）
(B)共享軟體（Shareware）
(C)自由軟體（Free Software）
(D)公用軟體（Public Domain Software）。

(　) **7** 有關APP Inventor的敘述，下列何者正確？
(A)必須在電腦安裝後才可以使用
(B)由Google開發後，交由哈佛大學繼續開發與維護
(C)操作方式是透過拖放組件或模塊來完成撰寫
(D)可以開發Windows下的應用程式。

(　) **8** 下列何者不是APP的開發工具或程式？
(A)Android　　　　　　(B)App Inventor
(C)React Native　　　　(D)Swift。

(　) **9** 有關TCP／IP通訊協定應用於網際網路服務的敘述，下列何者正確？
(A)ARP通訊協定為選擇資料封包的傳輸路徑
(B)DHCP通訊協定為動態分配IP位址
(C)IP通訊協定為將IP位址轉換成實體位址
(D)SMTP通訊協定為網域名稱與IP位址的互轉。

( ) **10** 某台個人電腦其名稱為PC 123、IP位址為192.168.123.132、子網路遮罩為255.255.255.128，下列何項IP與PC 123位於相同子網路？
(A)192.168.123.123　　　　　(B)192.168.123.254
(C)192.168.132.123　　　　　(D)192.168.132.254。

( ) **11** 隨著科技進步，許多國家正導入感測及網路技術到汽車產業中形成車聯網，除可取得整個城市的車輛即時動態資訊，也能提升自動駕駛技術的發展。根據以上情境，有關車聯網的敘述，下列何者正確？
(1)可利用QR Code來感測車輛周圍資訊
(2)車輛中可以安裝GPS以取得所在位置
(3)輪胎裝設相關感測器，可感測並蒐集路面狀況資訊
(4)車輛使用RFID晶片來連接車聯網，並提供即時路況資訊
(A)(1)(2)　　　　　(B)(1)(4)
(C)(2)(3)　　　　　(D)(3)(4)。

( ) **12** 有關物聯網（IoT）的敘述，下列何者正確？
(A)陀螺儀屬於感知層
(B)RFID讀取器屬於實體層
(C)ZigBee屬於連結層的無線網路通訊技術
(D)歐洲電信標準協會（ETSI）將物聯網的架構分為感知層、連結層及實體層。

( ) **13** 有關行動支付的敘述，下列何者正確？
(A)Google Pay使用RFID來進行感應支付
(B)QR Code掃碼是一種常見的支付方式
(C)手機一定要在連網狀態才能在商店中使用Apple Pay支付
(D)行動支付在技術上只能在實體店家使用，無法在網路商店使用。

( ) **14** 下列哪一種電子商務模式主要是由消費者主動集結共同的購買需求，並向企業提出集體議價，以達到集體殺價的效果？
(A)B2B (B)B2C
(C)C2B (D)C2C。

( ) **15** 有關電子商務安全機制SSL與SET的敘述，下列何者正確？
(A)兩種機制均可達到交易的機密性
(B)兩種機制均為信用卡支付標準協定
(C)兩種機制中，消費者與店家均需要憑證作身分識別
(D)兩種機制均可達到消費者與店家雙方交易的不可否認性。

( ) **16** 下列哪些方法能減少惡意軟體入侵電腦的機會？
(1)安裝防毒軟體
(2)關閉作業系統與軟體更新功能
(3)避免開啟來源不明的檔案
(4)架設防火牆
(5)避免瀏覽高危險群的網站
(A)(1)(2)(3)(5) (B)(1)(2)(4)(5)
(C)(1)(3)(4)(5) (D)(1)(2)(3)(4)。

( ) **17** 有關數位科技於教育應用的敘述，下列何者錯誤？
(A)翻轉教室是將學生學習的教室轉變為電腦教室
(B)虛擬實境（VR）技術可用在模擬飛機駕駛的訓練
(C)電腦輔助教學（CAI）是針對課程需要而設計的軟體，以作為教學輔助工具
(D)因疫情影響，老師透過網路進行師生即時互動教學的方式稱為同步網路教學。

( ) **18** 在文書處理軟體（Word）中，要使用滑鼠選取多個不連續範圍的文字內容，須搭配按住下列哪一個鍵？
(A)Alt (B)Caps Lock
(C)Ctrl (D)Shift。

( ) **19** 小華使用PowerPoint製作一份110年度公司營收業績簡報，若簡報中需呈現該年度各季營收百分比的圖表，則最適合使用下列何項圖表來完成？
(A)雷達圖 (B)直條圖
(C)圓形圖 (D)XY散佈圖。

( ) **20** 在Excel中，A1儲存格資料為”A123456789”，若在A2儲存格將中間6碼做資料隱蔽成為”A1XXXXXX89”，則A2儲存格可使用下列何項來完成？
(A)=A1&”XXXXXX”&”89”
(B)=REPLACE(“A1”,3,6,”XXXXXX”)
(C)=LEFT(A1,2)+”XXXXXX”+RIGHT(A1,2)
(D)=MID(A1,1,2)&”XXXXXX”&MID(A1,9,2)。

( ) **21** 在Excel試算表中，儲存格內容如圖所示，若B2儲存格公式「=B$1*A2」，再複製B2儲存格的公式，並貼到B2：F6範圍的儲存格中，則下列何者為D2儲存格呈現的結果？

	A	B	C	D	E	F	G
1		1	2	3	4	5	
2	1	1					
3	2						
4	3						
5	4						
6	5						
7							

(A)3
(B)6
(C)9
(D)12。

( ) **22** 有關影像的色彩模型敘述，下列何者正確？
(A)RGB的混色方式稱為加色法
(B)HSB是以混合光的三原色來表示各種顏色
(C)CMYK之青色、洋紅色、黃色及黑色各以0~255的數值來表示
(D)電視、電腦及手機等螢幕呈現的色彩是使用CMYK的混色方式。

( ) **23** 有關jpg圖檔的敘述，下列何者正確？
(A)採非破壞性壓縮技術，圖像較細緻
(B)採破壞性壓縮技術，檔案較小
(C)具有透明背景，適合網頁使用
(D)使用多圖層技術，具動畫能力。

( ) **24** 有關CSS設定文字色彩的屬性，　　　① 　　　中為下列
何者？
```
<html>
<head>
    <title>HTML</title>
    <style>
    p{
            ①
    }
    </style>
</head>
<body>
    <p>國泰民安</p>
</body>
</html>
```
(A)color : red; 　　　　　　(B)text-align : red;
(C)border-color : red; 　　　(D)background-color : red;。

( ) **25** 若網頁輸出結果如圖的血型選擇，則最適合使用下列何項HTML
標籤？

請選擇血型： ○A 　○B 　○O 　○AB。

(A)input type="button"
(B)input type="checkbox"
(C)input type="circle"
(D)input type="radio" 。

(　　) **26** 小喬經營「喬喬衣著」電商平台，若想要增加平台的曝光度，則
可使用下列哪些網路行銷方式？
(1)購買網頁廣告
(2)關鍵字廣告
(3)搜尋引擎優化（Search Engine Optimization）
(4)區塊鏈最佳化（Block Chain Optimization）
(A)(1)(2)(3)　　　　　　　　(B)(1)(2)(4)
(C)僅(1)(2)　　　　　　　　(D)僅(1)(2)。

閱讀下文，回答第27－28題

數學老師要請全班50位同學，每一位同學都喝一杯手搖飲。老師請小明用
Google表單設計一份問卷，讓全班同學能各自上網登記，小明再依據登
記後的資料進行採購，數學老師並可做後續的統計分析。老師與小明討論
Google表單設計理念須達到使用者易於使用（User Friendly），即提供同學
明確資訊，減少手動輸入資料內容，避免造成輸入錯誤而影響後續統計分
析。另外表單設計分為兩區段，第一區段基本資料與第二區段點餐資料，
共5項輸入資料。如下表(1)~(5)所示：

第一區段	第二區段
(1)姓名 (2)性別	(3)手搖飲種類十選一 (4)手搖飲甜度五選一（正常甜、七分甜、五分甜、三分甜與無糖） (5)手搖飲冰塊量四選一（正常冰、少冰、微冰與去冰）

(　　) **27** 小明熟悉5種Google表單問題類型：(甲)簡答、(乙)選擇題、(丙)
下拉式選單、(丁)核取方塊與(戊)線性刻度，其依據輸入資料的
屬性選用問題類型，下列組合何者最適合？

	(甲) 簡答	(乙) 選擇題	(丙) 下拉式選單	(丁) 核取方塊	(戊) 線性刻度
(A)	(1)	(2)	(3)	(4)	(5)
(B)	(1)	(3)	(2)	—	(4)(5)

	(甲) 簡答	(乙) 選擇題	(丙) 下拉式選單	(丁) 核取方塊	(戊) 線性刻度
(C)	(1)	(2)	(3)(4)(5)	－	－
(D)	(2)	(1)	(3)	(4)(5)	－

( ) **28** 有關Google表單的敘述，下列何者錯誤？

(A)Google表單除方便製作線上問卷也可以線上考試

(B)當所有同學填寫表單後，小明可以用回覆鈕追蹤同學回覆的內容

(C)小明將問卷設計完後，可以使用連結的方式傳給班上所有同學來填寫問卷

(D)數學老師可用Google文件直接統計分析回覆資料，如：最受歡迎的飲料種類。

112年／統測試題

(　　) **1** 關於金流與行動支付之敘述，下列何者正確？　(A)電子票證具有儲值、付款、以及轉帳功能　(B)使用第三方支付可使消費者提早收到商品　(C)可用行動支付等方式付款，是便利性的考量　(D)選擇支付工具時，儲值性是首要的考量因素。

(　　) **2** 已知英文字母I的ASCII值為十六進制49，則ASCII值為十六進制50的英文字母為下列何者？　(A)J　(B)L　(C)N (D)P。

(　　) **3** 程序或稱行程（process）是作業系統裡正在處理中的程式，它具有多種狀態。下列哪一種程序狀態是正等著被分配CPU時間來執行程式？　(A)等待（waiting）　(B)執行（running）　(C)新建（new）　(D)就緒（ready）。

(　　) **4** 關於個人電腦CPU的敘述，下列何者正確？　(A)指令暫存器可用來存放下一個要執行的指令位址　(B)多核心CPU比單核心CPU較易支援平行處理　(C)快取記憶體通常分L1、L2、L3，其中L2、L3內建於CPU之中　(D)CPU的運作中一個機器週期包括擷取、編碼、執行、儲存四個主要步驟。

(　　) **5** 個人電腦使用Windows作業系統，使用一段時間後儲存大檔案的效率漸漸變差，為改善效率，適合針對原磁碟機做下列何種合理的處理？　(A)磁碟清理　(B)重組並最佳化磁碟機　(C)磁碟檢查錯誤　(D)修復磁碟機。

(　　) **6** 關於自由軟體的敘述，下列何者正確？　(A)受著作權保護且一定都是免費的　(B)Keynote屬於自由軟體性質的簡報軟體　(C)Calc屬於自由軟體性質的電子試算表軟體　(D)PaintShop Pro屬於自由軟體性質的影像處理軟體。

(　　) **7** 關於IPv6的敘述，下列何者錯誤？　(A)其位址長度是IPv4的4倍　(B)2001：288：4200：：24符合IPv6位址格式　(C)單一網卡介面可同時設定IPv4及IPv6位址　(D)2001：288：4200：：24此IPv6位址符合以十進制表示方式。

( ) **8** 某公司申請了一個IPv4的IP位址範圍為201.201.201.0至201.201.201.255，該公司考量網路管理擬規劃成2個子網路，則其子網路遮罩應為下列何者？ (A)255.255.254.0 (B)255.255.255.0 (C)255.255.255.127 (D)255.255.255.128。

( ) **9** 關於區塊鏈（blockchain）的敘述，下列何者錯誤？ (A)使用到密碼學與網路科技 (B)是一種分散式的共享帳簿 (C)需有一個中心化的機構來處理交易 (D)具完整性且無法竄改交易紀錄。

( ) **10** 關於檔案傳輸的敘述，下列何者錯誤？ (A)FTP與P2P兩種方式均可分享檔案 (B)BitComet為P2P用戶端常用的軟體之一 (C)FileZilla為FTP用戶端常用的軟體之一 (D)用主從式架構來分享檔案之一的方式包含P2P。

( ) **11** 政府使用網路系統辦理公共工程招標的服務，廠商透過網際網路參與招標，為哪一種電子商務模式？ (A)G2B (B)G2C (C)C2G (D)B2G。

( ) **12** 關於加解密技術的敘述，下列何者正確？ (A)數位簽章僅達到不可否認性與資料來源辨識性 (B)數位簽章除利用對稱式加密法，亦可利用公開金鑰加密法實現 (C)公開金鑰加密法傳送方利用接收方的公鑰將明文加密，接收方收到密文後使用接收方私鑰可解密 (D)公開金鑰加密法傳送方利用自己的私鑰將明文做數位簽章，接收方收到簽章後使用自己的公鑰可解開簽章。

( ) **13** 某學會設計了活動的圖示，預計授權給相關團體的推廣活動加以使用，但要求此活動圖示須標示該學會的作者姓名，可加入自己的元素但必須沿用原授權條款提供分享及不能用在商業用途。依創用授權條款，其CC授權標章為圖中的何者？ (A)甲 (B)乙 (C)丙 (D)丁。

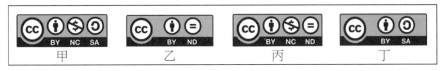

( ) **14** 使用Word編輯專題報告包含封面、目錄、圖表目錄及本文等，有關頁碼的數字格式設定如下：封面頁沒有頁碼、目錄為羅馬數字（例如：I、II）、圖表目錄為英文大寫（例如：A、B）及本文為阿拉伯數字（例如：1、2），要完成上述要求，分隔設定可使用下列何者？　(A)分頁符號　(B)分節符號　(C)文字換行分隔符號　(D)分欄符號。

( ) **15** 使用Word編輯時，在圖左邊段落裡日期為阿拉伯數字欲改為右邊段落的形式，須使用下列哪一項相關功能達到此目的？　(A)直書　(B)橫向文字　(C)橫書　(D)垂直文字。

112年1月11日星期三　➡　112年1月11日星期三

( ) **16** 使用PowerPoint編輯簡報時，封面頁不出現頁碼、內頁要有頁碼且從1開始，相關設定處理除了在頁首頁尾交談窗勾選「標題投影片中不顯示」，還須配合下列何者設定投影片編號起始值為0方可達成？　(A)在「常用」頁籤的「版面配置」　(B)在頁首頁尾交談窗　(C)投影片大小交談窗　(D)在投影片母片中的版面配置。

( ) **17** 在電子試算表Excel中，A2、B1、B2、B3及C2儲存格的內存值如圖所示，下列敘述何者錯誤？　(A)A5儲存格輸入＝SUM(B1：B3,A2：C2)後出現的值為5　(B)B5儲存格輸入＝A2&B2後出現的值為0.20.5　(C)將B2儲存格格式設為百分比類別，則該儲存格顯示為50%　(D)C5儲存格輸入＝MAX(B1：B3,A2：C2)後出現的值為50。

	A	B	C	D
1		1		
2	0.2	0.5	0.8	
3		2		
4				
5				
6				

( ) **18** 在電子試算表Ｅｘｃｅｌ中，如圖，Ｂ７儲存格內容為＝VLOOKUP(3,$A$2：$D$5,4)，則其運算後B7儲存格值為何？ (A)臺灣　(B)德國　(C)細胞培養　(D)雞胚胎蛋。

	A	B	C	D
1	號碼	**流感疫苗廠商／名稱**	**產地**	**培養方式**
2	1	賽諾菲／巴斯德	法國	雞胚胎蛋
3	2	國光／安定伏	臺灣	雞胚胎蛋
4	3	東洋／輔流威適	德國	細胞培養
5	4	葛蘭素／伏適流	德國	雞胚胎蛋
6				
7				

( ) **19** 下列哪一項的主要服務不屬於雲端儲存服務？　(A)OneDrive　(B)Google雲端硬碟　(C)iCloud　(D)Azure。

( ) **20** 某一廠牌14吋螢幕，解析度設定為1920×1080，捕捉全螢幕畫面並存成全彩RGB點陣圖，其檔案大小為何（四捨五入小數點2位）？　(A)1.98MBytes　(B)5.93MBytes　(C)27.72MBytes　(D)83.02Mbytes。

( ) **21** 列印輸出解析度的單位是dpi（dot per inch），表示每英吋包含的印刷點數。有一張未經壓縮全彩影像點陣圖檔的大小為300KBytes，若設定列印輸出解析度為200dpi，則該圖檔的列印尺寸為下列何者？　(A)2英吋×1.25英吋　(B)2英吋×1.5英吋　(C)2.25英吋×1.25英吋　(D)2.25英吋×1.5英吋。

( ) **22** 某網頁呈現照片dpi（dot per inch）的資訊，該網頁採用標籤<table>、<tr>、<td>設計一個表格來呈現照片的相對大小，部分網頁HTML語法如圖，標籤未敘明的參數如align均採用預設值（default）。圖中網頁HTML語法，在瀏覽器上的顯示結果為何？

```
<table border="1">
 <tr>
    <td><img src="image01.JPG"></td>
    <td><img src="image02.JPG"></td>
    <td><img src="image03.JPG"></td>
 </tr>
 <tr>
    <td>100dpi
      <br> (100x50)</td>
    <td>200dpi
      <br> (200x100)</td>
    <td>300dpi
      <br> (300x150)</td>
 </tr>
</table>
```

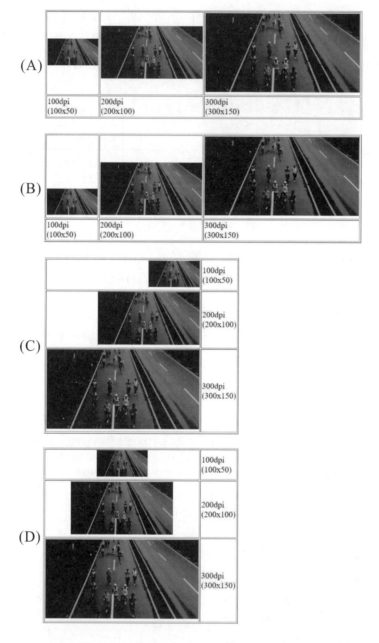

( ) **23** 設計網頁HTML語法時,想將特定一段文字的背景設定為黃色以
具有醒目提示的效果,如圖,有關顏色的設定下列何者正確?
(A)FFFF00 (B)FF00FF (C)00FFFF (D)00FF00。

```
<html>
<head>
<title>HTML</title>
<style type="text/css">
bgcolor1 {
  background-color: #[   ?   ];
}
</style>
</head>
<body>
<bgcolor1>特定一段文字</bgcolor1>
</body>
</html>
```

(　) **24** 企業經營電子商務若選擇不自行開發平台，而與網路開店平台廠商合作，由網路開店平台廠商處理網站的維護與管理等工作。下列何者不是平台廠商？　(A)SHOPLINE　(B)IKEA　(C)Cyberbiz　(D)91APP。

閱讀下文，回答第25－26題

快樂國小3年1班導師針對全班20位學生的考試結果處理程序如下：
(1)利用Excel試算表將個別學生二科以上（含二科）不及格者顯示V，以便後續加強輔導。
(2)導師利用Word合併列印功能，製作信件給須加強輔導同學的家長。

(　) **25** 在Excel試算表如圖所示，若二科以上（含二科）不及格，在E2儲存格中設計公式顯示V，其他狀況則不須顯示任何符號，再將該公式複製並貼到E2：E21範圍的儲存格中，使得這些儲存

	A	B	C	D	E
1	學號	國語	數學	英語	加強輔導
2	1	55	50	40	V
3	2	90	95	95	
4	3	70	65	50	
5	4	100	100	100	
6	5	95	95	100	
16				:	
17				:	
20	19	50	45	70	V
21	20	30	55	45	V
22					

格有二科以上（含二科）不及格者顯示V，則下列何者為E2儲存格的公式？　(A)=IF(COUNTIF(B2：D2,"<60")>=2,"V","")　(B)=IF(COUNTIF(B2：D2,"<60")>=2,"","V")　(C)=IF(OR(B2<60,C2<60,D2<60),"V","")　(D)=IF(NOT(AND(B2>=60,C2>=60,D2>=60)),"","V")。

(　　) **26** 在文書處理軟體Word中，導師利用合併列印功能的相關步驟如下，若要產生須加強輔導同學的信件，其必要步驟的順序為何？

(1)主文件中插入合併欄位

(2)開啟「編輯收件者清單」進行篩選二科以上（含二科）不及格同學名單

(3)選取資料來源Excel檔案

(4)開啟「信件」主文件

(5)完成與合併列印至主文件

(6)完成與合併列印至新文件

(A)(1)(2)(3)(4)(5)　　　　　　(B)(4)(3)(2)(1)(5)

(C)(4)(3)(2)(1)(6)　　　　　　(D)(4)(1)(2)(3)(6)。

113年 / 統測試題

( ) **1** 近來網路駭客詐騙手法推陳出新，A君從網路購買防毒軟體來阻擋電腦被入侵，該產品屬於下列哪一種商品？ (A)實體商品 (B)數位化商品 (C)型錄購物商品 (D)線上服務商品。

( ) **2** 幸男將在公司會議報告市場競爭分析。為此，幸男蒐集各種產業報告、新聞、線上論壇、其他公司網站等多種資訊。在使用這些資料時，下列何者有觸法的疑慮？
(A)下載競爭者推出的試用版APP，試用一天後就移除該APP
(B)在報告中標註所引用資料的來源，若來源是網頁則加上超連結
(C)某YouTuber製作的產業分析影片內容豐富且風趣，幸男取得授權後於會議中播放
(D)某競爭者之註冊商標深植人心，銷售量大幅領先，幸男仿照相似的商標用在自家產品。

閱讀下文，回答第3－4題

林小明收到C賣場DM，至賣場購買三盒限量的冷凍麻辣火鍋商品。結帳時，賣場結帳人員手持具光學自動閱讀與掃描的收銀機設備，逐項進行商品的掃描。付款時，小明以存於其手機內的某家銀行發行的信用卡進行支付。

( ) **3** 賣場結帳人員手持具光學自動閱讀與掃描的收銀機設備，逐項進行商品的掃描，此為POS系統的應用。下列敘述哪一項正確？
(A)可於配銷時專供辨識使用
(B)可傳輸標準化資料向供應商訂貨
(C)可將POS機台資料直接分享給供應商
(D)可有效掌握限量商品的銷售情形以便補貨。

( ) **4** 林小明付款時，是採用哪一種金流交易方式？ (A)行動支付 (B)第三方支付 (C)簽帳卡支付 (D)儲值卡支付。

閱讀下文，回答第5－8題

石斑魚是臺灣重要的外銷魚種，年產量近16,000公噸，產值約40億元新臺幣。石斑魚外銷主要集中於某國約佔90%。然而，該國突然在2022年6月10日起以檢出禁用藥物及土黴素超標為理由，暫停臺灣石斑魚輸入，一時間造成臺灣石斑魚滯銷，對漁業產生很大的衝擊。力加漁業公司此時驟然失去70%的銷售量，創辦人沒有怨天尤人，反而積極尋找與聯繫其他國家的客戶，並迅速導入真空包裝生產設備，努力在最短時間內解決問題。為了擴展新的出口市場，該公司創立石斑魚品牌，將現撈漁獲急速冷凍後出口，透過當地電商平臺銷售給一般民眾。同時，該公司將石斑魚去皮、切塊、去骨、去頭尾後以真空包裝放到電商平台銷售。另外，力加為加強掌握新的外銷地區市場競爭與消費者喜好，蒐集美國、以色列……等國社群網路上的圖文資料、社會新聞、氣候變化、美食節目影片，還有不同國家客戶造訪力加網站的瀏覽紀錄，再利用電腦分析以得到重要的商業智慧。該公司透過一系列的措施，突破困境。

( )　**5** 該公司將石斑魚加工後以真空包裝放到電商平台銷售，是下列哪一種生產型式？　(A)勞務生產　(B)效用生產　(C)形式生產　(D)原始生產。

( )　**6** 創辦人在面對市場突發狀況下展現最明顯的是哪一種創業家的特質？　(A)掌控性　(B)成就動機　(C)預警性　(D)風險承擔與堅持。

( )　**7** 力加創立石斑魚品牌，將加工漁貨透過電商平臺銷售給一般民眾，是採用電子商務的哪一種經營型態？　(A)企業對企業（B2B）　(B)企業對消費者（B2C）　(C)消費者對消費者（C2C）　(D)消費者對企業（C2B）。

( )　**8** 根據上述情境，該公司蒐集多個市場的多種消費者相關資訊進行分析，是運用哪一種資訊流？　(A)大數據　(B)電子訂貨　(C)銷售時點情報　(D)電子資料交換。

( )　**9** 下列何者值為最大？　(A)7A16　(B)2738　(C)12304　(D)101111012。

（　　）**10** 作業系統中，常見的排程演算法如先到先服務（FCFS）、最短工作優先處理（SJF）、循環分時（round robin）及優先權（priority）排程等。現有三個行程（process）且在同一時間抵達等待佇列（ready queue），每個行程所需CPU執行的時間分別為6毫秒、3毫秒及9毫秒，則SJF排程演算法的平均等待時間為多少毫秒？　(A)3　(B)4　(C)5　(D)6。

（　　）**11** 有關固態硬碟（solid state disk，SSD）與傳統機械硬碟（hard disk，HDD）的敘述，下列何者正確？　(A)HDD中的儲存元件是採用快閃記憶體　(B)SSD採用低噪音馬達驅動讀寫頭並具抗震特點　(C)HDD沒有旋轉及搜尋資料時間，僅須考量資料傳輸時間　(D)SSD在經過長時間及多次使用致使內部儲存資料零散，仍可不須進行磁碟重組。

（　　）**12** 有關軟體的敘述，下列哪一些正確？
(1)Adobe Reader是免費軟體（freeware）
(2)OpenOffice是自由軟體（free software）
(3)自由軟體不須買賣都能免費自由使用
(4)公用軟體（public domain software）不具有著作權，使用者不須付費即可複製使用
(A)(1)(2)(3)　(B)(1)(2)(4)　(C)(1)(3)(4)　(D)(2)(3)(4)。

（　　）**13** 有關軟體開發程式的敘述，下列何者正確？　(A)Eclipse主要用來開發Java應用程式　(B)軟體開發程式主要提供程式的編譯與執行的功能，程式的編輯都須用記事本來處理　(C)Xcode是適合在Windows環境下撰寫不同程式語言，如C++、Objective-C等　(D)Visual Studio是適合在macOS環境下撰寫程式語言，主要用Swift來開發應用程式。

（　　）**14** 下列何項是正確的IPv6格式？　(A)2001.0.0.0.0.0.0.0　(B)2001:ABCD:0:0:0:0:1428:57ab　(C)2001.168.21.13　(D)2001:0000:0000:00000:2500:0000:deaf。

( ) **15** 下列何種網路設備用來連接兩個以上相同通訊協定的網路區段，可依傳送資料中目的地MAC位址來傳送到目的網路，如此可過濾無關的訊框，以提升傳輸效率？　(A)橋接器　(B)中繼器　(C)路由器　(D)閘道器。

( ) **16** 電子商務交易流程中包含商流、資訊流、金流與物流，廠商可透過(1)分析消費者的喜好，而消費者在網路商店購得數位產品（如音樂、遊戲）的過程稱為(2)。
(A)(1)資訊流、(2)商流　　　　(B)(1)資訊流、(2)物流
(C)(1)商流、(2)資訊流　　　　(D)(1)物流、(2)商流。

( ) **17** 有關個人資料保護的敘述，下列哪一些正確？
(1)公務機關擁有公權力所以皆不用受個人資料保護法規範
(2)我的病歷雖是由醫生所寫且置放醫院中，但也是屬於我的個人資料範圍
(3)不管是用電腦或用手機所處理的個人資料，都受個人資料保護法保護
(4)生活中開啟手機會用到的指紋或臉部，甚至婚姻資訊都是個人資料須妥善保存
(A)(1)(2)(3)　(B)(1)(2)(4)　(C)(1)(3)(4)　(D)(2)(3)(4)。

( ) **18** 康樂小組的小明及小美正規劃公司的旅遊計畫，小明剛好收到數封有關旅遊的電子郵件並打開附加檔以了解詳情，小美則上網站搜尋相關的旅遊網頁並下載資料。之後，公司發現小明與小美前述的行為造成下面之結果：小明的電腦資料外洩及小美的電腦資料被加密了。由以上情節，小明的電腦中的是(1)及小美的電腦中的是(2)。
(A)(1)木馬程式、(2)網路釣魚
(B)(1)木馬程式、(2)勒索軟體
(C)(1)網路釣魚、(2)勒索軟體
(D)(1)網路掛馬攻擊、(2)網路釣魚。

( ) **19** 在一段文字中，字與字間插入圖案，設定圖案的文繞圖為「與文字排列」，其結果為下列何者？

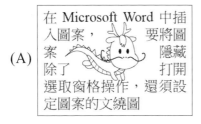 

( ) **20** 使用文書處理編輯時，一段落的字體大小為12pt，游標插入點在第一行，如圖所示。設定段落間距中的行距為「固定行高」與行高為「8pt」，會產生下列哪一個結果？

> 君自故鄉來，應知故鄉事
> 來日綺窗前，寒梅著花未。

(A)
> 君目故鄉來，應知故鄉事。
> 來日綺窗前，寒梅者化未。

(B)
> 君自故鄉來，應知故鄉事。
> 來日綺窗前，寒梅者化未。

(C)
> 君目故鄉來，應知故鄉事。
> 來日綺窗前，寒梅著花未。

(D)
> 君自故鄉來，應知故鄉事。
> 來日綺窗前，寒梅著花未。

( ) **21** 有關簡報進行排練計時過程中，下列哪一些正確？
(1)從頭開始錄製並可播放旁白
(2)排練完成後其排練時間不能再修改
(3)設定排練計時後，仍可從中間某一頁開始播放
(4)可從投影片瀏覽之檢視模式觀看排練時間
(A)(1)(2)(3)　(B)(1)(2)(4)　(C)(1)(3)(4)　(D)(2)(3)(4)。

( ) **22** 小鐘是專題老師的助理，要將老師示範的影片上傳Youtube且僅供專題小組成員觀看學習，有關Youtube的操作過程中，登入

後：(1)在Youtube網頁右上角按鈕的操作及(2)後續設定瀏覽權限，下列何者正確？

(A)(1)按下 成為 ，(2)私人

(B)(1)按下 成為 ，(2)私人

(C)(1)按下 成為 ，(2)不公開

(D)(1)按下 成為 ，(2)不公開

( ) **23** 有關RGB部分色彩模型如表，其混色方式為加色法，另有一混色器具有互斥或（XOR）功能，亦即每位元XOR(1,1)=0,XOR(0,0)=0,XOR(1,0)=1,XOR(0,1)=1，當黃色（yellow）及青色（cyan）經過混色器所得到的顏色為下列何者？ (A)紅（red） (B)綠（green） (C)藍（blue） (D)洋紅（magenta）。

	R	G	B
紅	255	0	0
綠	0	255	0
藍	0	0	255
青	0	255	255
洋紅	255	0	255
黃	255	255	0

( ) **24** 如圖，將原圖經影像處理成(1)、(2)或(3)，前述個別影像處理僅使用一個操作即可完成，有關各圖之操作，下列何者正確？

原圖　　　　　　　　處理後的(1)

處理後的(2)　　　　　　　處理後的(3)

(A)經傾斜如(1)、經透視如(2)、經旋轉如(3)　(B)經旋轉如(1)、經傾斜如(2)、經透視如(3)　(C)經傾斜如(1)、經扭曲如(2)、經透視如(3)　(D)經透視如(1)、經傾斜如(2)、經扭曲如(3)。

(　) **25** 有關線上購物商店管理的敘述，下列何者錯誤？　(A)有些線上購物商店提供商品搜尋或篩選功能供選用　(B)開設線上購物商店一般是屬於B2C、C2C的商業模式　(C)線上購物商店須提供商品上架與下架功能，同時訂單也能設定此功能　(D)為提升顧客服務品質，一些購物平台提供賣家設定自動回覆常見問題。

閱讀下文，回答第26－27題

好康多賣場用試算表建立會員資料，欄位有身分證字號、姓名及地址，如圖虛擬資料。

	A	B	C	D
1	身分證字號	姓名	地址	
2	A223456781	王曉潔	臺北市中山區明水路661號	
3	E123456783	林南生	高雄市鳳山區經武路30號	

(　) **26** 好康多賣場將在5月針對女性會員推出「媽咪購物節」的行銷活動，該賣場想從上萬筆會員名單中的身分證字號第2碼（1代表男性、2代表女性）來判斷會員的性別，方便能寄送行銷資訊給女性會員，則可使用下列哪些函數的組合來篩選出女性會員？(A)COUNDIF（）、MOD（）　(B)IF（）、MID（）　(C)INT（）、LEN（）　(D)LEFT（）、ROUND（）。

( ) **27** 在寄送行銷資料的紙本封面上將出現身分證字號、姓名及地址，為保護個人資料，身分證字號第5-10碼將被隱藏，如A223******。下列何者能完成此需求？ (A)=LEFT（A2,4）+"******" (B)=LEFT（A2,4）@'******' (C)=LEFT（A2,4）&"******" (D)=LEFT（A2,4）%'******'。

閱讀下文，回答第28-29題

有一個網頁檔案結構包含css資料夾（內有color.css檔案）、imgs資料夾（內有Yushansnow.jpg檔案）及主網頁檔案index.html，相關資訊如圖所示。

● 網頁檔案結構

● color.css 內容

```
color.css
1    h1 {color: red;}
```

● index.html 內容：

```
index.html
1    <html>
2    <head>
3        <link rel="stylesheet" href="css/color.css">
4    </head>
5    <boDy>
6        <h1>顯示玉山主峰雪景</h1>
7        <img src="Yushansnow.jpg" width=50%>
8    </body>
9    </html>
```

( ) 28 主網頁檔案index.html未能完整顯示所有內容，下列何項能正確描述該主網頁檔案的問題？ (A)因第5行中D大寫，所以網頁無法呈現形成空白現象 (B)因圖檔連結路徑不正確，所以網頁無法呈現圖片 (C)因連結css檔案的路徑錯誤，所以網頁無法呈現紅色文字 (D)因css檔案誤用h1標籤，所以呈現的網頁中文字與圖片未能換行。

( ) 29 若要在index.html檔中h1標籤的上方增加一行文字超連結到"玉山國家公園"，且可在原視窗中顯示它的網站。下列何者能完成此目標？ (A)< a Href="https://www.ysnp.gov.tw/" target="_blank">玉山國家公園</a> (B)< a Href="玉山國家公園" target ="_blank"> https://www.ysnp.gov.tw/</a> (C)< a Href="https://www.ysnp.gov.tw/" target="_self">玉山國家公園</a> (D)< a Href="玉山國家公園 target="_self">https://www.ysnp.gov.tw/</a>。

閱讀下文，回答第30－31題

陳組長正準備在專案會議中向公司高層報告物聯網觀念及應用，他在網路上瀏覽了許多有關物聯網的資訊，如下：

甲網站：物聯網的基本概念是可將物件連上網路，能應用於生活中，也能用於物流管控、自動化農漁業、智慧城市等。

乙網站：根據歐洲電信標準協會（ETSI）定義的物聯網架構，說明了藉由感知物體周遭的環境並收集資訊，接著透過網路將這些資訊傳送出去，來實現多樣化的應用。

丙網站：路口的監視攝影機可拍攝車流的畫面並連網，此攝影機是屬於物聯網架構中實體層的範疇。

丁網站：物聯網時代，重要的產業除了生產感測元件之外，未來更需要結合數據分析，創造資料的價值。

( ) **30** 陳組長所找的資料中，有一個網站的說明是錯誤的，是下列哪一個網站？ (A)甲網站 (B)乙網站 (C)丙網站 (D)丁網站。

( ) **31** 陳組長也要介紹物聯網中將物件所感測到的資料透過短距離傳送之通訊技術，下列何者不屬於他所要介紹的內容？ (A)藍芽（Bluetooth） (B)無線網路（WiFi） (C)虛擬私有網路（VPN） (D)紫蜂（ZigBee）。

( ) **32** 要設定簡報播放的順序為第1、5、3、2、4頁，可透過何項功能來完成？ (A)自訂動畫 (B)自訂投影片放映 (C)設定排練計時 (D)隱藏不放映的投影片。

( ) **33** 某公司某部門員工的年終獎金=底薪*2。在試算表中，儲存格內容如圖所示，若E4儲存格公式「=D4*C1」，再複製E4儲存格，並貼到E5:E8範圍的儲存格中，則下列何者為E6儲存格呈現的結果？ (A)0 (B)64,000 (C)#REF! (D)#VALUE!。

	A	B	C	D	E
1		可領年終獎金月數	2		
2					
3	員工編號	戶籍地	年資	底薪	年終獎金
4	A1	新北市	2	30,000	
5	A2	台北市	3	31,000	
6	A3	台中市	5	32,000	
7	A4	臺中市	8	40,000	
8	A5	台中市	6	35,000	

解答及解析

單元01　數位科技基本概念

P.19 **1 (B)**

2 (D)。2TB≒2,048GB≒2000000MB≒ 2000000000KB≒2000000000000B＝ $2*10^{12}$B≒2^{41}B，2048*1024*1024MB＝ 2147483648MB≒2147TB，故選(D)。

3 (A)

4 (C)。開放資料為一般大眾都可以獲取的資料，因此涉及到私人隱私的資訊或資料都不應該直接成為開放資料，除非經過個人同意公開，因此居家冰箱的感測資料不適合成為開放資料，故選(C)。

5 (C)。人工智慧包含以下研究：類神經網路、模糊邏輯、基因演算法、深度學習、專家系統等，故選(C)。

6 (D)　　**7 (D)**　　**8 (A)**

P.20 **9 (D)**

10 (A)。QR Code：全名為快速響應矩陣圖碼（Quick Response Code），故選(A)。

11 (D)

12 (B)。非接觸式IC卡：指卡片使用時不需要有實際接觸（插入）的動作，故選(B)。

13 (C)　**14 (B)**　**15 (C)**

P.21 **16 (C)**　**17 (A)**　**18 (B)**　**19 (B)**

20 (B)。Unix是一般電腦的作業系統，由美國AT&T公司的貝爾實驗室開發的開源系統，故選(B)。

21 (C)　**22 (B)**

23 (C)。狼人殺是一款聊天型陣營對抗遊戲，參與者需要對所有發言及行為進行判斷，辨別是否跟自己同陣營，只要使不同陣營的所有參與者出局即可贏得勝利，故選(C)。

P.22 **24 (B)**。數位電視盒主要功能是提供家戶電視收看服務，屬於嵌入式系統的一種，故選(B)。

25 (D)　**26 (D)**　**27 (A)**

28 (D)。金融卡自ATM自動提款機提取現金是接觸式行為，RFID是非接觸式技術，故選(D)。

29 (A)

P.23 **30 (A)**。HR：全名為（Human Resources）人力資源，故選(A)。

31 (A)　**32 (B)**　**33 (D)**　**34 (D)**

35 (B)　**36 (C)**

37 (C)。VISA驗證技術主要是使用在信用卡簽帳功能，故選(C)。

P.24 **38 (B)**　**39 (C)**　**40 (D)**

單元02　電腦硬體概述

P.55 **1 (D)**　　**2 (A)**

3 (C)。需要用到紫外線照射刪除資料的是程式化唯讀記憶體（EPROM），故選(C)。

4 (A)　　**5 (D)**　　**6 (B)**

7 (B)。7200/60（秒）＝120（圈），
故選(B)。

8 (B)　　**9 (C)**

P.56 **10 (C)**。感光元件在機器內部，無法
作為一般大眾評估LCD顯示器的好
壞，故選(C)。

11 (A)　12 (D)　13 (A)

14 (D)。固態硬碟具有防震、低熱能、
低耗電及低噪音等優點，故選(D)。

15 (D)。(A)應是定期硬碟重組。(B)應
是更新作業系統。(C)打開硬碟更容
易造成灰塵汙染。故選(D)。

16 (B)

17 (C)。1毫秒＝1000微秒＝1000000奈
秒＝1000000000皮秒，故選(C)。

P.57 **18 (C)　19 (A)　20 (D)　21 (B)**

22 (A)　23 (B)

P.58 **24 (D)　25 (A)　26 (A)**

27 (B)。四種列印（印刷）顏色為C：
Cyan＝青色，或稱為「湛藍」、
M：Magenta＝紅色，或稱為「洋
紅色」、Y：Yellow＝黃色、K：
（blacK）＝黑色，故選(B)。

28 (C)　29 (D)

P.59 **30 (A)　31 (B)　32 (B)　33 (C)**

34 (D)　35 (C)　36 (D)

P.60 **37 (C)　38 (B)　39 (B)　40 (B)**

單元03　作業系統平台

P.78 **1 (A)**。圖書館藏書查詢需要跟資料庫
進行互動索取資料，故選(A)。

2 (A)　3 (A)

4 (C)。屬於BIOS的一部份，因此跟
BIOS一樣儲存在快閃記憶體中，故
選(C)。

5 (A)。mpg是影像及聲音檔，mp3
是音訊檔，wma也是音訊檔，故選
(A)。

6 (D)　7 (C)　8 (A)

P.79 **9 (B)　10 (B)　11 (C)　12 (C)**

13 (C)

14 (B)。屬於作業系統的有(1)(3)(4)
(6)，故選(B)。

15 (C)

P.80 **16 (D)**。捷徑只是在不同的地方，設置
一個方便的入口，因此刪除捷徑只
是刪掉一個入口，原本的資料不會
有改變，故選(D)。

17 (C)。WMA是聲音檔，其他三個皆
為影像檔，故選(C)。

18 (B)。BIOS儲存在快閃記憶體（唯
讀記憶體）中，作業系統儲存在硬
碟中，故選(B)。

19 (D)　20 (D)　21 (B)

22 (B)。垂直方向為768像素，水平方
向為1024，故選(B)。

P.81 **23 (D)　24 (C)**

25 (A)。磁碟重組能重新組合硬碟的磁
區位置，將同一檔案放在相鄰的磁
區，可增加硬碟讀取資料的速度，
故選(A)。

26 (C)　27 (A)　28 (A)　29 (B)

30 (C)。剪下的動作具有複製功能，因
此在資料夾dir2貼上時是貼上整個

資料夾dir1，而資料夾dir1包含檔案
a.txt，故選(C)。

31 (B)

單元04　網路通訊原理與應用

`P.106`
1 (C)。五個等級分別為等級A大企業
或研究機構，等級B為中型企業，
等級C為小型企業或網路供應商，
等級D為群播，等級E是研究用途，
故選(C)。

2 (B)。
A：0.0.0.0～127.0.0.0
B：128.0.0.0～191.255.0.0
C：192.0.0.0～223.255.255.0
D：224.0.0.0～239.255.255.255
E：240.0.0.0～255.255.255.255
故選(B)。

3 (C)　4 (C)

5 (A)。ARP運作於資料鏈結層及網路
層，故選(A)。

6 (B)　7 (D)　8 (A)

`P.107`
9 (D)　10 (D)　11 (A)　12 (D)

13 (B)　14 (A)

15 (C)。電話是類比訊號，網路是數位
訊號，故選(C)。

16 (A)

`P.108`
17 (B)　18 (A)

19 (A)。正常狀況下，下載速率會比上
傳速率大，故選(A)。

20 (B)　21 (D)　22 (B)　23 (A)

`P.109`
24 (B)。DNS的功能就是將數字的IP
位址，對照英文或中文的網址，故
選(B)。

25 (D)

26 (C)。路由器運行於一、二、三層，
且不會作為信號放大與整波之用，
故選(C)。

27 (B)　28 (C)　29 (A)

30 (B)。IP位址最多只又到255，不可
能有超過這個數字，故選(B)。

單元05　無線通訊網路

`P.126`
1 (A)　2 (D)　3 (D)　4 (C)

5 (C)　6 (B)

7 (D)。56K（bit per second）*60（1
分鐘60秒）=3360Kbps，3360Kbps
／8（1byte＝8bits）＝420Kbytes，
故選(D)。

8 (D)　9 (C)

`P.127`
10 (A)　11 (C)　12 (D)　13 (B)

14 (C)　15 (C)　16 (D)　17 (A)

`P.128`
18 (A)

19 (C)。行動支付需要注意身分的識別
以及交易的安全性，故選(C)。

20 (A)

21 (A)。無線存取點主要用於無線網
路，其他三項主要使用於有線網
路，故選(A)。

22 (D)　23 (D)

24 (C)。使用80 Port，後門開啟多一個
管道，會增加安全顧慮，故選(C)。

25 (B)

`P.129`
26 (D)

27 **(B)**。其他三項皆為有線網路,不易受地形影響,故選(B)。

28 **(D)**。802.11n標示為Wi-Fi 4,故選(D)。

29 **(B)** 30 **(D)**

單元06 / 網路服務與應用

P.142 1 **(D)**   2 **(B)**   3 **(B)**

4 **(D)**。其他三項皆為網路應用的主從式架構,故選(D)。

5 **(C)**   6 **(C)**   7 **(A)**

P.143 8 **(D)**

9 **(B)**。Internet是以TCP/IP網路協議,連線通訊網路覆蓋全球,供網路使用者共享的資訊網;Intranet網路是在組織機構中使用的資訊交換系統,在一個公司內部運作;Extranet是將企業Intranet網路擴充到外部,以實現企業對外交流的網路系統,故選(B)。

10 **(B)**

11 **(A)**。HDMI主要用於影音傳輸,故選(A)。

12 **(C)** 13 **(A)** 14 **(D)**

P.144 15 **(C)**。Microsoft FrontPage主要用於網頁製作,故選(C)。

16 **(C)**。12Mbytes／6Mbps＝12×10^6×8／6×10^6＝12×8／6＝16秒; 12Mbytes／2Mbps＝12×10^6×8／2×10^6＝12×8／2=48秒;16+48=64秒,故選(C)。

17 **(D)** 18 **(A)** 19 **(C)** 20 **(B)**

21 **(D)**

P.145 22 **(D)**。P2P下載沒有主從關係,所以會同時下載也會上傳資料,故選(D)。

23 **(A)** 24 **(B)** 25 **(D)** 26 **(A)**

27 **(D)** 28 **(B)**

P.146 29 **(A)**。影音播放軟體不是都遵循同一標準,因此不一定都可以通用,故選(A)。

30 **(B)**

單元07 / 網頁設計與應用

P.165 1 **(A)**   2 **(B)**

3 **(D)**。＜title＞…＜/title＞中間的文字顯示標題列的內容,故選(D)。

4 **(A)**

5 **(D)**。CSS:類似HTML的語言,可以美化網頁,讓文字整齊美觀,故選(D)。

6 **(C)**。影像地圖:設定成超連結的圖片(整張圖或部分區域),滑鼠移動到上面時,會出現手指的圖示表示可超連結,故選(C)。

P.166 7 **(A)**。「列」要看＜tr＞＜/tr＞的數量,五組就會有5列,故選(A)。

8 **(C)**   9 **(A)**

10 **(B)**order=外框粗細,兩組＜tr＞＜/tr＞代表兩列,都只有一組＜td＞＜/td＞代表一行,故選(B)。

P.167 11 **(B)**

12 **(D)**。＜a＞=超連結,＜P＞=分段,＜B＞=粗體字,故選(D)。

13 **(D)**

14 (A)。＜!--OO--＞=用來對程式碼撰寫註釋，不會顯示在網頁中，故選(A)。

15 (B)　16 (A)

`P.168` **17 (B)**

18 (A)。＜i＞…＜/i＞將文字改為斜體，故選(A)。

19 (D)。文字連結到電子郵件＜a href="mailto:AAA@gmail.com"＞，故選(D)。

20 (B)。＜h1＞…＜/h1＞表示字型大小，1為最大，6為最小，故選(B)。

21 (B)

`P.169` **22 (B)**。RSS可以訂閱部落格，故選(B)。

23 (C)　24 (A)　25 (A)

26 (C)。<table cellpadding...>=文字與框的距離；<table border...>=邊框寬度；為設定表格欄位背景顏色不需要加body，故選(C)。

27 (A)。_blank=開新視窗、_top=整頁顯示、_self=相同框架、_parent=父框架，故選(A)。

`P.170` **28 (C)　29 (B)　30 (B)**

單元08 / 雲端應用

`P.178` **1 (B)**。雲端主要由雲端平台提供，因此主要的運算皆發生於業者提供的雲端平台，或是雲端伺服器中，不會在客戶端進行運算，故選(B)。

2 (A)。由美國國家標準及技術研究院對於雲端運算所定義的三種服務模式：軟體即服務、平台即服務、基礎架構即服務，故選(A)。

3 (D)

4 (B)。手機App、雲端硬碟、Yahoo Mail等功能皆屬於軟體應用，故選(B)。

5 (A)

`P.179` **6 (D)　7 (D)　8 (B)　9 (B)**

10 (A)　11 (D)　12 (C)　13 (D)

14 (C)。因為公有雲是主要提供一般大眾或是多家企業，因此需要存取管控，故選(C)。

`P.180` **15 (B)**

16 (C)。組織的扁平化與制度流程有關，與雲端運算無關，故選(C)。

17 (B)　18 (A)　19 (C)　20 (C)

`P.181` **21 (D)　22 (B)**

23 (C)。IaaS（Infrastructure as a Service）為基礎架構，意味著企業只有使用雲端供應商的基礎架構，基礎架構以外的應用皆由使用的企業進行維護，故選(C)。

24 (B)　25 (C)

`P.182` **26 (B)　27 (C)　28 (A)　29 (B)**

30 (C)

單元09 / 電子商務

`P.195` **1 (C)　2 (A)　3 (D)　4 (C)**

5 (C)　6 (A)

`P.196` **7 (B)**。https://開頭的網址，皆使用SSL（Secure Socket Layer）安全機制，故選(B)。

8 (B)　9 (D)

10 **(D)**。B2G電子商務屬於企業對政府的商業行為，故選(D)。

11 **(C)**　12 **(A)**

P.197 13 **(C)**。SET全名為Secure Electronic Transaction（安全電子交易），故選(C)。

14 **(A)**　15 **(C)**　16 **(C)**

17 **(A)**。SSL是一種128位元傳輸加密的安全機制，故選(A)。

P.198 18 **(C)**　19 **(D)**　20 **(D)**

21 **(D)**　22 **(C)**　23 **(B)**　24 **(A)**

25 **(A)**

P.199 26 **(A)**　27 **(D)**　28 **(C)**　29 **(B)**

30 **(C)**

單元10　數位科技與人類社會

P.221 1 **(A)**　2 **(C)**

3 **(A)**。部落格屬於私人空間，如果是將他人著作放在自己部落格，則會有侵權行為，以超連結的方式，表示會連到原作者的區域觀賞，只屬於廣告行為，故選(A)。

4 **(D)**

5 **(C)**。四技二專聯招考古題屬於公開資料，因此沒有著作權問題，故選(C)。

P.222 6 **(B)**。以假亂真的網路行為，皆屬於網路釣魚，故選(B)。

7 **(D)**。加密資料傳輸，只是將資料傳輸出去，不存在被入侵的問題，故選(D)。

8 **(D)**

9 **(C)**。OpenOffice.org的自由軟體Writer，就如同微軟的Word，故選(C)。

10 **(B)**

P.223 11 **(D)**。公開金鑰及私密金鑰，必須是同一組才能互相解密，故選(D)。

12 **(D)**　13 **(D)**　14 **(A)**　15 **(C)**

16 **(A)**

17 **(D)**。著作權屬於完成當下即擁有，文章寫出來當下就有著作權等，專利權才需要申請且先申請先得到，故選(D)。

P.224 18 **(B)**　19 **(D)**　20 **(B)**　21 **(C)**

22 **(A)**。被實際的電話或言語行為告知，所造成的資安問題，屬於社交工程的範疇，故選(A)。

23 **(C)**　24 **(A)**

P.225 25 **(D)**　26 **(B)**　27 **(B)**　28 **(C)**

29 **(C)**　30 **(B)**

單元11　商業文書應用

P.242 1 **(B)**　2 **(A)**　3 **(C)**　4 **(B)**

5 **(C)**

P.243 6 **(B)**

7 **(A)**。Word表格也可以加入一些EXCEL的運算功能，故選(A)。

8 **(D)**　9 **(D)**

10 **(A)**。Shift+Enter可以強迫換行，並且後面的箭頭是向下，而不是有彎曲的箭頭，故選(A)。

11 (A)

12 (C)。插入的功能除了圖片外，還可以插入表格及其他圖表，故選(C)。

13 (D)

P.244 **14 (B)**

15 (A)。第一頁只有不同於其他頁，但是並沒有輸入內容，因此第一頁應該為空白，故選(A)。

16 (A)

P.245 **17 (D)　18 (D)　19 (B)**

20 (B)

21 (C)。.odt為OpenOffice Writer預設檔案格式，故選(C)。

22 (D)　23 (B)

P.246 **24 (B)　25 (D)　26 (B)　27 (A)**

28 (C)　29 (B)

30 (B)。Microsoft Word表格並不具有資料篩選的功能，故選(B)。

單元12　商業簡報應用

P.258 **1 (D)**。連貫頁數使用橫線，跳頁使用逗點，故選(D)。

2 (C)。第六頁應該跟第四頁一樣是置中，故選(C)。

3 (A)　4 (C)　5 (D)

6 (C)。自訂動畫無法設定跳頁播放或是連結其他投影片，故選(C)。

P.259 **7 (A)　8 (C)　9 (A)**

10 (D)。PowerPoint沒有大綱母片；設定母片後，某些投影片另外設定的

格式會保留；.pps是PowerPoint播放檔的格式，故選(D)。

11 (A)　12 (C)　13 (B)　14 (B)

P.260 **15 (C)**。焦距變焦無法調整照片的明亮程度，故選(C)。

16 (A)　17 (D)

18 (B)。(A)跟(C)為下一頁，(D)為上一頁，故選(B)。

19 (C)　20 (C)　21 (A)

P.261 **22 (B)**

23 (C)。Microsoft PowerPoint提供的母片就只有投影、講義及備忘稿這三種，故選(C)。

24 (D)　25 (A)　26 (D)

27 (D)。使用投影片母片更換背景圖，可以同時更換所有頁數，故選(D)。

28 (C)

P.262 **29 (D)**

30 (D)。黑色是預設，所以會被母片影響、標楷體是獨立設定，不會受母片影響，故選(D)。

單元13　商業試算表應用

P.275 **1 (D)　2 (C)　3 (C)**

4 (B)。COUNTIF是算A1～A5有幾個大於-5；RANK是排序；ROUND是四捨五入。故選(B)。

5 (B)

6 (B)。因為設定為「000.0」，所以只會顯示到小數點後一位，故選(B)。

7 (D)。2+4×4 = 2+16 = 18，故選(D)。

P.276 **8 (C)**。意思是計算這8個表格中，小於0的有幾個，故選(C)。

9 (C)　10 (A)

P.277 **11 (A)**

12 (B)。25除以3餘數是1，條件成立選10，如果不成立選20，故選(B)。

13 (C)　14 (A)　15 (C)　16 (D)

17 (B)

P.278 **18 (C)**

19 (C)。MAX($A$1:$A$5)=9。SUM(A$2:A$4, 9)=6+7+8+9=30，故選(C)。

20 (A)。A1>80是False，執行IF(A1/2>30,A1*2,A1/2)；A1/2>30是False，執行A1/2=25，故選(A)。

21 (A)　22 (D)　23 (D)

P.279 **24 (C)**。Draw是繪圖軟體，故選(C)。

25 (B)　26 (B)

27 (A)。＝B2 + C2 & "元"，B2+C2＝20+30＝50，&是要將兩個內容物併在一起，故選(A)。

28 (A)　29 (C)　30 (B)

單元14 影像處理應用

P.294 **1 (B)　2 (B)**

3 (B)。套索工具也可以用在去背上面，故選(B)。

4 (D)。png檔支援去背圖，故選(D)。

5 (C)　6 (A)

7 (A)。PhotoImpact只能處理圖片及靜態影像，故選(A)。

8 (B)

P.295 **9 (B)　10 (D)　11 (B)　12 (D)**

13 (A)。2270*1800=4086000，約等於400萬畫素，故選(A)。

14 (D)

15 (A)。mp3是音訊檔，不支援影像檔，故選(A)。

16 (B)　17 (C)

P.296 **18 (D)**。
1byte*11000*2=22000byte=22KB，故選(D)。

19 (C)

20 (B)。非向量圖放大後，才會發生邊緣出現鋸齒狀或是方格的現象，故選(B)。

21 (D)　22 (D)　23 (B)

24 (A)。PNG檔才支援256種顏色，故選(A)。

25 (A)

P.297 **26 (D)　27 (C)　28 (C)**

29 (B)

30 (C)。向量圖放大後，品質才不會失真，故選(C)。

單元15／近年試題及解析

110年　統測試題

P.298

1 (B)。

名稱	應用說明
虛擬實境（VR）	使用影像技術的方式，模擬出三維空間，透過穿戴裝置接受到視覺、聽覺及觸覺，讓人有身歷其境的感受；目前此項技術運用在飛行模擬、教育訓練、醫療及建築工程等領域。
擴增實境（AR）	運用手機或其他攝影鏡頭的位置進行圖像分析，將虛擬影像結合現實場景並與虛擬影像互動的技術；目前常運用在服飾業、家俱裝潢業及遊戲產業。
數位典藏（故宮）	將歷史文物進行拍攝或掃描，進行數位化收藏，讓參觀展覽不用到現場也能看到，並且在觀看的同時，還可以一併了解文物的歷史典故及意涵。

故選(B)。

2 (D)。程式計數器是一個CPU中的暫存器，用於通知執行程式序列中的位置；又可稱為指令位址暫存器（instruction address register，IAR），故選(D)。

3 (C)。

執行方式	功能說明	應用說明
批次處理系統（Batch Processing）	先將需要處理的資料收集完後，再一次處理所有的資料。	常應用於薪資計算及大批帳單的印製。
交談式處理系統（Interactive Processing）	在執行時需要透過問答的方式進行運作，根據使用者的行為動作，以不同的方式來處理。	電腦遊戲的操作、ATM提款作業等。
分散式處理系統（Distributed System）	透過網路，將需要執行的工作傳送給各地不同的電腦執行，完成後再回傳中心電腦。	區塊鏈、虛擬貨幣。
即時處理系統（Real Time System）	指系統收到使用者需求時，必須在短時間內做出回應。	飛機導航系統、雷達偵測系統等。

故選(C)。

4 (D)。題目中,「輸入會員編號,租書系統即會列出會員的名稱、電話、住址、租閱紀錄等資料」,代表使用資料庫存放會員資料,因此是資料庫軟體的應用,故選(D)。

5 (B)。分割封包的工作在傳輸層執行,故選(B)。

(1)傳輸控制協定(TCP):全名:Transmission Control Protocol,建立網路傳輸連線,紀錄傳送端及接收端的設備埠號;在傳輸層運作。

(2)網際網路協定(IP):全名:Internet Protocol,封包交換的網路協定,紀錄傳送端及接收端的IP位址;在網路層運作。

6 (D)。

傳輸指向	說明
單工 (Simplex)	只允許單一方向傳輸資料,例如:有線電視、校園廣播系統等。
半雙工 (Half Duplex)	可以雙向溝通,但同時間只能允許單一方向傳輸,例如:對講機,有一方占用頻道,其他用戶只能等占用方結束通話。
全雙工 (Full-Duplex)	可同時間雙向溝通,日常生活中的電話即是全雙工。

故選(D)。

7 (B)。(A)越後面的技術傳輸速率越大,802.11 n比802.11 a速度快;(C)前後兩者是不同的通訊協定,跟主導國家也沒關係;(D)使用店家的Wi-Fi無線上網都還是會有安全問題。故選(B)。 P.299

8 (A)。主要用於宣告,以下開始使用CSS語法,<style type = "ext / css"></style>為使用標籤,故選(A)。

9 (B)。只有「防疫觀念」四個字需要置中對齊,故選(B)。

10 (D)。餐廳是店家,外送平台也是店家,故選(D)。 P.300

11 (D)。常用的回復系統狀態就是透過系統的備份與還原,故選(D)。

12 (A)。原始ABCDEF,第一次刪除變成ABEF,第二次刪除變成AEF,目前插入點在AE之間,使用取代輸入X會變成E被取代,成為AXF,故選(A)。

13 (C)。調整單邊圖片長度,只需使用滑鼠調整需要的長度即可,但需要等比例縮放時,則需要同時按下Shift鍵進行調整,故選(C)。

14 (B)。這題有點爭議,(B)及(C)都可以達成同樣效果,不過並列文字可以設定單一文字的字體大小,組排文字則只能設定所有文字的大小,官方公布的答案為(B),故選(B)。

15 (D)。動畫速度的播放快慢可以被調整，可以用來配合演講者的報告速度，故選(D)。

P.301 **16 (C)**。$代表絕對座標，B3原本應顯示B1&B2，但有絕對座標的設定，因此是顯示A1&B2的內容，故選(C)。

17 (D)。欄A由大到小排序，則A1=60、A2=40；欄B由小到大排序，則B1=10、B2=80，故選(D)。

18 (B)。欄的排序方式為A～Z，然後是AA～AZ，再來是BA～BZ，故選(B)。

19 (D)。以（100%,100%,100%,0%）比例混合，得到的顏色為藍色，故選(D)。

20 (D)。數位訊號比類比訊號更不易受到電磁干擾，並且適合將資料壓縮及加密，故選(D)。

21 (B)。(A)Dim A$；(C)不進行宣告就是任意型態；(D)Dim A！。故選(B)。

22 (B)。Z=愛我、X=愛、Y=愛我（因為Z已經變成" 愛我 "），故選(B)。

P.302 **23 (C)**。

I	J	K	sum
1	1	1	1
1	2	1	2
1	2	2	3
2	1	1	4
2	2	1	5
2	2	2	6

故選(C)。

24 (C)。A=1時B=1～4、C=1～4，A=3時B=4+1=5及5+4=9、C=5及6，A=5時B超出範圍、C=7，故選(C)。

P.303 **25 (D)**。需要揀貨十次，揀完後結束，因此使用迴圈；而送往哪個倉庫需要進行決策，故選(D)。

111年　統測試題

P.304 **1 (B)**。根據前文所述，美光有眾多全球專利，具有先進的研發技術（專業技術）；而聯電具有多年的製程技術及產能（專業技術），可以相互彌補各自的短缺，因此依照「現代商業特質」與「結盟型態」的特性，分別是技術專業化及生產製造結盟，故選(B)。

2 (B)。(A)得知營業秘密受到侵害得以求償時，有二年之求償期限。(B)根據營業秘密法的第13-3條，第十三條之一之罪，須告訴乃論。(C)根據營業秘密法的第2條，指方法、技術、製程、配方、程式、設計或其他可用於生產、銷售或經營之資訊,具有經濟價值而所有者有意保密的資訊,皆屬於營業秘密。(D)營業秘密可以讓與但不得繼承。故選(B)。

3 (C)。(A)專利侵權屬於民事訴訟。(B)根據著作權法第30條,第一款著作財產權,除本法另有規定外,存續於著作人之生存期間及其死亡後五十年。(C)根據原住民族傳統智慧創作保護條例,第15條,第一款智慧創作專用權,應永久保護之。(D)商標權成立的要件為「識別性」。故選(C)。

P.305

4 (B)。網路訂票、ATM自動櫃員機、圖書館藏查詢皆屬交談式處理,統測閱卷比較屬於批次處理,故選(B)。

交談式處理系統 Interactive Processing	在執行時需要透過問答的方式進行運作,根據使用者的行為動作,以不同的方式來處理。	電腦遊戲的操作、ATM提款作業等。
即時處理系統 Real Time System	指系統收到使用者需求時,必須在短時間內做出回應。	飛機導航系統、雷達偵測系統等。
批次處理系統 Batch Processing	先將需要處理的資料收集完後,再一次處理所有的資料。	常應用於薪資計算及大批帳單的印製。

5 (D)。Google Map屬於軟體的一種,故選(D)。

軟體即服務 Software as a Service,SaaS	指提供應用軟體的服務內容,透過網路提供軟體的使用,讓使用者隨時都可以執行工作,只要向軟體服務供應商訂購或租賃即可,亦或是由供應商免費提供,例如:Yahoo及Google所提供的電子信箱服務、線上的企劃軟體、YouTube及Facebook等都算是SaaS。
平台即服務 Platform as a Service,PaaS	指提供平台為主的服務,讓公司的開發人員,可以在平台上直接進行開發與執行,這樣的好處是提供服務的平台供應商,可以對平台的環境做管控,維持基本該有的品質,例如:Apple Store、Microsoft Azure及Google APP Engine等。
基礎架構即服務 Infrastructure as a Service,IaaS	指提供基礎運算資源的服務,將儲存空間、資訊安全、實體資料中心等設備資源整合,提供給一般企業進行軟體開發,例如:中華電信的HiCloud、Amazon的AWS等。

6 (D)。由下表即可得知,故選(D)。

公用軟體 Public domain software	不具有著作權,可以免費複製、使用、散布及修改其軟體內容。

自由軟體 Free softway	具有著作權，但使用者不需付費，為開放原始碼，可下載複製、修改使用、散布及販售；需要尋求技術支援時，才要付費。
免費軟體 Freeway	具有著作權，但使用者不需付費，可以免費複製及使用，但不開放原始碼，也不可重製後販售及修改內容。
共享軟體 Shareware	具有著作權，有提供免費試用版給使用者試用，通常試用版有使用期間的限制及部分功能限制，需要付費購買正式版才可使用完整功能。

7 (C)。(A)可以在手機上運作執行，(B)目前主要為麻省理工學院（MIT）進行維護，(D)主要用作開發手機應用程式，故選(C)。

8 (A)。Android是由Google公司成立的開放手機聯盟，所開發的手機作業系統，故選(A)。

9 (B)。由下表即可得知，故選(B)。

動態位址控制協定 （DHCP）	全名：Dynamic Host Configuration Protocol，提供有用並且動態的IP位址給用戶端使用；在應用層運作。
位址解析協定 （ARP）	全名：Address Resolution Protocol，用於解析網路層位址，並且找尋資料鏈路層位址的通訊協定；在網路層及資料鏈結層中運作。
簡單郵件傳輸協定 （SMTP）	全名：Simple Mail Transfer Protocol，在網路上傳輸電子郵件的標準，為在主機之間針對電子郵件訊息的協定；在應用層運作。
網際網路協定 （IP）	全名：Internet Protocol，封包交換的網路協定，紀錄傳送端及接收端的IP位址；在網路層運作。

P.306 **10 (B)**。IP位址為192.168.123.132、子網路遮罩為255.255.255.128，與此IP位址相同子網路的範圍是192.168.123.128～192.168.123.255，故選(B)。

11 (C)。(1)QR Code需要有圖形條碼才能被偵測，不可能在道路上增設大量的圖形條碼提供車輛偵測，(4)只能在一定的距離範圍進行偵測，沒辦法提供遠距離的連網作業，故選(C)。

12 (A)。物聯網架構主要分為三層，最底層是感知層，第二層是網路層，最上層是應用層，(B)RFID讀取器屬於感知層，(C)ZigBee屬於網路層，故選(A)。

13 (B)。(A)Google Pay主要是使用NFC來進行感應支付,(C)Apple Pay可以在離線時使用,需要進行更新交易紀錄時再連線即可,(D)行動支付最先就是在網路商店開始使用,故選(B)。

P.307 **14 (C)**。由下表即可得知,如果需要向廠商進行集體議價,消費者端需要有集體共識,從而向廠商進行討論,故選(C)。

B2B	全名:Business-to-Business,企業對企業的商業行為,主要指上下游廠商的材料購買,或是零售商向生產方進貨等等。例如:蘋果公司向台積電購買晶片。
B2C	全名:Business-to-Consumer,企業對消費者的電子商務,泛指企業運用網路對消費者進行銷售的行為,例如:網路商城、網路購票、線上專業諮詢等等。
C2B	全名:Consumer-to-Business,消費者對企業的商務行為,由消費者提出需求,之後由企業接單,完成客製化的需求,例如:班級訂購客製化班服、同事團購等等。
C2C	全名:Consumer-to-Consumer,消費者之間的商業行為,最典型的就是線上拍賣或是線上跳蚤市場,例如:露天拍賣、蝦皮購物(非蝦皮商城)等等。

15 (A)。由下表即可得知,故選(A)。

SSL	全名為Secure Sockets Layer(安全通道層),提供客戶端及伺服器端資料傳輸的安全,透過傳送資料時的加密及接收資料時再解密的動作,確保資料在傳送過程不被竊取或竄改;有加入次協定的網站,網址開頭會是https,並且在顯示網址的左邊,會有一個大鎖鎖住的符號。
SET	(1)全名為Secure Electronic Transaction(安全電子交易),由Visa、MasterCard、Microsoft等公司共同制定的安全電子交易機制,用以保護消費者在線上購物,使用信用卡交易時的安全。 (2)加入SET的線上店家,都需要完整公告店家的安全購物機制,從訂單成立、身分認證、付款授權、帳款取得及交易查詢機制,用以保障消費者在線上購物時的安全。 (3)SET的組成架構包含:認證中心、發卡銀行、網路商店、收單銀行及消費者。

16 (C)。(1)可以在有中毒威脅時進行事後的圍堵,(2)作業系統有漏洞時會沒辦法即時更新彌補漏洞造成資安破口,(3)來源不明的資料會有暗藏病毒的風險,(4)可以杜絕中毒危險在防火牆外面,(5)有風險的網站都應該避免前往,故選(C)。

17 (A)。由下表即可得知,故選(A)。

虛擬實境（VR）	使用影像技術的方式，模擬出三維空間，透過穿戴裝置接受到視覺、聽覺及觸覺，讓人有身歷其境的感受；目前此項技術運用在飛行模擬、教育訓練、醫療及建築工程等領域。
電腦輔助教學（CAI）	運用電腦來輔助提升學生對學習的興趣，學習過程中透過不同的模式進行教學，可以交談互動或是模擬操作，也可以在線上做測試，多種方式達到學習的目標。
遠距教學	使用數位通訊技術達到師生雙方，在不同地域進行教學互動，其中區分同步教學及非同步教學，同步教學需要師生雙方在同一時間進行通訊連結，而非同步則是老師先錄製教學內容，學生可不受時間及空間限制，有空時再觀看。

18 (C)。Alt＋滑鼠左鍵，選取Word中，文字的矩形區域；Caps Lock英文字的大小寫切換；Ctrl＋滑鼠左鍵，選取Word中，不連續文字內容；Shift＋滑鼠左鍵，選取Word中，連續範圍的內容。故選(C)。

P.308

19 (C)。雷達圖：呈現每種資料與中心點的偏離狀況；直條圖：直條圖可以分為兩種，群組直條圖及堆疊直條圖，用來比較不同的類別中但相同項目，或是比較不同群組所佔的比重；圓形圖：表示各種項目對於總和的比例；XY散佈圖：呈現資料兩兩成對的狀況。故選(C)。

20 (D)。MID會自文字字串中所指定的位置開始，傳回特定的字元數，其根據指定的字元數而定（以上說明出自微軟官網）；因此需要將A1格資料傳到A2格，需要使用MID指令，並指定字元位置，從第一位開始的兩個位置保留及第九位開始的兩個位置也保留，故選(D)。

21 (B)。「B\$1*A2」，代表只有\$符號後的欄位是不會變動，其他的位置都會變換，也就代表D2儲存格的指令是「D\$1*C2」，而C2儲存格是「C\$1*B2」，因此結果是3*2=6，故選(B)。

22 (A)。(B)HSB是使用色相H（Hue）、飽和度S（saturation）、亮度B（brightness）來呈現顏色，(C)CMYK是使用百分比的調色比例來呈現色彩，(D)電視、電腦及手機等螢幕是使用RGB的模式呈現色彩，故選(A)。

P.309

23 (B)。jpg的圖片壓縮率高，呈現的品質較差，但壓縮速度快，適合網頁傳輸，屬於破壞性壓縮的檔案格式，可以顯示24位元全彩，故選(B)。

24 (A)。設定字體顏色直接用「color：」後輸入顏色名稱或是色號即可，故選(A)。

25 (D)。(A)設置可以點擊的按鈕，(B)設置可以複選的勾選框，(C)在文字前面增加條列式的空心小圓點，不具有點選功能，故選(D)。

P.310 **26 (A)**。區塊鏈主要使用在虛擬貨幣，以及分散式系統的應用，其他三項都可以使用在電子商務的網路行銷，故選(A)。

27 (C)。姓名使用簡答模式，性別是單選模式，手搖飲種類、甜度及冰量也可以是選擇的模式，但選項繁多，因此使用下拉式選單較為方便，故選(C)。

P.311 **28 (D)**。Google文件只是統計出各項資料的數據，並不具備得知分析結果的判斷，故選(D)。

112年 統測試題

P.312 **1 (C)**。台灣目前所通行的常見電子票證系統包括了悠遊卡（easy card）、一卡通（iPASS）、icash（愛金卡）和有錢卡（Happy cash），以上票證並無轉帳功能；能提早收到商品與物流系統有關；支付功能還具備信用卡串接，帳戶扣款或是集點折扣等功能，故選(C)。

2 (D)。ASCII值為十六進制50的英文字母可以透過將50轉換為十進制，再查詢該十進制對應的ASCII字元得知。由大寫字母A的ASCII值為十六進制41，因此可以使用以下的計算式來求得：十六進制50=$(5 \times 16^1)+(0 \times 16^0)=(80)_{10}$
因此，ASCII值為十六進制50的英文字母為大寫字母P，故選(D)。

3 (D)。在作業系統中，當程序被創建後，初始狀態是就緒狀態（ready state），表示已經準備好運行，只需要等待分配CPU的資源來執行程序，故選(D)。

4 (B)。CPU中的指令暫存器是用來存放目前要執行的指令的位址，CPU會從這個位址讀取指令並執行它；快取記憶體是用來加速CPU存取主記憶體的高速緩存，分為多層（如L1、L2、L3等）。其中，L1快取通常與CPU核心緊密結合，而L2、L3快取通常是內建於CPU晶片中；CPU的運作中一個機器週期包括擷取、解碼、執行、儲存四個主要步驟，故選(B)。

5 (B)。檔案被儲存在硬碟時，可能會分散儲存在不同的區塊，稱為碎片。這會導致讀取和寫入檔案時的效率下降，甚至可能導致檔案損壞，因此進行磁碟重組和最佳化時，系統會將散落在硬碟不同位置的碎片重整，使相鄰的資料放在一起，這樣讀取和寫入檔案的效率就會提高，故選(B)。

6 (C)。自由軟體通常是受到著作權保護的，但不一定是免費；Keynote是Apple公司開發的簡報軟體，不屬於自由軟體性質；PaintShop Pro是一款商業軟體，並非自由軟體，故選(C)。

7 (D)。IPv6位址是用16進位表示，每個區塊用冒號隔開，不是用十進位表示，故選(D)。

P.313 **8 (D)**。要將一個IPv4位址範圍分成兩個子網路，需要使用一個遮罩，讓每個子網路都有自己的IP位址；讓兩個子網路都可以容納256個IP位址的狀態，遮罩至少要是255.255.255.128，故選(D)。

9 (C)。區塊鏈是一種分散式的共享帳本，由許多節點共同記錄、驗證及儲存資料，而資料是以區塊的方式連接在一起，形成一條不可逆轉的鏈條，區塊鏈的特性在於去中心化，是透過智能合約等技術，實現交易的自動執行和驗證，故選(C)。

10 (D)。主從式架構（Client-Server）是中央集權的檔案分享方式，其中伺服器充當主機，客戶端發出請求並取得檔案；與此相反，P2P（Peer-to-Peer）是分散式檔案分享方式，其中用戶之間直接分享檔案，沒有中央伺服器的介入。故選(D)。

11 (A)。G2B代表「政府對企業」（Government to Business），是指政府機關和企業之間的互動和交流；這種互動包括政府向企業提供各種服務和支持，以及各種形式的商業支援和協助，故選(A)。

12 (C)。數位簽章的功能不只有不可否認性與資料來源辨識性，還包含完整性、可靠性及機密性等方面的保護；數位簽章是使用非對稱加密法，加密時是由資料持有者，使用自己的私鑰進行加密，有資料持有者之公鑰的使用者來解密（而非是使用其他使用者的公鑰），使之確定資料由原持有者所發送，故選(C)。

13 (A)。如表格所示，故選(A)。

類型	概述
姓名標示	您必須按照著作人或授權人所指定的方式，表彰其姓名。
非商業性	您不得因獲取商業利益或私人金錢報酬為主要目的來利用作品。
禁止改作	您僅可重製作品不得變更、變形或修改。
相同方式分享	若您變更、變形或修改本著作，則僅能依同樣的授權條款來散布該衍生作品。
姓名標示—非商業性—相同方式分享	本授權條款允許使用者重製、散布、傳輸以及修改著作，但不得為商業目的之使用。若使用者修改該著作時，僅得依本授權條款或與本授權條款類似者來散布該衍生作品。使用時必須按照著作人指定的方式表彰其姓名。

P.314

14 (B)。使用分節符號可以將文件分成不同的節，每個節可以針對頁碼、頁首、頁尾等進行不同的設定；在Word中，可以從插入功能表中的「分節符號」選單中選擇適當的分節符號，故選(B)。

15 (B)。橫向文字是一種可以讓文字方向從左到右,但文字是橫向排列的特殊格式;此種排列方式通常用於設計海報、橫幅、識別標誌等需要水平排列文字的設計中。

以下是在Word中建立橫向文字的步驟:

(1)開啟Word文件,選擇需要加入橫向文字的區域。

(2)在功能表中點選「插入」選項,選擇「Word 藝術字」。

(3) 從彈出的視窗中選擇想要的樣式,並輸入文字。

(4)選擇字體大小和樣式,以便文字能夠在一行中進行橫向排列。

(5)將文字框轉換為橫向。在文字框中點選右鍵,選擇「格式化文字框」,然後選擇「文本方向」,並選擇橫向方向。

(6) 調整文字框的大小和位置,以便能夠在所需位置進行水平排列,故選(B)。

16 (C)。根據題目說明,在設定完勾選「標題投影片中不顯示」後,雖然封面不會顯示頁碼,但封面的投影片編號是「1」(也就是說頁碼也還是「1」),因此需要在「設計」→「投影片大小」→「自訂投影片大小」中,將「投影片編號起始值」輸入為「0」後點擊「確定」,方可達成內頁頁碼是1開始,故選(C)。

17 (D)。MAX函數求出B1:B3、A2:C2這兩個範圍內的最大值,根據題目的數值,B1:B3的最大值為2,而A2:C2的最大值為0.8,故出現的值應為2,故選(D)。

18 (C)。VLOOKUP(3,$A$2:$D$5,4),VLOOKUP是一個函數,用於在一個範圍中查詢指定值,並輸出此特定的值。題目函數內容為:

(1)3是要查找的值,位於A列的編號3。

(2)$A$2:$D$5是查找範圍,包含4列數據,從A2到D5的儲存格中。

(3)4是要輸出的值所在的列號,位於查找範圍的第四列,也就是D列,故選(C)。

19 (D)。Azure是由微軟提供的一個雲端計算平台,可用於構建、部署及管理應用程式和服務,故選(D)。

20 (B)。全彩RGB點陣圖每個像素都需要3個位元組,因此計算方式為1920*1080*3=6220800;轉換為MB大小等於6220800/ 1024/1024=5.93,故選(B)。

21 (A)。檔案大小=(印刷點數×寬度)×(印刷點數×高度)×印刷點大小

300KBytes=(200dpi*Xinch)*(200dpi*Yinch)×3bytes per pixel,300000Bytes=40000*X*Y*3,100000=40000XY,2.5英吋=XY英吋,故選(A)。

22 (A)。表格包含兩列和三欄,每一個欄位都包含一張圖,分別對應到表格中的每一個儲存格,並顯示了三張不同解析度的圖像;表格中的第一列,顯示了三個圖像,表格的第二列中,則顯示每個圖像的尺寸,包括圖像的寬度和高度以及dpi,由於沒有特別要靠底線顯示,故選(A)。

23 (A)。黃色的十六進位色碼是FFFF00,因此在CSS樣式中設定background-color: #FFFF00;即可達到將特定文字背景設為黃色的效果,故選(A)。

P.317 **24 (B)**。IKEA是瑞典家具零售商，於1943年成立；該公司以低價位、平民化的設計理念著稱，提供多樣化且易於自行組裝的家具，並不是電商平台，故選(B)。

25 (A)。IF(COUNTIF(B2:D2,"<60")>=2,"V","")的意思是，如果B2:D2區域中小於60的數字有兩個或以上，就在這個儲存格中輸入"V"，否則輸入空值""；IF(COUNTIF(B2:D2,"<60")>=2,"","V")的意思是，如果B2:D2區域中小於60的數字有兩個或以上，在這個儲存格中輸入空字串""，否則輸入"V"；IF(OR(B2<60,C2<60,D2<60),"V","")的意思是，如果B2、C2、D2中有任何一個數字小於60，就在這個儲存格中輸入"V"，否則輸入空字串""；IF(NOT(AND(B2>=60,C2>=60,D2>=60)),"","V")的意思是，如果B2、C2、D2中有任何一個數字小於60，就在這個儲存格中輸入空字串""，否則輸入"V"，公式的邏輯是否定用法，只要有一個數字小於60，就不滿足"B2>=60,C2>=60, D2>=60"的條件，所以使用NOT(AND())的邏輯要反轉一下，變成只要有一個數字小於60，就輸入空字串""，否則輸入"V"，故選(A)。

P.318 **26 (C)**。步驟(5)為非必要步驟，因為會產生的是新文件而非主文件，而合併列印功能的必要順序為(4)(3)(2)(1)(6)，故選(C)。

113年　統測試題

P.319 **1 (B)**。(A)實體商品：指可以看得到、拿得到的實物產品，如衣服、食品、電子設備等，商品需要在實體店面或者通過物流運送給消費者；(B)數位化商品：是以數位形式存在的產品或服務，例如：電子書、音樂、軟體等，這些商品可以透過網路購買下載或是線上取得使用；(C)型錄購物商品：指的是透過型錄或者畫冊呈現的商品，顧客可以透過查看這些型錄或畫冊來挑選商品，透過郵購等方式購買；(D)線上服務商品：是指網上提供的各種服務，如：線上教學、雲端空間、網路諮詢等，這些服務可以使用網絡連線，而不用到達實體場所使用。故選(B)。

2 (D)。根據台灣智慧財產局商標法說明：
(1)引人誤認誤信之商標
　　是指有可能使公眾產生誤認誤信的商標，例如：有錯誤表示商品或服務的性質、品質或產地的情形。
(2)可能導致混淆誤認的商標
　　以下情況之商標，有致相關消費者／公眾混淆誤認之虞者不得註冊：
　　相同或近似於他人在同一或類似商品或服務已有在先註冊／申請的商標；或相同或近似於他人的著名商標或標章。
故選(D)。

3 (D)。POS系統可以追蹤每個商品的銷售情況，因此可以完整掌握限量商品的銷售情況，從而及時進行補貨，故選(D)。

4 (A)。行動支付：是指使用專屬銀行發行，或是該零售商發行的支付軟體進行串接信用卡的方式交易；第三方支付：是透過第三方支付平台進行支付，例如：街口支付、悠遊付、PayPal等，消費者可以將錢或是信用卡串接該平台，然後使用平台提供的支付功能進行交易；簽帳卡支付：是使用信用卡或現金卡進行支付，消費者在商家處刷卡或簽名完成交易，支付金額將直接從銀行帳戶中扣除；儲值卡支付：是指使用預先儲值的卡片進行支付，顧客可以事先將錢存入儲值卡中，然後使用該卡進行支付，例如：悠遊卡、一卡通、日本的西瓜卡等。故選(A)。

5 (#)。勞務生產：指透過人力勞動來創造價值的生產過程，例如：手工製作、服務業以及其他需要人力參與的生產活動；效用生產：這是說生產產品或服務，用以滿足人們的需求和慾望，進而提供效用或滿足感，這樣的生產過程強調消費者的滿意度和產品的實用性；形式生產：是指將原始材料轉化為更有價值的成品作為商品的過程，包含製造業中的加工或組裝流程；原始生產：是從自然界中獲取資源或材料的過程，包括農、林、漁、牧等行業。本題官方公告選(B)或(C)均給分。

6 (D)。根據內文，在面對市場突發狀況下，「積極尋找與聯繫其他國家的客戶，並迅速導入真空包裝生產設備，努力在最短時間內解決問題」，這是面對與處理的行動表現，因此最符合風險承擔與堅持的形容，故選(D)。

7 (B)。電商平臺屬於公司對消費者的販售管道，因此根據以下表格所描述：

模式類型	概述
B2B	全名：Business-to-Business，企業對企業的商業行為，主要指上下游廠商的材料購買，或是零售商向生產方進貨等等。例如：蘋果公司向台積電購買晶片。
B2C	全名：Business-to-consumer，企業對消費者的電子商務，泛指企業運用網路對消費者進行銷售的行為，例如：網路商城、網路購票、線上專業諮詢等等。
C2B	全名：Consumer-to-Business，消費者對企業的商務行為，由消費者提出需求，之後由企業接單，完成客製化的需求，例如：班級訂購客製化班服、同事團購等等。
C2C	全名：Consumer-to-Consumer，消費者之間的商業行為，最典型的就是線上拍賣或是線上跳蚤市場，例如：露天拍賣、蝦皮購物（非蝦皮商城）等等。

故選(B)。

8 (A)。大數據是指從多個來源收集的大量資料，這些資料可以是結構化的或非結構化的狀態，並且可以進行分析表示出特定的模式、趨勢和洞察資訊，進而支持業務決策；在

P.320

這個情境下，該公司蒐集的多市場多消費者相關資訊屬於是大數據的範疇，以用於更全面了解消費者的行為、市場趨勢和需求，故選(A)。

9 (D)。

(A)$(7A)_{16}=7\times16^1+A\times16^0\Rightarrow7\times16+(A=10)\times1\Rightarrow112+10=122$

(B)$(273)_8=2\times8^2+7\times8^1+3\times8^0=2\times64+56+3=128+56+3=187$

(C)$(1230)_4=1\times4^3+2\times4^2+3\times4^1+0\times4^0=64+32+12+0=108$

(D)$(10111101)_2=1\times2^7+0\times2^6+1\times2^5+1\times2^4+1\times2^3+1\times2^2+0\times2^1+1\times2^0=128+0+32+16+8+4+0+1=189$

故選(D)。

P.321 **10 (B)**。在最短工作優先處理（SJF）排程演算法中，行程將根據其所需的CPU執行時間來排序，以確保最短的行程先被執行；本題行程的執行時間分別為6毫秒、3毫秒和9毫秒，因此可以得出以下公式：〔0+3+（3+6）〕/3=4毫秒，故選(B)。

11 (D)。(A)HDD中的儲存元件並不是採用快閃記憶體，而是使用機械零件，例如：磁性碟片和讀寫頭，這些部件透過旋轉及移動讀寫頭來存取資料，是一種機械硬碟。(B)SSD不具有低噪音馬達驅動讀寫頭，因為SSD沒有任何移動部件，而是使用固態記憶體；也因為SSD沒有機械硬碟中的旋轉或移動零件，因此更安靜，也更耐震。(C)HDD在讀取和寫入資料時，需要進行磁碟的旋轉和讀寫頭的移動，因此除了考慮資料傳輸時間外，還需要考量旋轉速率及讀寫頭移動的時間。故選(D)。

12 (B)。自由軟體（Free Software）並不僅僅指免費使用的軟體，更重要的特點是自由使用、修改、複製和再分發的權利；自由軟體的精神是基於軟體自由，而不是指販售或價格的問題，故選(B)。

13 (A)。(B)軟體開發程式通常提供程式的編輯、編譯和執行的功能，而不僅僅是編譯和執行；許多軟體開發程式，都包括內建的程式碼編輯器，以方便開發者編寫程式碼。(C)Xcode是由蘋果開發的集成開發環境（IDE），主要用於開發macOS和iOS應用程式；只能在macOS系統上運行，並且主要用於撰寫Objective-C、Swift和其他相關的蘋果平台程式語言。(D)Visual Studio是由微軟開發的集成開發環境（IDE），主要用於開發Windows平台的應用程式，包括桌面應用程式、網站、手機應用程式等；只能在Windows環境下運行，且支援多種程式語言，包括C++、C#、Visual Basic等，但不能在macOS環境下運行。故選(A)。

14 (B)。IPv6地址使用冒號作為分隔符號，每個分隔符號後面有4個十六進位數字（0-9或A-F），故選(B)。

P.322 **15 (A)**。(B)中繼器是用於放大訊號的裝置，增加訊號的傳輸距離，但不具有過濾或分析訊框的功能。(C)路由器是連接不同網路並轉發資料的設備；路由器根據目的地IP位址來轉發資料，而不是根據MAC位址。(D)閘道器用於連接兩個不同網路或網路協定的設備，負責轉換資料格式和通訊協定，使得來自一個網路的資料可以在另一個網路上被正確地傳輸。故選(A)。

16 **(A)**。根據以下表格，資訊流為購買資訊，可以用於分析；而購買行為皆屬於商流。

電子商務的架構	概述
物流	指實際商品從生產者運送到購買者手中，其中包含將產品從自家倉儲進行包裝後，送至物流公司的倉儲，再由物流公司，將商品配送到消費者指定的地方進行收貨；而數位商品則較簡單，只需在付款後進行下載安裝即可。
金流	泛指在電子商務中資金的移轉過程，及移轉過程的安全規範，以下列舉常見的付款方式：(1)線上刷卡或轉帳。(2)貨到付款。(3)第三方支付。(4)電子錢包。(5)匯款或劃撥。(6)ATM轉帳。
商流	指購買行為中，商品所有權的移轉過程及商業策略，其中包含商品的研發、行銷策略、各種進銷存管理等。
資訊流	主要指電子商務中，所有的訊息流通，例如：商品資訊、消費者的購買過程、訂單資訊、商品的物流資料等。

故選(A)。

17 **(D)**。公務機關擁有公權力，但並不代表不受個人資料保護法的規範；實際上，公務機關更必須遵守個人資料保護法，相對於民間機構，公務機關所擁有的個人資料更為詳細與機密，故選(D)。

18 **(B)**。網路掛馬攻擊通常利用網站的漏洞，當用戶訪問受感染的網站時，攻擊者的惡意程式就會利用這些漏洞自動下載和執行到使用者的電腦上；木馬程式（Trojan Horse）是一種偽裝成合法軟體但實際上包含惡意攻擊的程式。在描述情境中，小明收到的電子郵件可能包含木馬程式作為附件，當他打開附件時，木馬程式可能在他的電腦中執行，並且用於竊取資料將其外洩給攻擊者；勒索軟體則是一種惡意軟體，會加密受害者電腦中的檔案，使其無法使用，然後勒索受害者支付贖金以獲得解密金鑰。在描述情境中，小美可能在瀏覽網頁或下載資料時，不小心下載了含有勒索軟體的檔案，導致她的電腦中的資料被加密，並且攻擊者向她勒索贖金以解密資料，故選(B)。

19 **(D)**。(A)是文在圖中（穿透）；(B)是矩形；(C)是文在圖的上下。故選(D)。

P.323 20 **(A)**。字體大小為12pt，而「固定行高」與行高為「8pt」會導致每一行的文字的上方都會被遮擋住，故選(A)。

21 **(C)**。簡報軟體允許在排練完成後進行調整和修改，例如延長或縮短每一頁的顯示時間，或者重新安排投影片的順序，故選(C)。

22 (A)。在YouTube中，「私人」和「不公開」是兩種不同的隱私設置，將影片設為「私人」時，表示只有指定的特定使用者可以觀看該影片；影片設為「不公開」時，意思是任何知道該影片URL的人都可以觀看該影片，即使他們沒有YouTube帳戶，故選(A)。

P.324 23 (D)。顏色通過具有XOR功能的混色器混合，指每個顏色透過根據XOR函數進行運算，表示如果兩個顏色中的通道都為1或者都為0，則結果為0；如果其中一個顏色通道為1而另一個為0，結果將為1。
因此，對於黃色(255,255,0)和青色(0,255,255)，進行XOR運算後，結果為混合後的顏色(255,0,255)，故選(D)。

24 (C)。圖片的傾斜、透視和旋轉是指對圖像進行不同形式的變換；傾斜：是指將圖像沿著水平或垂直方向進行平行移動，使得圖像的某一側相對於另一側的位置稍微偏移；透視：指將圖像或場景以觀察者的視角進行變換，從而呈現出深度和遠近的感覺；旋轉：是將圖像沿著一個中心點或軸心進行旋轉變換，使圖像在平面上相對於旋轉中心進行角度變化；扭曲：指對圖像的特定部分或整個圖像進行非線性變形，使其形狀或外觀出現改變。故選(C)。

P.325 25 (C)。商品可以上架或是下架，但訂單是既成事實，已經發生的事情不能變成沒有發生過，因此已經完成的訂單是不能設定為取消或消失的狀態，最多是向後走變成被退貨的單，故選(C)。

26 (B)。使用IF(　)函數可以根據條件進行判斷，條件可以是身分證字號第2碼是否為2（代表女性）；而使用MID(　)函數可以從字串中提取指定位置的字元，這邊可以用MID(　)函數來提取身分證字號的第2碼；因此，組合使用IF(　)和MID(　)函數可以根據身分證字號的第2碼來篩選出女性會員，故選(B)。

P.326 27 (C)。LEFT(A2,4)函數用於提取身分證字號的前四個字元，即第1到第4碼；"******"是一個字串，用於代表要隱藏的部分；&符號用於連接兩個字串；因此，這個公式可以將身分證字號的第5到第10碼隱藏起來，只顯示前四個字元和六個星號，故選(C)。

P.327 28 (B)。所有資料呈現都沒有跟圖片資料夾路徑相關的程式碼，所以是沒有打資料夾路徑的原因導致無法呈現圖片，故選(B)。

29 (C)。因為要在原視窗中顯示因此必須用到target="_self"，超連結固定語法為網址必須寫在要製作超連結文字的前面，故選(C)。

P.328 30 (C)。路口的監視攝影機連接到網絡以拍攝車流畫面，確實是物聯網（IoT）中的應用案例，但並不是物聯網架構中實體層的範疇；物聯網架構通常由物理層（實體層）、網路層、應用層等組成。
實體層主要負責連接物理設備和傳輸數據，例如感測器、傳感器等，並提供傳輸介面；在物聯網應用中，攝影機通常屬於物聯網的應用層，而不是物聯網架構中的實體層，故選(C)。

31 (C)。物聯網中將物件所感測到的資料透過短距離傳送的通訊技術，通常包括藍芽（Bluetooth）、無線網路（WiFi）和紫蜂（ZigBee）等；這些技術可以在物聯網中用於設備之間的通訊及數據傳輸；而虛擬私有網路（VPN）是用在公共網絡上建立安全的私密連接，並不適用於物聯網中，直接連接物件的傳輸技術，故選(C)。

32 (B)。透過自訂投影片放映功能，可以指定簡報中的特定投影片順序，以符合需求；這樣在播放簡報時可以按照設定的順序來呈現每一張投影片，而不是按照預設的順序來播放，故選(B)。

33 (D)。#REF!錯誤：表示參照無效，是指當公式中的某個參照指向一個不存在的儲存格、範圍或工作表時，就會出現這個錯誤，得到#REF!。

#VALUE!錯誤：這表示值無效，指當公式的某些操作導致無效的數值運算時，就會出現這個錯誤，例如：當你嘗試對非數值數據進行數值運算時，就會得到#VALUE!錯誤；而E4=D4*C1但因為直接拉儲存格會造成沒有鎖定只能乘C1，因此E5=D5*C2；E6=D6*C3，C3是文字所以會出現#VALUE!，故選(D)。

學習方法 系列

如何有效率地準備並順利上榜，學習方法正是關鍵！

榮登金石堂暢銷排行榜

—— 連三金榜 黃禕 ——

| 翻轉思考 破解道聽塗說 | 適合的最好 調整習慣來應考 | 一定學得會 萬用邏輯訓練 |

三次上榜的國考達人經驗分享！
運用邏輯記憶訓練，教你背得有效率！
記得快也記得牢，從方法變成心法！

作者線上分享

網路書店

作者在投入國考的初期也曾遭遇過書中所提到類似的問題，因此在第一次上榜後積極投入記憶術的研究，並自創一套完整且適用於國考的記憶術架構，此後憑藉這套記憶術架構，在不被看好的情況下先後考取司法特考監所管理員及移民特考三等，印證這套記憶術的實用性。期待透過此書，能幫助同樣面臨記憶困擾的國考生早日金榜題名。

最強校長 謝龍卿

榮登博客來暢銷榜

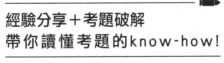
作者線上分享

經驗分享＋考題破解
帶你讀懂考題的know-how！

open your mind！
讓大腦全面啟動，做你的防彈少年！

108課綱是什麼？考題怎麼出？試要怎麼考？書中針對學測、統測、分科測驗做統整與歸納。並包括大學入學管道介紹、課內外學習資源應用、專題研究技巧、自主學習方法，以及學習歷程檔案製作等。書籍內容編寫的目的主要是幫助中學階段後期的學生與家長，涵蓋普高、技高、綜高與單高。也非常適合國中學生超前學習、五專學生自修之用，或是學校老師與社會賢達了解中學階段學習內容與政策變化的參考。

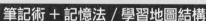

多元教育培訓
數位創新

頂尖名師精編紙本教材

超強編審團隊特邀頂尖名師編撰，
最適合學生自修、教師教學選用！

千華影音課程

超高畫質，清晰音效環
繞猶如教師親臨！

TTQS 銅牌獎

實戰面授課程

不定期規劃辦理各類超完美
考前衝刺班、密集班與猜題
班，完整的培訓系統，提供
多種好康講座陪您應戰！

現在考生們可以在「Line」、「Facebook」
粉絲團、「YouTube」三大平台上，搜尋【千
華數位文化】。即可獲得最新考訊、書
籍、電子書及線上線下課程。千華數位
文化精心打造數位學習生活圈，與考生
一同為備考加油！

遍布全國的經銷網絡
實體書店：全國各大書店通路

電子書城：
Google play、Hami 書城 …
Pube 電子書城

網路書店：
千華網路書店、博客來
MOMO 網路書店…

書籍及數位內容委製
服務方案
課程製作顧問服務、局部委外製
作、全課程委外製作，為單位與教
師打造最適切的課程樣貌，共創
1+1= 無限大的合作曝光機會！

多元服務專屬社群 @ f YouTube
千華官方網站、FB 公職證照粉絲團、Line@ 專屬服務、YouTube、
考情資訊、新書簡介、課程預覽，隨觸可及！

國家圖書館出版品預行編目(CIP)資料

數位科技概論與應用完全攻略/李軍毅編著. -- 第三版.
-- 新北市 : 千華數位文化股份有限公司, 2024.10
　　面 ； 公分
升科大四技
ISBN 978-626-380-759-4(平裝)

1.CST: 數位科技

312   113016036